概率论与数理统计线上线下
混合式教学设计

王永红　著

中国纺织出版社有限公司

图书在版编目（CIP）数据

概率论与数理统计线上线下混合式教学设计 / 王永红著. -- 北京：中国纺织出版社有限公司，2023.7
ISBN 978-7-5229-0815-1

Ⅰ.①概… Ⅱ.①王… Ⅲ.①概率论-教学研究-高等学校②数理统计-教学研究-高等学校 Ⅳ.①021

中国国家版本馆 CIP 数据核字（2023）第 155093 号

责任编辑：张　宏　　责任校对：高　涵　　责任印制：储志伟

中国纺织出版社有限公司出版发行
地址：北京市朝阳区百子湾东里 A407 号楼　邮政编码：100124
销售电话：010—67004422　传真：010—87155801
http://www.c-textilep.com
中国纺织出版社天猫旗舰店
官方微博 http://weibo.com/2119887771
天津千鹤文化传播有限公司印刷　各地新华书店经销
2023 年 7 月第 1 版第 1 次印刷
开本：710×1000　1/16　印张：17
字数：255 千字　定价：98.00 元

凡购本书，如有缺页、倒页、脱页，由本社图书营销中心调换

前　言

　　教育数字化是数字中国战略的一部分. 教育数字化是教育信息化在多年量变累积的基础上实现的质变飞跃. 加快推进教育数字化, 既是教育现代化的基本内涵和显著特征, 又是实现教育现代化的战略支撑和动力引擎. 从 2012 年教育部发布《教育信息化十年发展规划 (2011—2020)》, 到 2018 年教育部印发《教育信息化 2.0 行动计划》, 再到 2022 年教育部在工作要点中正式提出要实施教育数字化战略行动, 国家智慧教育公共服务平台正式上线, 党的第二十次全国代表大会首次将推进教育数字化写进中国共产党全国代表大会报告. 短短十年间, 我国进行了一系列高瞻远瞩的教育数字化转型战略部署. 时至今日, 我国已经成为世界慕课 (MOOC) 数量和学习人数的第一大国, 教育数字化转型仅剩 "最后一公里". 数字化引领教育的未来, 但只有老师们行动起来, 不断提升数字育人素养, 改革创新教育教学模式, 投身线上线下混合式教学新常态建设, 才能贯彻落实好教育数字化转型这一新时代的历史使命.

　　概率论与数理统计研究的是随机现象的统计规律, 其广泛应用于自然科学、社会科学、工程技术等诸多领域, 是高校理工科、经济管理类等诸多专业必修的数学类基础课. 概率论是学习人工智能等课程的理论基础, 数理统计大量应用于数据的挖掘、处理和分析中. 随着大数据分析+、人工智能+等新工科专业的兴起和传统工科专业的升级改造, 这门课程的重要性更为凸显. 为了让这门课更好地服务新工科建设, 本书作者以教学模式改革驱动课程目标、课程内容和学生评价方式改革. 从 2016 年开始立项研究基于慕课的翻转课堂教学; 2018 年开始研究新工科概率论与数理统计课程 O2O

混合式教学．在几年的理论与实践研究中，先后尝试了 MOOC+SPOC+翻转课堂教学、MOOC+SPOC+对分课堂教学、SPOC+翻转课堂+对分课堂教学+MOOC 等线上线下混合式教学模式，创造性地提出了"M—S—F—P"智慧教学模式．这种线上线下混合式教学模式，既适用于线下教学，也适用于在线教学，且具有可迁移性和可复制性，这些在作者的《高等数学》课程教学中也获得了成功．黑龙江省教育厅于 2019 年认定本书作者负责建设的《概率论与数理统计》课程为黑龙江省首批线上线下混合式一流课程．希望本书能为应用型本科高校概率论与数理统计线上线下混合式教学一线教师提供范式，为热衷于高等教育教学数字化转型的教育工作者们提供参考．

本书作者的相关工作得到了以下项目的资助：2022 年度黑龙江省高等教育教学改革重点委托项目"教育数字化转型之普适性智慧教学模式研究与实践"（项目编号 SJGZ20220134）；2018 年哈尔滨学院混合式教学改革研究项目：概率论与数理统计．

2022 年度黑龙江省高等教育教学改革重点委托项目"教育数字化转型之普适性智慧教学模式研究与实践"（项目编号 SJGZ20220134）．

哈尔滨学院教师教学发展基金项目哈苑教学学术研究支持计划项目：工程认证背景下应用型高校《高等数学》教学模式创新研究与实践（JFXS2021006）．

"M—S—F—P"智慧教学模式是个新生事物，《概率论与数理统计》线上线下混合式教学组织与实施仍在持续改进建设中，书中内容难免有不完善之处，敬请广大读者谅解，并诚挚地欢迎读者提出宝贵建议，以便作者改进，并共同推动教育数字化转型事业健康发展．

目　录

第一章 "M—S—F—P"智慧教学模式

教育数字化转型已经成为当前全球教育领域备受关注的热点问题.教育数字化的最高追求是智慧教育,即在新一代数字技术支持下培养具有家国情怀、善于思考、善于学习、善于协作、善于沟通、善于分析、善于解决复杂问题的创新型、智慧型人才,以服务科教兴国、人才强国,创新驱动发展战略.智慧教育是一场教育变革,在数字技术的支持下,教与学的方式将发生巨大变化.本章将从什么是"M—S—F—P"智慧教学模式、"M—S—F—P"智慧教学模式价值定位、"M—S—F—P"智慧教学模式实践路径、《概率论与数理统计》"M—S—F—P"智慧教学实践效果反思四个方面介绍数字化教育转型时代大学课程智慧教学模式新常态:"M—S—F—P"智慧教学模式.

第一节 什么是"M—S—F—P"智慧教学模式

MOOC(Massive Open Online Courses),大规模在线开放课程,是基于课程与教学论及网络和移动智能技术发展起来的新兴在线课程形式.SPOC(Small Private Online Course),小规模限制性课程,是 MOOCs 浪潮掀起后衍生出的一种课堂教学与在线教学相结合的混合式学习模式.Flipped Classroom,翻转课堂,即将学习过程中的课上知识传授与课后知识内化两个环节翻转过来,学生课前先通过视频学习资源自主学习基础性知识,课堂上师生围绕这部分知识进行讨论互动、练习应用.PAD Class(Presentation-Assimilation-Discussion),对分课堂,是张学新于 2014 年创立的本土化的新型课堂教学模式,在对分课堂教学过程中师生权责明确,课堂教学时间师生各占一半.

2015 年,哈尔滨工业大学的战德臣教授创立了 MOOC+SPOCs 的混合式教学模式,MOOC 用于学生自主学习,SPOC 用于班级管理.本书作者从2016 年开始研究 MOOC+SPOC+翻转课堂教学模式,并在哈尔滨学院工科

《概率论与数理统计》课程教学中先后尝试了三轮 MOOC+SPOC+翻转课堂教学．实践研究表明，这种线上线下混合式教学能够提高教学质量，受学生们欢迎，但翻转度受学生们课前自主学习情况制约，面向大班全体学生教学时学生参与度低，教学效率低．随后我们尝试了对分课堂教学．在对分课堂教学过程中，全体学生都参与到了学习中，课堂活了起来，教师负担轻了下来，但自主学习习惯差、能力弱的学生留白部分学习效果不好．本文在几年来研究与实践的基础上将 MOOC、SPOC、Flipped Classroom 和 PAD Class 有机融合到一起，取长补短，形成了四位一体的"M—S—F—P"教学模式．其主旨思想是以学为中心，教服务于学，以教师为主导，以学生为主体，以知识学习为主线，以智慧生成和发展为目标，在数字技术支持下实施高效教学．教师负责顶层设计：知识结构分三级，学习路径分三步，学业目标分三类．学生负责自主建构：确定学业目标，选择发展路径，由浅入深学，由低阶到高阶逐步达成目标．MOOC 用于低阶知识学习与拓展学习，SPOC 用于关注教育全过程，促进学生自主学习；课堂教学在翻转中嵌入对分，强调以练致用，培养学生高级思维，增强学生深度情感体验．

第二节 "M—S—F—P"智慧教学模式的价值定位

"M—S—F—P"智慧教学模式的价值定位包括三个方面：一是促进学生自主学习，掌握信息化学习本领，为学生个性化发展和适应未来社会终身发展奠定基础；二是培养学生逻辑思维能力和批判性思维能力，进而培养学生创造性思维能力；三是增强学生学习过程中的愉悦感、成就感和挫折感体验，在深度情感体验中塑造价值．

一、促进学生自主学习

（一）智能时代赋予自主学习信息化特征

信息技术与教育的深度融合创新了知识的传播方式，MOOC 等在线教育正在蓬勃发展．2020 年春，为了应对新冠肺炎疫情，教育部提出"停课不停学"的新举措，实现面向全国高校免费开放的在线课程近 2.4 万余门．MOOC 支持下的 SPOC 教学成功助力我国高校应对了百年来最严重的疫情危机，基于 MOOC 的线上线下混合式教学正在成为大学教学新样态. 通过互联网、移动通讯设备自主学习，MOOC 将成为大学生知识学习的重要途径，信息素养支撑下的自主学习能力建构是智慧教育发展的必然要求. "M—S—F—P" 教学将基于 MOOC 帮助学生主动适应智能学习环境，深入了解智能学习技术，充分掌握智能学习方法，积极主动地参与、控制、调节自己的学习活动，增强获得知识的效能，并逐步发展学生信息化自主学习能力，为学生个性化发展和终身发展奠定基础.

（二）满足学生的个性化发展需求

因材施教是教育千百年来不懈追求的目标，在批量人才培养模式下得到个性化发展是每一个大学生的发展诉求. 在哈尔滨学院 2018 年秋到 2020 年春四个学期的工科《概率论与数理统计》课程改革试点班级的教学过程中，我们先后在软件工程、建筑工程、城市地下空间和食品质量与安全四个专业的学生中进行了调查问卷，上课学生总人数 393 人，收回问卷 380 份. 未参与问卷 13 人，占上课学生总人数的 3.31%. 当问及学生"问题 1：你的学业规划目标是什么？答案：A. 考取研究生（考本课程）；B. 毕业后直接在本专业或相关行业领域就业；C. 能毕业即可，不在本专业领域发展；D. 没有规划."时，44.78%（176 名）的学生选择了 A，41.98%（165 名）的学生选择了 B，14.25%（56 名）的学生选择了 C，2.80%（11 名）的学生选择了 D. 这组数据说明，考取研究生和直接就业的学生的人数比例为 1.07∶1，不分伯仲，如果我们的教学只是服务直接在本专业领域就业的学生，这对于要考取研究生的学生是非常不公平的，他们的需要并没有得到满足. 还有一小部分学生将来不准备从事本专业领域的工作，对他们提出过高的要求就会占用学生更多的精力. "M—S—F—P" 教学呼吁尊重学生的个性化发展需求，将学业规划引入教学中来，帮助学生自主规划学业目标，自主选择学习路线，自主甄选适合自身需要的 MOOC 资源，指导学有余力、对交叉融合学科感兴趣的学生进行跨学科学习.

（三）适应未来社会终身发展的需要

智慧教育是转识成智的教育，智慧教育实践的发展需要核心素养引领. 学会学习与终身学习是国际教育界高度重视的核心素养. 自主学习是学会学习的重要表现，是实现终身学习的基本保障，是发展各项核心素养的基石，决定了大学生未来是否有持续发展的潜力．人工智能、大数据、自适应学习技术的教育应用为终身学习创造了新一代数字学习环境；MOOC 等在线教育发展为终身学习提供了丰富而多样化的选择．"M—S—F—P"教学将主动承担学生终身学习能力培养的重任，在知识学习中教会学生学习，发展学生信息化自主学习能力，为大学生终身学习和终身发展奠定基础．当大学生毕业后独立面对未来生活和挑战时，有能力自主学习，坚持终身学习，不断创生和发展智慧，以应对未来社会知识爆炸、科技飞速发展、社会多样化与区域化及全球化的复杂挑战．

二、培养学生的高级思维

(一) 创造性思维培养是重点

未来社会的竞争是人才的竞争，人才的竞争说到底是创造力的竞争，而创造力的核心是创造性思维．拥有创造性思维，才能勇于打破固有观念和惯性思维，创造性地解决实际问题，才能站在时代发展的高度取得前瞻性、突破性的新成果．近年来，出现了大学生毕业即失业而用人单位却求贤若渴的社会怪象，这说明当今的大学毕业生缺乏创造力，不具备未来职场所需的工作潜力．教育的价值在于创造未来，高等教育应克服"高分低能"的人才培养缺陷，以"创造的教育"理念引领创新型人才培养，将教育价值追求由"传承"转化为"创新"，为国家发展和民族进步培养富有创新精神和创造能力的社会主义事业建设者和接班人．"M—S—F—P"教学将在教学过程中激发学生探索未知的好奇心和丰富的想象力，引导学生创造性地运用新方法，解决新问题，并生成和发展创造性思维．

(二) 批判性思维培养是关键

批判性思维也称为批判思维，是 20 世纪以英美为世界主流的教育目的，在 21 世纪之交我国学者开始关注批判思维，并于近几年将批判思维教育纳入教育目的，这一举措得到了我国学者的广泛认同．从实用、现实或未来社会所需能力的角度而言，批判思维符合主流社会可欲的价值，从哲学思辨证成角度而言，有理由接受批判思维作为教育目的之理想．批判性思维是学生必须发展的能力，是一种基于科学思维来发现和解决问题的方法，是创新、创造的基础和前提．批判性思维培养是创造力培养的关键，"M—S—F—P"

教学将引领学生针对学习结论、解题方法和思维过程等相互质疑，相互批判．由感性的质疑出发，进入理性的思考、辩证的分析和独立的判断，从而逐步培养学生的批判意识，发展学生的批判性思维，进而创新、创造．

（三）逻辑思维培养是基础

逻辑思维也称为抽象思维，是人类运用最广泛和最重要的思维，逻辑思维是批判性思维的基础，批判性思维虽始于疑问，但批判质疑的过程要遵循事物本身的逻辑发展规律．创新是自主思考与逻辑论证相结合的过程，在创新过程中逻辑思维为问题切入、课题确定、深入研究、方案验证等方面提供了基础、手段与保证．"M—S—F—P" 教学尊重逻辑思维的基础地位，以逻辑思维发展引领知识教学，教会学生如何将碎片化的知识进行抽象与概括，如何运用归纳与演绎、分析与综合、比较、递推、因果、逆向等思维方式解决实际问题，以促进大学生逻辑思维的发展，从而进行合理批判与科学创新，培养具有创造力和国际竞争力的智慧型人才，使其在新一轮科技革命的机遇和挑战中促进社会变迁与社会进步．

三、增强学生的深度情感体验

（一）以愉悦感深度体验增加精力投入

孔子云："知之者不如好之者，好之者不如乐之者．"当前大学生逃课，课上睡觉、玩手机，课后不认真做作业成了普遍现象．学生厌学有其自身的主观原因，也侧面反映出高校课堂教学正在失去魅力．深奥抽象的知识和灌输式的讲授方式已不能激起当今数字时代学生的学习兴趣，也束缚了学生独立思考和主动探索的乐趣．"M—S—F—P" 教学试图营造轻松愉悦的学习氛围，帮助学生深度体验愉悦感，鼓励学生自主规划，体验自我认识、自我建构的愉悦；鼓励学生多练、多实践，体验化知识为智慧的愉悦；鼓励学生小组合作、同伴互助，体验团结协作、群力群策的愉悦．学生在愉悦感深度体验中增加精力投入，主动参与学习，主动思考，主动化知识为智慧．

（二）以成就感深度体验激发学习动机

成就感是人的高级心理需要．成就感深度体验会激发人的成就动机．成就动机是一个人走向成功的内在因素，是高于任何物质和精神奖励的内驱力量．成就动机强的人更喜欢追求卓越，喜欢创新、创造，渴望成功，总会给自己设定具有挑战性的目标，并为之不懈努力，即使遇到困难也会百折不回，坚忍不拔．在传统教学中，大部分师生都只关注疑难困惑，而忽略了学生自我认同的成就感．"M—S—F—P"教学将面向全体学生创设教学情境，组织教学活动，来增强学生成就感深度体验，激发学生成就的学习动机；将以成就动机为内驱力来调动学生的学习兴趣，鼓励学生大胆质疑、积极创新，从而形成追求卓越、主动探索、积极乐观、迎难而上、顽强拼搏的良好品质．

(三) 以挫折感深度体验塑造价值

挫折感是人对干扰、障碍性刺激的一种主观感受，当一个人遇到无法克服的干扰或障碍时就会产生焦虑、失落、痛苦等挫折感．当代大学生缺少生活历练，一些学生在面对挫折时显得手足无措，甚至陷入心理危机．关注大学生的心理健康，帮助他们健全人格，改变认知结构以形成正确的世界观、人生观和价值观，改变行为模式以增强挫折感承受能力和抵抗能力，提高对未知生活的适应性是高等教育之责任．"M—S—F—P"教学将在教学过程中创造学习挫折情境，帮助大学生深度体验学习挫折感，认识学习挫折的必然性、普遍性，引导学生审时度势，调整策略，提升自我适应和自我调控能力，积极应对学习挫折．在深度体验挫折与失败后，形成正确的价值取向，养成良好的道德品质和行为习惯．

第三节 "M—S—F—P" 智慧教学模式的实践路径

信息和通信技术（ICT）提供了时间和地点的灵活性，淡化了学生学习与生活的界限，方便了正式与非正式学习环境之间的流动，高等教育学习环境由此正在发生改变，教师即专家、学生即新手的传统模式受到了不可逆转的挑战．"M—S—F—P"教学打破了传统教学过程中课前预习、课堂教学和课后复习的界限，重新进行组织编排，实践路径分为前置研修、课堂探究和后置升华三个环节，知识学习通过 MOOC 前置迁移，课堂探究在翻转中嵌入对分，以练致用；教师负责引领、高阶知识传授、高阶思维与高阶能力培养和价值塑造；学生自主规划学业目标，自主选择个性化学习路线，自主学习低阶知识，在小组内团结协作和小组间相互竞争中学会理性思考、相互批判、创造性解决问题，并深度体验挫败感、成就感和愉悦感，在后置升华中实现个性化学习拓展．实践教学目标采用张学新教授提出的的四层次理论（RU-AC），即通过关注学生学习结果评价学生获得的能力，分为复制、理解、运用和创造四个层次．四个层次由低到高，理解和运用是四个层次中的核心层次，复制是理解的基础，运用是在理解的基础之上将学习到的内容应用于新的情景，创造是运用的高级形式，当运用过程涉及的迁移足够大时，这种运用就达到了创造的水平．依照"M—S—F—P"教学的三个环节顺序，学生对知识的学习先后经历"复制→理解→运用→创造"的过程，最终获得创造性地运用所学知识以解决实际问题的智慧．

一、前置研修

（一）自主研学

从时间上来看，前置研修相当于传统教学中的课前预习，不同的是，前置研修学习的内容只是整节课的一部分，学习目标明确，学习过程完整，且需借助 MOOC 和 SPOC（以在超星学习通上建立 SPOC 为例）实现．前置研修分为自主研学、自主测评、自我反思三个步骤．自主研学目标和内容的选择至关重要．"M—S—F—P"教学在开课之初要结合先修课程对学生的学习能力进行诊断评估，如《概率论与数理统计》课程的先修课程包括学生在高中阶段学习的概率、统计知识和大学阶段学习的高等数学与线性代数课程．先选择这些课程中与本课程教学紧密相关的内容进行组卷测试，再根据学生的答卷结果将学生的学习能力由强到弱划分为强、中、弱三个等级．教师根据学生整体的实际学习能力先确定一节课的知识容量和难度，再将知识内容按照"难、中、易"三个等级进行划分，学生通过 MOOC 自主研学中、易难度的知识，获得对知识的复制、理解和运用能力．

（二）自主测评

自主测评是督促检验学生自主研学的有效手段．任何一门 MOOC 都会辅以相应的测试题帮助学生巩固内化，检验学习成果，但没有 MOOC 使用权限的教师无法查看学生自主研学和自主测评的大数据．因此，在利用 MOOC 面向在校大学生教学时，在校本教学平台上建立 SPOC 教学班级是非常必要的．

教师通过 SPOC 可以实现在线教学管理，自主测评只是其中一项功能．通过 SPOC，教师可以融合学生所学专业、社会需求、自主研学目标和内容等因素为学生量身定制适合其发展需要的习题库．通过习题库可以随机组卷或手动组卷，测试对象、测试起止时间、测试时长、题目顺序等内容都可以通过平台进行预设，学生通过移动通讯设备可以随时随地进行自主测评，客观题目平台能够自动完成批阅，大大提高了教与学的效率，减轻了教师的工作量．

（三）自我反思

自我反思是自我质疑、自我审视、自我批判的过程，是知识内化为智慧的必经途径．"M—S—F—P"教学通过 SPOC 平台呈现自我反思的结果，这称为"自主学习疑问"．首先学生总结归纳自主研学和自主测评过程中的疑点、难点，然后以视频、语音、图片等方式提交到 SPOC 班级的"讨论"模块中，最后全班在线讨论互动．SPOC 会自动生成学生讨论互动大数据，学生提出疑问和回答疑问系统都会自动加分，计入学生过程性考核评价成绩．如果教师希望体现出每一个参与在线讨论互动学生的贡献度还可以进行手动评分，分数可以选择且即时可见，得分的学生内心会升腾愉悦感和成就感，未得分的学生会在自尊心和成就动机的驱动下加强学习投入．

二、课堂探究

（一）教师精讲

课堂探究是"M—S—F—P"教学中智慧人才培养的主阵地，分为教师精讲、独思研练、组内共研和组间竞享四个步骤．教师精讲用一半的课堂教学时间，突出高效性、高阶性和高级性．教师精讲内容包括整节课的知识框架、前置研修环节总结和疑难讲解、高阶知识和课程思政．在教师精讲过程中，教师要将重点讲透，难点讲细，疑问点讲清，课程思政自然融入课程教学中潜移默化地影响学生．教师精讲过程中最好利用移动通讯设备开启平台"投屏"功能辅助教学．采用投屏好处有三：一来教师不再受书写板书的限制，可以时时深入学生中去，讲课的同时方便进行教学管理；二来教师可以将手机充当激光笔、聚光灯和手写板，教学课件可圈、可点、可补充；三来教师可以通过 SPOC 随时发放抢答、随机选人等课堂互动活动，互动结果会直映在多媒体上，增强课堂教学的趣味性．

（二）独思研练

学生独思研练旨在将外在的知识内化吸收，通过练习实践达成学习目标．与前置研修环节理论知识对应的练习题应是变换场景之后的习题，学生课前学，理论课上做练习题，体现了翻转课堂教学模式中"以练代讲"的特色；与教师精讲中理论知识对应的练习题对应复制、理解和运用层次的目标，难度和容量以学习能力强的学生刚好完成为准．教师通过 SPOC 发放随堂练习，学生答题方便，答题结果都能投射到多媒体上，师生共见，平台会即时分析学生整体答题情况．在独思研练过程中，学生先闭目冥想，回顾教师精讲的知识，再做练习题，并标注"帮帮我"（自己不懂、不会的，用"?"表示）和"亮闪闪"（自己弄懂了、确定会的，用"＊"表示）；教师负责巡视全场、计时，此时生生、师生之间没有互动．

（三）组内共研

在相互依赖的课堂中，学生从同伴那里得到帮助，体验团队支持，增强自我效能感、成就感和想法生成，感知社会支持和社会凝聚力．"M—S—F—P"教学通过小组合作学习创建相互依赖的教学情境．小组分组以自主研学中学生学习能力评估为依据，兼顾学生的预期期末综合成绩目标，按照对分课堂中 ACBB 结构模式进行分组，A 层次为学习能力强且预期期末综合成绩目标为 80 分以上的学生，B、C 层次分别对应学习能力为中、弱的学生．在每个小组中，A 层次的学生都是有能力的主动学习者，在"M—S—F—P"教学中担任小组长．组内共研是小组合作学习的主要工作，围绕学生独思研练的习题展开，由小组长带领小组成员共研确定本小组一致认可的"帮帮我"和"亮闪闪"．在组内共研过程中教师巡视全场、计时，不参与其中，在组内共研结束时教师通过平台发布分组任务活动，学生拍照提交本小组的"帮帮我"和"亮闪闪"．

（四）组间竞享

组间竞享包括组间竞争和组间分享两种形式，以小组为单位，每次课选择 3~4 个小组．组间竞争即两个小组间互相考一考，组间分享即一组学生面向全班分享本小组的"亮闪闪"和"帮帮我"．在组内共研过程中教师已经进行全场巡视，对于学生整体的做题情况已了然于心，对于"亮闪闪"的分享，教师可以投屏展示该小组提交的分组任务图片，学生一边看着作品，一边语音分享，形象生动，高效快捷；对于"帮帮我"的分享，教师要针对学生的共性疑问，启发引导分享学生的深入思考，细化疑问点，探究疑问与理论知识之间的联系，寻找解决问题的办法．通过课堂探究的这四步学习，学生在知识转化为智慧的过程中培养高级思维，在完成共同学习任务和组间竞争中增加相互依赖、深度体验情感、涵养德性、塑造价值，学会创造性地应用前置研修环节所学的知识解决实际问题，运用教师精讲的高阶知识解决实际问题．

三、后置升华

（一）自规划学业路线

前置研修和课堂探究环节是面向学生全体进行教与学，是从宏观上进行因材施教；后置升华将从微观视角针对学生个性化发展需求落实因材施教，为此引入学业规划，以调查问卷的形式引导学生规划人生．我们采用时间倒序法引导学生在长长的生命线中预估寿命，畅想暮年生活情境，设想五十岁、四十岁、三十岁时的事业、家庭情境，确定职业目标，明确学业发展路线，认识所学课程在自己人生发展道路中的价值．学业规划调查问卷中的两个关键规划目标是前文中的问题 1 和"问题 2：你预期本课程期末综合成绩是多少？（单选题）答案：A. 90 分及以上；B. 80～89 分；C. 70～79 分；D. 60～69 分；E. 无所谓．"问题 1 帮助教师了解学生对本门课程的需求，问题 2 帮助教师了解学生学习本门课的目标与态度，教师根据这两个目标引导学生进行自我建构，制订个性化学习方案．

（二）自适应课业延伸

学生课业延伸的学习目标是进一步理解高阶知识，从而创造性地解决实际问题．课业延伸的内容包括常态作业和小组任务两项．常态作业与学生的预期期末综合成绩目标相对应，选择 A 的学生课后作业难度和容量最大，选择 B、C 的学生次之，选择 D、E 的学生最小；对应的作业评价最高分依次为优秀、良好和及格；实施流程包括做、论、正、交、批五个步骤。①做作业：由学生独立完成，要求至少找到 1 个"亮闪闪"和 1 个"帮帮我"；②论作业：在下一次上课时进行组内共研；③正作业：下一次课组内共研之后教师通过平台发布答案，学生对照修正作业；④交作业：教师通过平台发布作业，学生将修正后的作业拍照提交；⑤批作业：教师批阅和生生互评交替进行．在整个学习过程中，学生可以随时向上调整作业目标，持续改进．小组任务包括画思维导图、组内共研情况汇总（主要统计小组共同的"亮闪闪"和"帮帮我"，以及每个组员的贡献）、分享课程文化（如介绍与课程相关的科学家的科研经历、某一理论的发展史）和小组任务汇报展示．小组长负责领导，小组成员分工协作，定期轮换任务．

（三）自提高拓展升华

拓展升华对应创造层次的目标，与学生学业规划目标对应．学业规划目标选 A 的学生，可以自主学习理论性强、研究性强的 MOOC 等共享开放教育资源和参考书籍，进行理论深度拓展；选 B 的学生，可以自主学习应用性强的 MOOC 等共享开放教育资源和参考书籍，进行应用广度拓展；选 C 或 D 的学生，建议回顾学习，吸收好本课程内的学习内容即可．拓展升华由学生自主学习完成，教师可根据学生的需要推荐 MOOC 等学习资源，提供指导和帮助，但不对学习过程和学习结果作硬性要求．例如，在哈尔滨学院工科《概率论与数理统计》课程的教学中，对于研究生入学考试要考这门课的学生，推荐其看国家级精品 MOOC 哈尔滨工业大学方茹老师的《概率论与数理统计》，做浙江大学盛骤等编写的《概率论与数理统计》的书后习题，还有余力的学生就可以做真题了；对于要直接在本专业领域就业的学生，推荐其阅读周勇等译，（美）Walpole R. E. 等著的《理工科概率统计》；其他同学建议其回顾学习本教学团队自建的校本 MOOC《概率论与数理统计》，内化吸收、巩固提高．

第四节 "M—S—F—P" 智慧教学实践效果的反思

"M—S—F—P"教学适用于线上线下混合式教学，也适用于在线教学，符合当前我国高等教育的需要，教学实践得到了教学评审专家和学生们的认可．本书作者负责建设的《概率论与数理统计》课程被黑龙江省教育厅认定为 2019 年黑龙江省线上线下混合式一流课程；2020 年被哈尔滨学院评为 2020 年春季学期在线教学优秀课程，哈尔滨学院食品质量与安全专业《概率论与数理统计》课程在线教学班级合计有 136 名学生，其中 72.1%（111

名）的学生表示喜欢这种教学模式，94.85%（129 名）的学生表示通过这种教学模式学习收获很大；2021 年被黑龙江省教育厅推荐申报第二批国家级线上线下混合式一流课程．"M—S—F—P"教学在知识教育中涵养智慧，促进了教师的智慧转型，课程的智慧建设，学生的智慧成长。

一、教师智慧发展

"M—S—F—P"教学促进教师"一念三能"智慧发展：第一，促进教师教育理念更新．"M—S—F—P"教学教师教育观要从教师中心转为学生中心，教学目标要从知识传承转为智慧发展，教学方法要从如何教转为如何学，教师角色要从主体转为服务．第二，促进教师智能技术应用能力发展．"M—S—F—P"教学深度融合了智能技术，MOOC 为学生未来探索各个领域的知识和信息提供了新思路，SPOC 教学管理贯穿始终，教与学的过程动态呈现，智能技术助力课程智能化发展，助力教师智能技术应用能力的发展．第三，促进教师教学引领能力提升．"M—S—F—P"教学中教师就是领航员，教师就是指挥棒，教师怎么教，学生怎么学，教师依照教学环节的顺序步步引领，学生步步相随．第四，赋予教师讲授能力新特征．在"M—S—F—P"教学中，教师讲授不再是系统化的知识，而是随机的、碎片化的疑难问题、高阶知识和前沿动态，要求教师讲得精，有逻辑，重思维，富启发；要让学生听得懂，有收获，会思考，会探究，会批判，会创造．

二、课程智慧建设

在"M—S—F—P"教学中，教师的智慧发展必然促进课程智慧建设，以哈尔滨学院软件工程专业《概率论与数理统计》课程为例．人工智能+、大数据+等新工科的兴起对概率论与数理统计的需求日益迫切，为了适应新工科的发展，本书作者树立了工程教育的新理念，面向卓越工程师教育培养计划 2.0 的新要求，进行了《概率论与数理统计》课程教学革命：第一，教学目标高阶性多元化改革，从单一知识目标转为融知识、思维、能力和情感于一体的多维目标；第二，课程内容增加了，也提升了挑战度，在传统工科《概率论与数理统计》课程内容的基础之上增加了应用统计软件分析数据、完整的案例分析和应用，加强了辨别随机现象，解决实际问题的能力、统计建模和数据分析能力的训练；第三，考核评价过程化、多元化、个性化，突出发现与承认，强调理解与发展，通过 SPOC 平台过程性输出即时可见，公平公正；第四，以学生为中心，教服务于学，教学活动突出学生的主体地位，教师负责引领、组织和服务，学习目标由低到高、学习内容由浅入深进行阶梯化处理，尊重学生的实际学习能力.

三、学生智慧成长

"M—S—F—P"教学面向未来，注重学生自主建构，帮助学生储备面对未来生活和挑战的智慧与潜力.学业规划引入课程教学，帮助学生学会规划人生与幸福生活，自主选择学业目标及发展路径.MOOC 和 SPOC 相结合进行前置研修，激发了学生自主学习的意识，养成自主学习的习惯，获得信息化自主学习的能力；其拓展升华为学生创造了独立选择 MOOC 进行深度、广度拓展学习的实践机会，为学生终身发展和个性化发展做好准备.常态作业及练习题的编排按照"复制→理解→运用→创造"逐渐增加的难度符合学生的认知逻辑；画思维导图将碎片化的知识抽象化、结构化，领悟知识内在逻辑；学生在练中思，思中悟，发展归纳、演绎等理性思维逻辑.在线上、线下讨论时，学生们各抒己见，理性批判，反省自身，碰撞思想，探索新知，体验批判与创造的乐趣，形成批判性与创造性的思维意识，发展批判性与创造性的思维能力."亮闪闪"让学生深度体验探究未知世界获得成功的乐趣与成就感，"帮帮我"让学生深度体验百思不得其解的挫折感.组内共研、组间竞享和小组任务为学生创造了组内团结依赖、组间相互竞争的机会，学生在团队中贡献自我价值体验成就感，汲取团队的支持体验愉悦感，在竞争中体验成功与失败、失落与愉悦，在合作中体验同伴共学、师生互动的乐趣及共克难关的成就感，学会诚实守信、责任担当，学会热爱集体、关爱他人，养成良好的道德品质和行为习惯，践行社会主义核心价值观.

智慧是教育一直以来的追求，智慧教育是对知识教育的补充和发展，得益于人工智能的发展，智慧教育得以落实.智慧教育是教育数字化的最高追求，它将引领我国教育现代化发展，是全球未来教育发展的必然趋势.

"M—S—F—P"智慧教学模式将知识学习逐步向平台过渡，归还课堂育人功能，旨在培养理想信念坚定、德才兼备的智慧型社会主义建设者和接班人. 教育数字化转型、智慧教育落实的关键在教师, 只有广大教师行动起来, 从思想到理念、到职业素养的全面提升, 才能成为卓越的智慧型教师. 对于习惯了传统教学模式的教师而言, 这是一场革命, 但落实起来也并非难事. "M—S—F—P" 教学可操作性、可复制性强, 为从传统教学过渡到智慧教育架起了一座桥梁, 教师可以遵循模式从改革一节课开始逐步过渡到改革整门课, 经过几次尝试之后, 教师自然能够驾驭 "M—S—F—P" 教学模式.

第二章　随机事件的概率

第一节　随机试验、样本空间、随机事件

 学习目标

1. 会辨别随机试验；
2. 能写出随机试验的样本空间；
3. 会用集合表示事件；
4. 会判别事件间的关系；
5. 会用事件间的关系与运算及运算律表示事件.

一、前置研修

（一）MOOC 自主研学

1. 随机试验

在概率论与数理统计中将这种科学实验和观察研究统称为随机试验，简称为试验，用字母 E 表示. 概括起来随机试验具有以下三个特点：

①可以在<u>相同的</u>条件下<u>重复</u>进行.

②试验的可能结果<u>不止一个</u>，并且事先能明确试验的所有可能结果.

③进行试验之前<u>不能确定哪一个结果会出现</u>.

例 2.1.1

E_1：抛一枚硬币，观察正面 H 和反面 T 出现的情况.

E_2：将一枚硬币抛掷三次，观察 H、T 出现的情况.

E_3：将一枚硬币抛掷三次，观察 H 出现的次数.

E_4：掷一颗质地均匀的骰子，观察出现的点数.

E_5：某城市 120 急救电话台一昼夜收到的呼唤次数.

E_6：在一批灯泡中任意抽取一只，测试它的寿命.

2. 样本空间

随机试验 E 的所有可能结果组成的集合称为 E 的样本空间，记为 S；样本空间中的元素，即 E 的每个结果，称为<u>样本点</u>，记为 e. 于是 $S = \{e \mid e$ 为 E 的可能结果\}.

例 2.1.2 请写出例 2.1.1 中试验 $E_i (i = 1, 2, \cdots, 6)$ 对应的样本空间 $S_i (i = 1, 2, \cdots, 6)$：

$S_1 = \{H, T\}$

$S_2 = \{HHH, HHT, HTH, THH, HTT, THT, TTH, TTT\}$

$S_3 = \{0, 1, 2, 3\}$

$S_4 = \{1, 2, 3, 4, 5, 6\}$

$S_5 = \{0, 1, 2, 3, \cdots\}$

$S_6 = \{t \mid t \geq 0\}$

3. 随机事件

随机试验 E 的样本空间 S 的<u>子集</u>称为**随机事件**，简称为**事件**，用大写字母 A，B，C 等表示. 在一次试验中，<u>若试验结果是事件 A 中的样本点</u>，则称**事件 A 发生**.

4. 三个特殊事件

（1）基本事件

<u>由一个样本点组成的单点集称为基本事件，表示为 $\{e\}$.</u>

（2）必然事件

<u>每次试验中都必然发生的</u>事件称为必然事件. 从事件的角度也把样本空间 S 称为<u>必然事件</u>.

（3）不可能事件

<u>每次试验中都不可能发生的</u>事件称为不可能事件，它不包含任何一个样本点，故而用<u>空集 $\varnothing$ 表示</u>.

例 2.1.3 在试验 E_4 中，试验的目的是观察一颗骰子掷出的点数，对应的样本空间为 $S_4 = \{1, 2, 3, 4, 5, 6\}$. 在这个试验中我们关心这几件事：

①掷出 1 点；②掷出奇数点；③掷出的点数小于 7；④掷出的点数为 8.

现在用集合的方法来表示各事件，则：

事件 A = {掷出 1 点} = {1}；

事件 B = {掷出奇数点} = {1，3，5}；

事件 C = {掷出的点数小于 7} = {1，2，3，4，5，6}；

事件 D = {掷出的点数为 8} = $\varnothing$．

很显然，事件 A 是一个基本事件；事件 C 是必然事件；事件 D 是不可能事件．我们掷一次骰子，若出现的点数是 1，3，5 中的某一个，则说明事件 B 发生了；反之，若已知信息是事件 B 发生了，则可以认为试验的结果是 1，3，5 中的某一个．

（二）SPOC 自主测试

1. 将一枚硬币抛 2 次，观察正面出现的次数，则样本空间为 S={1，2}．（×）

2. 观察某城市一昼夜发生交通事故的次数，事件 A 表示"事故至多发生 3 起"，事件 B 表示"事故少于 3 起"，则 A={0，1，2，3}，B={0，1，2}．（√）

3. 观察某种型号节能灯的寿命，如果事件 C 表示"使用寿命不小于 5000 小时"，则 C={x：x>5000}．（×）

二、课堂探究

（一）教师精讲

1. 事件间的关系与运算

事件是一个集合，因而事件间的关系与运算可以按照集合的关系与运算来处理．

设试验 E 的样本空间为 S，A，B，A_i（i = 1，2，…）为 E 的**事件**.

（1）**子事件**

若事件 A 发生必然导致事件 B 发生，则称事件 A 是事件 B 的子事件（也称为事件 A 被包含在事件 B 中，或事件 B 包含事件 A），表示为 $A \subset B$（或 $B \supset A$）．用韦恩图表示如图 2.1.1 所示：

图 2.1.1 子事件的韦恩图示意

在试验 E_6 中，设事件 $A = \{$灯泡的寿命不超过 800 小时$\}$，事件 $B = \{$灯泡的寿命不超过 1000 小时$\}$．若灯泡的寿命不超过 800 小时，则必不超过 1000 小时，因此当事件 A 发生时事件 B 也一定发生了，故而事件 A 是事件 B 的子事件．

特别地，若 <u>$A \subset B$ 且 $B \subset A$</u>，则称事件 A 与事件 B 相等，即 $A = B$．

（2）和事件

①**两个事件的和事件**．称事件"<u>事件 A 与 B 至少有一个发生</u>"为事件 A 与事件 B 的和事件，表示为 $A \cup B = \{e | e \in A \text{ 或 } e \in B\}$．用韦恩图表示如图 2.1.2 所示：

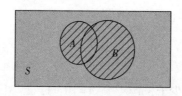

图 2.1.2　和事件的韦恩图示意

事件 $A \cup B$ 发生也可以说成<u>事件 A 发生或事件 B 发生或事件 A 与 B 至少有一个发生</u>．

在试验 E_2 中，设事件 $A = \{$三次都出现正面$\} = \{HHH\}$，事件 $B = \{$三次都出现反面$\} = \{TTT\}$，则 $A \cup B = \{$三次都出现同一面$\} = \{HHH, TTT\}$．

②**多个事件的和事件**．称事件"A_1，A_2，$\cdots$，A_n <u>至少有一个发生</u>"为事件 A_1，A_2，$\cdots$，A_n 的和事件，表示为 $\bigcup\limits_{i=1}^{n} A_i = A_1 \cup A_2 \cup \cdots \cup A_n$；称事件"<u>$A_1$，$A_2$，$\cdots$，$A_n$，$\cdots$ 至少有一个发生</u>"为事件 A_1，A_2，$\cdots$，A_n，$\cdots$ 的和事件，表示为 $\bigcup\limits_{i=1}^{\infty} A_i$．

（3）积事件

①**两个事件的积事件**．称事件"<u>事件 A 与 B 同时发生</u>"为事件 A 与事件 B 的积事件，表示为 <u>$A \cap B = \{e | e \in A \text{ 且 } e \in B\}$</u>，也记作 AB．用韦恩图表示如图 2.1.3 所示：

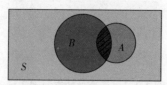

图 2.1.3　积事件的韦恩图示意

②**多个事件的积事件**. 称事件"A_1, A_2, $\cdots$, A_n 同时发生"为事件 A_1, A_2, $\cdots$, A_n 的积事件, 表示为 $\bigcap\limits_{i=1}^{n} A_i = A_1 \cap A_2 \cap \cdots \cap A_n$; 称事件 "$A_1$, A_2, $\cdots$, A_n, $\cdots$ 同时发生"为事件 A_1, A_2, $\cdots$, A_n, $\cdots$ 的积事件, 表示为 $\bigcap\limits_{i=1}^{\infty} A_i$.

(4) 差事件

称事件"事件 A 发生, 且 B 不发生"为事件 A 与事件 B 的差事件, 表示为 $A - B = \{e \mid e \in A$ 且 $e \notin B\}$. 用韦恩图表示如图 2.1.4 所示:

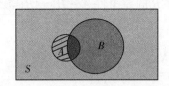

图 2.1.4 差事件的韦恩图示意

从韦恩图可以看出, $A - B = A - AB$.

在试验 E_2 中, 设事件 $A = \{HHH, TTT\}$, 事件 $B = \{HHH, HHT\}$, 则事件 A 与事件 B 的差事件为 $A - B = \{TTT\}$.

(5) 互不相容

若事件 A 与事件 B 不可能同时发生, 则称事件 A 与事件 B 的互不相容 (或互斥) 表示为 $A \cap B = \varnothing$. 用韦恩图表示如图 2.1.5 所示:

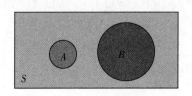

图 2.1.5 互不相容的韦恩图示意

在试验 E_2 中, 设事件 $A = \{HHH, TTT\}$, 事件 $B = \{THH, HTH, HHT\}$, 则事件 A 与事件 B 互不相容.

(6) 对立事件

若事件 A 与事件 B 有且仅有一个发生, 则称事件 A 与事件 B 互为对立事件 (或互逆事件), 表示为 $A \cap B = \varnothing$, $A \cup B = S$.

就集合关系而言, 事件 A 与它的补集 $\bar{A} = S - A$, 也满足 $A \cap \bar{A} = \varnothing$, $A \cup$

$\overline{A} = S$，因此事件 A 的对立事件 B 可表示为 $B = \overline{A}$. 因此，对立事件用韦恩图表示如图 2.1.6 所示：

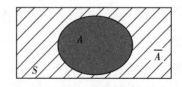

图 2.1.6 对立事件的韦恩图示意

此时，事件 A 与事件 B 的差事件 $A - B = A\overline{B} = \varnothing$.

2. 事件的运算律

交换律 $A \cup B = B \cup A$ $A \cap B = B \cap A$

结合律 $A \cup (B \cup C) = (A \cup B) \cup C$

           $A \cap (B \cap C) = (A \cap B) \cap C$

分配律 $A \cup (B \cap C) = (A \cup B) \cap (A \cup C)$

           $A \cap (B \cup C) = (A \cap B) \cup (A \cap C)$

对偶律（德摩根定律） $\overline{A \cup B} = \overline{A} \cap \overline{B}$ $\overline{A \cap B} = \overline{A} \cup \overline{B}$

           $\overline{A \cap B \cap C} = \overline{A} \cup \overline{B} \cup \overline{C}$

           $\overline{A \cup B \cup C} = \overline{A} \cap \overline{B} \cap \overline{C}$

           $\overline{\bigcap\limits_{i=1}^{n} A_i} = \bigcup\limits_{i=1}^{n} \overline{A_i}$ $\overline{\bigcup\limits_{i=1}^{n} A_i} = \bigcap\limits_{i=1}^{n} \overline{A_i}$

           $\overline{\bigcap\limits_{i=1}^{\infty} A_i} = \bigcup\limits_{i=1}^{\infty} \overline{A_i}$ $\overline{\bigcup\limits_{i=1}^{\infty} A_i} = \bigcap\limits_{i=1}^{\infty} \overline{A_i}$

例 2.1.4 设 A，B，C 是三个事件，试用 A，B，C 的关系与运算表示以下事件：

① A 与 B 发生，C 不发生；

② A，B，C 至少有两个发生；

③ A，B，C 恰好发生两个；

④ A，B，C 中有不多于一个事件发生.

解： ① $\{A$ 与 B 发生，C 不发生$\} = AB\overline{C}$

② $\{A$，B，C 至少有两个发生$\} = AB \cup AC \cup BC$

③ $\{A$，B，C 恰好发生两个$\} = AB\overline{C} \cup A\overline{B}C \cup \overline{A}BC$

④ $\{A，B，C$ 中有不多于一个事件发生$\} = \overline{A}B\overline{C} \cup \overline{A}\overline{B}C \cup A\overline{B}\overline{C} \cup \overline{A}\overline{B}\overline{C}$

$$= \overline{AB \cup AC \cup BC}$$

（二）学生内化

1. 若事件 A，事件 B 对立，则 A，B 互不相容．（√）

2. 设 A，B 是事件，则 $(A - B)B \subset A$．（√）

3. 设 A，B 是事件，则 $A \cup B - B = A$．（×）

三、课业延伸

设 A，B，C 为三个事件，用 A，B，C 的运算关系表示下列各事件：

（1）$\{A$ 发生，B 与 C 不发生$\} = A\overline{B}\,\overline{C}$．

（2）$\{A$ 与 B 都发生，而 C 不发生$\} = AB\overline{C}$．

（3）$\{A$，B，C 中至少有一个发生$\} = A \cup B \cup C$．

（4）$\{A$，B，C 都发生$\} = ABC$．

（5）$\{A$，B，C 都不发生$\} = \overline{A}\,\overline{B}\,\overline{C}$．

（6）$\{A$，B，C 中不多于一个发生$\} = \overline{A}\,\overline{B}\,\overline{C} \cup AB\overline{C} \cup \overline{A}B\overline{C} \cup \overline{A}\,\overline{B}C$．

（7）$\{A$，B，C 中不多于两个发生$\} = \overline{ABC}$．

（8）$\{A$，B，C 中至少有两个发生$\} = AB \cup AC \cup BC$．

学法说明

①学生自主学习 MOOC 中的画横线的理论知识和例题的解题过程，且需要学生记笔记．

②学生做完 SPOC 自主测试的习题后，需要总结自主学习中的疑问．

③学生前置研修环节的"自主学习笔记和疑问"需要通过 SPOC 及时提交．

④教师课堂精讲要先处理学生自主学习的疑问．

⑤教师课堂精讲的画横线的理论知识和例题的解题过程需要学生记笔记，并在下课前通过 SPOC 即时提交．

⑥学生内化习题：首先由学生独思研练，这个环节要求学生标注"亮闪

闪（＊或＊＊）"或"帮帮我（？或？？）"；然后进行组内共研，这个环节要求学生标注小组共同的"亮闪闪（＊或＊＊）"或"帮帮我（？或？？）"；再进行组间竞享；最后由教师讲解共性问题.

⑦课业延伸环节的习题在下一次课进行隔堂对分.

⑧本节课学生理论知识笔记模板如下所示（本课程中称为知识导航，每节课学生的理论知识笔记都如法炮制，不再赘述）.

知识导航

1. 随机试验

用字母_____表示，具有以下三个特点：

（1）可以在_____条件下_____进行.

（2）试验的可能结果_____，并且事先能 _____

_____.

（3）进行试验之前 _____ .

2. 样本空间

随机试验 E 的_____称为 E 的样本空间，记为_____；样本空间中的元素，即 E 的_____，称为_____，记为_____.

3. 随机事件

_____称为**随机事件**，简称为**事件**，用大写字母 A，B，C 等表示. 在一次试验中，若_____，则称事件 A 发生.

4. 三个特殊事件

（1）基本事件_____称为基本事件，表示为

_____.

（2）必然事件_____事件称为必然事件. 从事件的角度也把样本空间 S 称为_____事件.

（3）不可能事件_____事件称为不可能事件，它不包含任何一个样本点，故而用_____表示.

5. 事件间的运算律

交换律_____ .

结合律_____.

分配律_____.

对偶律（德摩根定律）：

_____.

6. 事件间的关系与运算图

概率含义	A，B 的关系或运算	集合关系表示	韦恩图表示
事件 A 发生必然导致事件 B 发生	事件 A 是事件 B 的子事件	$A \subset B$	
事件 A 发生或事件 B 发生也可以说成事件 A 与 B 至少有一个发生			
事件 A 与事件 B 同时发生			
事件 A 发生而事件 B 不发生			
事件 A 与事件 B 不可能同时发生			
事件 A 与 B 有且仅有一个发生			

第二节　频率与概率

 学习目标

1. 能说出频率的定义、性质和二重性，以及频率与概率的区别和联系；

2. 能根据概率的公理化定义推导概率的六大性质；

3. 会用概率的公理化定义及性质计算；

4. 由频率到概率的公理化定义学习体会理论源于实践的客观真理.

一、前置研修

(一) MOOC 自主研学

1. 频率的定义

设在相同的条件下进行了 n 次试验，在这 n 次试验中事件 A 发生的次数为 n_A . 则称 n_A 为事件 A 在这 n 次试验中发生的频数；称比值 $\dfrac{n_A}{n}$ 为事件 A 在这 n 次试验中发生的频率，记为 $f_n(A) = \dfrac{n_A}{n}$.

2. 频率的性质

①对于任一事件 A，都有 $0 \leqslant f_n(A) \leqslant 1$；

②对于必然事件 S，有 $f_n(S) = 1$；

③若 A_1，A_2，$\cdots$，A_k 是两两互不相容的事件，则
$$f_n(A_1 \cup A_2 \cup \cdots \cup A_k) = f_n(A_1) + f_n(A_2) + \cdots + f_n(A_k)$$

3. 频率的二重性

例 2.2.1 考虑"抛硬币"这个试验，我们将一枚硬币抛掷 5 次、50 次、500 次，各做 10 遍，得到的数据如表 2.2.1 所示 (其中 n_H 表示正面 H 发生的次数，$f_n(H)$ 表示 H 发生的频率) .

表 2.2.1　"抛硬币"的试验数据

试验序号	$n=5$		$n=50$		$n=500$	
	n_H	$f_n(H) = \dfrac{n_H}{n}$	n_H	$f_n(H) = \dfrac{n_H}{n}$	n_H	$f_n(H) = \dfrac{n_H}{n}$
1	2	0.4	22	0.44	251	0.502
2	3	0.6	25	0.5	249	0.498
3	1	0.2	21	0.42	256	0.512
4	5	1.0	25	0.5	253	0.506
5	1	0.2	24	0.48	251	0.502
6	2	0.4	21	0.42	246	0.492
7	4	0.8	18	0.36	244	0.488
8	2	0.4	24	0.48	258	0.516

续表

试验序号	n = 5		n = 50		n = 500	
	n_H	$f_n(H) = \dfrac{n_H}{n}$	n_H	$f_n(H) = \dfrac{n_H}{n}$	n_H	$f_n(H) = \dfrac{n_H}{n}$
9	3	0.6	27	0.54	262	0.524
10	3	0.6	31	0.62	247	0.494

观察表 2.2.1 我们会发现，随着试验次数 n 的改变，$f_n(H)$ 总是围绕 0.5 上下波动．试验次数 n 越小，频率 $f_n(H)$ 波动得越大；试验次数 n 越大，频率 $f_n(H)$ 波动得越小．

历史上很多统计学家也做了这个实验，如表 2.2.2 所示．

表 2.2.2　不同统计学家"抛硬币"的数据

实验者	n	n_H	$f_n(H)$
德摩根	2048	1061	0.5181
蒲丰	4040	2048	0.5069
K. 皮尔逊	12000	6019	0.5016
K. 皮尔逊	24000	12012	0.5005

显而易见，表 2.2.2 中的试验次数 n 非常大，而此时频率 $f_n(H)$ 波动得很小，且稳定于 0.5．事实上，0.5 就是 H 在一次试验中发生的概率（大数定律为其提供了理论保障，后续章节会介绍）．

一般地，对于任一事件 A，其频率 $f_n(A)$ 的大小都受试验次数 n 的影响，这种影响即为频率的波动性和稳定性：

①波动性　当 n 较小时，$f_n(A)$ 总是围绕一个常数上下波动；

②稳定性　当 n 逐渐增大时，$f_n(A)$ 又逐渐稳定于这个常数．

这个常数就是事件 A 在一次试验中发生的概率．

（二）SPOC 自主测试

某个地区从某年起几年内的新生婴儿数及其中男婴数如表 2.2.3 所示（结果保留两位有效数字）：

表 2.2.3　某地 4 年内新生婴儿情况统计

时间范围	1 年内	2 年内	3 年内	4 年内
新生婴儿数	5544	9013	13520	17191
男婴数	2716	4899	6812	8590
男婴的出生频率	0.49	0.54	0.50	0.50

（1）填写表中男婴的出生频率；

（2）这一地区男婴出生的概率约是　　0.50　　．

二、课堂探究

（一）教师精讲

1. 概率的公理化定义

设随机试验 E 的样本空间为 S，对 E 的每一个事件 A 赋予一个实数，记为 $P(A)$，$P(A)$ 被称为事件 A 的概率，如果集合函数 $P(\cdot)$ 满足下列条件：

（1）非负性

对于任一个事件 A，都有 $P(A) \geq 0$．

（2）规范性

对于必然事件 S，有 $P(S) = 1$．

（3）可列可加性

设 A_1，A_2，$\cdots$，A_n，$\cdots$是可列个两两互不相容的事件，即 $A_i A_j = \varnothing$，$i \neq j$，$i, j = 1, 2, \cdots$，有 $P(\bigcup\limits_{i=1}^{\infty} A_i) = \sum\limits_{i=1}^{\infty} P(A_i)$．

2. 概率的性质

性质 1　$P(\varnothing) = \underline{\ 0\ }$．

证明：令 $A_i = \varnothing (i = 1, 2, \cdots)$，则 $A_i A_j = \varnothing$，$i \neq j$，$i, j = 1, 2, \cdots$，且 $\bigcup\limits_{i=1}^{\infty} A_i = \varnothing$．

故由概率的可列可加性得，$P(\varnothing) = P(\bigcup\limits_{i=1}^{\infty} A_i) = \sum\limits_{i=1}^{\infty} P(\varnothing)$，

又由概率的非负性可知，$P(\varnothing) \geq 0$，所以 $P(\varnothing) = 0$．

性质 2（有限可加性）　若事件 A_1，A_2，$\cdots$，A_n 两两不相容，则

$$P(\bigcup_{i=1}^{n} A_i) = \sum_{i=1}^{n} P(A_i)$$

证明：令 $A_i = \varnothing (i = n + 1,\ n + 2,\ \cdots)$，则由概率的可列可加性和性质 1 可得

$$P(\varnothing) = P(\bigcup_{i=1}^{\infty} A_i)$$

故由概率的可列可加性得 $P(\bigcup\limits_{i=1}^{n} A_i) = P(\bigcup\limits_{i=1}^{\infty} A_i) = \sum\limits_{i=1}^{\infty} P(A_i) = \sum\limits_{i=1}^{n} P(A_i)$.

性质 3　设 A, B 是两个事件，当 $B \subset A$ 时，则 $P(A - B) = P(A) - P(B)$，且 $P(A) \geqslant P(B)$.

一般地，对于任何两个事件 A, B，都有 $P(A - B) = P(A) - P(AB)$.

证明：因为 $B \cup \bar{B} = S$，$B\bar{B} = \varnothing$，故 $A = AS = A(B \cup \bar{B}) = AB \cup A\bar{B}$，且 $AB \cap A\bar{B} = \varnothing$.

又因 $A - B = A\bar{B}$，所以由性质 2 可知

$$P(A) = P(AB \cup A\bar{B}) = P(AB) + P(A\bar{B}) = P(AB) + P(A - B)$$

从而 $P(A - B) = P(A) - P(AB)$.

特别地，若 $B \subset A$，则 $AB = B$.

故再由概率的非负性可知，$P(A - B) = P(A) - P(B) \geqslant 0$.

所以 $P(A) \geqslant P(B)$.

性质 4　对于任一事件 A，有 $P(A) \leqslant \underline{\quad 1 \quad}$.

证明：对于任一事件 A，都有 $A \subset S$，故由概率的规范性和性质 3 得 $P(A) \leqslant P(S) = 1$.

性质 5　对于任一事件 A，有 $P(\bar{A}) = 1 - P(A)$.

证明：因为 $\bar{A} = S - A$，故由性质 3 推论可得

$$P(\bar{A}) = P(S - A) = P(S) - P(A) = 1 - P(A) \leqslant P(S) = 1.$$

性质 6（加法公式）　对于任意两个事件 A, B，有
$$P(A \cup B) = P(A) + P(B) - P(AB)$$

证明：因为 $A \cup B = A \cup (B - AB)$，且 $A \cap (B - AB) = \varnothing$，$AB \subset B$.
所以由性质 2 和性质 3 可知

$$P(A \cup B) = P[A \cup (B - AB)] = P(A) + P(B - AB)$$
$$= P(A) + P(B) - P(AB)$$

性质 6 推广

①对于任意三个事件 A，B，C，有

$$P(A \cup B \cup C) = P(A) + P(B) + P(C) - P(AB) - P(AC) - P(BC) + P(ABC)$$

②对于任意 n 个事件 A_1，A_2，$\cdots$，A_n，有

$$P(\bigcup_{i=1}^{n} A_i) = \sum_{i=1}^{n} P(A_i) - \sum_{1 \le i < j \le n} P(A_i A_j) + \sum_{1 \le i < j < k \le n} P(A_i A_j A_k) + \cdots + (-1)^{n-1} P(A_1 A_2 \cdots A_n)$$

例 2.2.2 设 A，B 为两个随机事件，且已知 $P(A) = \dfrac{1}{4}$，$P(B) = \dfrac{1}{2}$，就下列三种情况求 $P(B\overline{A})$ 概率：

(1) A 与 B 互斥；(2) $A \subset B$；(3) $P(AB) = \dfrac{1}{9}$.

解： (1) 由于 A，B 互斥，故 $B \subset \overline{A}$. 于是 $B\overline{A} = B$，所以 $P(B\overline{A}) = P(B) = \dfrac{1}{2}$.

(2) 因为 $A \subset B$，所以 $P(B\overline{A}) = P(B - A) = P(B) - P(A) = \dfrac{1}{2} - \dfrac{1}{4} = \dfrac{1}{4}$.

(3) $P(B\overline{A}) = P(B - A) = P(B - AB) = P(B) - P(AB) = \dfrac{1}{2} - \dfrac{1}{9} = \dfrac{7}{18}$.

例 2.2.3 设 $P(A) = P(B) = \dfrac{1}{2}$. 试证：$P(AB) = P(\overline{A}\ \overline{B})$.

证明： $P(\overline{A}\ \overline{B}) = P(\overline{A \cup B})$
$$= 1 - P(A \cup B)$$
$$= 1 - [P(A) + P(B) - P(AB)]$$
$$= 1 - \left[\dfrac{1}{2} + \dfrac{1}{2} - P(AB)\right]$$
$$= P(AB)$$

例 2.2.4 学期末，约翰将从一所大学的工业工程系毕业. 经过他喜欢的两家公司面试后，他认为从 A 公司得到工作机会的概率为 0.8，从 B 公司得到工作机会的概率为 0.6. 那么他至少得到一个工作机会的概率是多少？

解：设事件 $A = \{$约翰从 A 公司得到工作机会$\}$

事件 $B = \{$约翰从 B 公司得到工作机会$\}$

$P(AB) = 0.6 \times 0.8 = 0.48$

$$P(A \cup B) = P(A) + P(B) - P(AB)$$
$$= 0.8 + 0.6 - 0.48$$
$$= 0.92$$

所以约翰至少得到一个工作机会的概率是 0.92.

（二）学生内化

1. 若事件 A，B 满足 $A \cup B = S$，则 $P(A) + P(B) = 1$.（×）

2. 若事件 A，B 满足 $A \cup B = A$，则 $P(A - B) = P(A) - P(B)$.（√）

3. 从一批羽毛球产品中任取一个，其质量小于 4.8 g 的概率为 0.3，质量小于 4.85 g 的概率为 0.32，那么质量在 [4.8，4.85)（g）范围的概率是（C）.

    A. 0.62   B. 0.38   C. 0.02   D. 0.68

4. 设事件 A，B 互斥，$P(A) = 0.4$，$P(B) = 0.3$，则 $P(\overline{A}\,\overline{B}) = $（B）.

    A. 0.12   B. 0.30   C. 0.42   D. 0

三、课业延伸

1. 设当事件 A 与事件 B 同时发生时，事件 C 必发生，则必有（C）.

A. $P(C) \leqslant P(A) + P(B) - 1$ B. $P(C) = P(AB)$

C. $P(C) \geqslant P(A) + P(B) - 1$ D. $P(C) = P(A \cup B)$

2. 设 $P(A) = 0.7$，$P(A - B) = 0.3$，则 $P(\overline{AB}) = $ <u> 0.6 </u>.

3. 设 A，B，C 是三个事件，且 $P(A) = P(B) = P(C) = \dfrac{1}{4}$，$P(AB) = P(BC) = 0$，$P(AC) = \dfrac{1}{8}$，则 A，B，C 至少有一个发生的概率是 <u> 5/8 或 0.625 </u>.

4. 设 A，B 为随机事件，则 $P(\overline{A} \cup B) = $ <u>$1 - P(A) + P(AB)$</u>.

5. 已知 $P(A) = \dfrac{1}{2}$，$P(B) = \dfrac{1}{3}$，$P(C) = \dfrac{1}{5}$，$P(AB) = \dfrac{1}{10}$，$P(AC) = \dfrac{1}{15}$，

$P(BC) = \dfrac{1}{20}$, $P(ABC) = \dfrac{1}{30}$, 求 $A \cup B$, $\overline{A}\,\overline{B}$, $A \cup B \cup C$, $\overline{A}\,\overline{B}\,\overline{C}$, $\overline{A}\,\overline{B} \cup C$

的概率.

解: $P(A \cup B) = P(A) + P(B) - P(AB) = \dfrac{1}{2} + \dfrac{1}{3} - \dfrac{1}{10} = \dfrac{11}{15}$

$$P(\overline{A}\,\overline{B}) = P(\overline{A \cup B}) = 1 - P(A \cup B) = 1 - \dfrac{11}{15} = \dfrac{4}{15}$$

$$P(A \cup B \cup C) = P(A) + P(B) + P(C) - P(AB) - P(AC) - P(BC) + P(ABC)$$

$$= \dfrac{1}{2} + \dfrac{1}{3} + \dfrac{1}{5} - \dfrac{1}{10} - \dfrac{1}{15} - \dfrac{1}{20} + \dfrac{1}{30} = \dfrac{17}{20}$$

$$P(\overline{A}\,\overline{B}\,\overline{C}) = P(\overline{A \cup B \cup C}) = 1 - P(A \cup B \cup C) = 1 - \dfrac{17}{20} = \dfrac{3}{20}$$

$$P(\overline{A}\,\overline{B} \cup C) = P(\overline{A}\,\overline{B}) + P(C) - P(\overline{A}\,\overline{B}C)$$

$$= \dfrac{4}{15} + \dfrac{1}{5} - [P(\overline{A}\,\overline{B}) - P(\overline{A}\,\overline{B}\,\overline{C})]$$

$$= \dfrac{4}{15} + \dfrac{1}{5} - \dfrac{4}{15} + \dfrac{3}{20} = \dfrac{7}{20}.$$

第三节　古典概型

 学习目标 ────────────────────

1. 记住古典概型的特征;

2. 会运用古典概型解决实际问题;

3. 在概率的公理化定义到古典概型的学习中体会由一般到特殊的数学思想方法.

一、前置研修

(一) MOOC 自主研学内容

1. 古典概型的定义

若试验 E 满足下列两个条件:

①有限性：试验的样本空间只有有限个样本点，即 $S = \{e_1, e_2, \cdots, e_n\}$；

②等可能性：每个基本事件发生的概率是相等的，即 $P\{e_1\} = P\{e_2\} = \cdots = P\{e_n\}$.

则称试验 E 为古典概型（也称等可能概型）.

若试验 E 为古典概型，则必然事件 $S = \bigcup\limits_{i=1}^{n} \{e_i\}$；而在一次试验中，任何两个基本事件都不会同时发生，因而基本事件 $\{e_1\}$, $\{e_2\}$, $\cdots$, $\{e_n\}$ 两两互不相容. 故由概率的规范性和性质 2 可知 $P(S) = P(\bigcup\limits_{i=1}^{n} \{e_i\}) = \sum\limits_{i=1}^{n} P\{e_i\} = 1$，从而得到 $P\{e_1\} = P\{e_2\} = \cdots = P\{e_n\} = \dfrac{1}{n}$.

2. 古典概型场合下事件的概率

设试验 E 的样本空间 S 中样本点的总数为 n（记为 n_S），试验 E 的事件 A 所含样本点的个数为 k（记为 n_A），则事件 A 的概率

$$P(A) = \frac{\text{事件 } A \text{ 包含的样本点的个数}}{S \text{ 中样本点的总数}} = \frac{k}{n} \triangleq \frac{n_A}{n_S}$$

此结论显而易见，假设事件 $A = \{e_{i_1}, e_{i_2}, \cdots, e_{i_k}\}$，显然 $e_{i_1}, e_{i_2}, \cdots, e_{i_k}$ 是 $S = \{e_1, e_2, \cdots, e_n\}$ 中的某 k 个样本点，因此 $P(A) = P\{e_{i_1}\} + P\{e_{i_2}\} + \cdots + P\{e_{i_k}\} = \dfrac{k}{n}$.

例 2.3.1　上工程统计课的学生有 25 名来自工业工程专业、10 名来自机械工程专业、10 名来自电子工程专业及 8 名来自土木工程专业. 如果老师随机地选择一人回答问题，则被选中的学生为工业工程专业的概率是多少？

解：设事件 $A = \{$被选中的学生为工业工程专业的$\}$.
因为

$$n_S = 53, \quad n_A = 25$$

所以

$$P(A) = \frac{n_A}{n_S} = \frac{25}{53}$$

例 2.3.2　袋中有 a 只白球，b 只黑球. 从中任意取出 k 只球. 试求：第 k 次取出的球是黑球的概率.

解: 设事件 $A = \{$第 k 次取出的球是黑球$\}$.考虑两种抽样方式:

(1) 无放回抽样(第一次取出一球不放回袋中,第二次再从剩余的球中取一球)

因为

$$n_S = A_{a+b}^k, \quad n_A = b \cdot A_{a+b-1}^{k-1}$$

所以

$$P(A) = \frac{n_A}{n_S} = \frac{b \cdot A_{a+b-1}^{k-1}}{A_{a+b}^k} = \frac{b}{a+b}.$$

(2) 有放回抽样(第一次取出一球,观察颜色后放回袋中,搅匀后再抽取第二个球)

因为

$$n_S = (a+b)^k, \quad n_A = b \cdot (a+b)^{k-1}$$

所以

$$P(A) = \frac{n_A}{n_S} = \frac{b \cdot (a+b)^{k-1}}{(a+b)^k} = \frac{b}{a+b}.$$

在有放回抽样中,每一次取球前袋中球的情况都是相同的,因此我们也可以只考虑第 k 次抽样,而不考虑前 $k-1$ 次抽样.此时 $n_S = a+b$, $n_A = b$,仍有 $P(A) = \frac{n_A}{n_S} = \frac{b}{a+b}$.

(二) SPOC 自主测试习题

1. 数字 1,2,3,4,5 中任取两个不同的数字构成一个两位数,则这个两位数大于 40 的概率是(B).

A. 1/5   B. 2/5   C. 3/5   D. 4/5

2. 10 张奖券中含有 3 张中奖券,每人购买 1 张,则前 3 个购买者中恰有 1 人中奖的概率是(D).

A. $C_{10}^3 \times 0.7^2 \times 0.3$ B. $C_3^1 \times 0.7^2 \times 0.3$

C. $\dfrac{3}{10}$ D. $\dfrac{3A_7^2 A_3^1}{A_{10}^3}$

3. 将一颗质地均匀的骰子,先后抛掷 3 次,至少出现一次 6 点向上的概率是(D).

A. $\dfrac{5}{216}$　　B. $\dfrac{25}{216}$　　C. $\dfrac{31}{216}$　　D. $\dfrac{91}{216}$

二、课堂探究

(一) 教师精讲

例 2.3.3　(抽奖券问题) 设某超市有奖销售，投放 n 张奖券只有 1 张有奖，每位顾客可抽 1 张. 求第 k 位顾客中奖的概率 $(1 \leqslant k \leqslant n)$.

解：设事件 $A = \{$第 k 位顾客中奖$\}$.

因为
$$n_S = n \times (n-1) \times \cdots \times (n-k+1), \ n_A = (n-1) \times \cdots \times (n-k+1) \times 1$$
所以

$$P(A) = \frac{(n-1) \cdot \cdots \cdot (n-k+1) \cdot 1}{n(n-1) \cdot \cdots \cdot (n-k+1)} = \frac{1}{n}$$

这一结果表明中奖与否同顾客出现次序 k 无关，也就是说，抽奖券活动对每位参与者来说都是公平的.

例 2.3.4　设有 N 件产品，其中有 D 件次品，今从中不放回地任取 n 件. 试求：其中恰有 k ($k \leqslant D$) 件次品的概率.

解：设事件 $A = \{$恰有 k 件次品$\}$.

因为
$$n_S = C_N^n, \ n_A = C_D^k C_{N-D}^{n-k}$$
所以

$$P(A) = \frac{C_D^k C_{N-D}^{n-k}}{C_N^n}$$

不同的事件的概率可能也不相同，通常概率大的事件在一次试验中发生的可能性更大一些，概率小的事件在一次试验中发生的可能性会小一些. 人们在长期的实践中总结出这样的结论：**概率很小的事件在一次试验中几乎是不发生的**. 这一结论称为**实际推断原理**.

例 2.3.5　某接待站在某一周曾接待过 12 次来访，已知这 12 次所有接待都是在周二和周四进行的. 请问：是否可以推断接待时间是有规定的？

解：假设接待站的接待时间没有规定，即各来访者在一周中的任一天来接待站是等可能的.

设事件 $A = \{12$ 次接待来访者都在周二、周四$\}$.

于是

$$n_S = 7^{12}, \quad n_A = 2^{12}$$

所以

$$P(A) = \frac{2^{12}}{7^{12}} = 0.\,0000003$$

即 12 次接待来访者都在周二、周四的概率为千万分之三.

现在 "12 次接待来访者都在周二、周四" 的概率为千万分之三,概率这么小的事件在一次实验中竟然发生了,实属反常.因而根据实际推断原理,有理由怀疑 "接待站的接待时间没有规定" 这一假设的正确性,可以认为其接待时间是有规定的.

(二) 学生内化

1. 从 0,1,2,…,9 这十个数字中任取三个不同的数字,设 $A = \{$三个数字中既不含 0 也不含 5$\}$,$B = \{$三个数字中不含 0 或不含 5$\}$,则 $P(A) = $ ＿＿＿7/15＿＿＿,$P(B) = $ ＿＿＿14/15＿＿＿.

2. 对一个五人学习小组考虑生日问题,则五个人的生日都在星期日的概率为 ＿＿$1/7^5$＿＿.

三、课业延伸

1. 10 片药片中有 5 片是安慰剂.

(1) 从中任意抽取 5 片,试求：其中至少有 2 片是安慰剂的概率；

(2) 从中每次取一片,作不放回抽样,试求：前 3 次都取到安慰剂的概率.

解：(1) 设事件 $A = \{$至少有 2 片是安慰剂$\}$,则 $\bar{A} = \{$至多有 1 片是安慰剂$\}$

因为 $n_S = C_{10}^5 = 252$, $n_{\bar{A}} = C_5^5 + C_5^1 C_5^4 = 26$

故 $P(\bar{A}) = \dfrac{n_{\bar{A}}}{n_S} = \dfrac{26}{252} = \dfrac{13}{126}$

所以 $P(A) = 1 - P(\bar{A}) = 1 - \dfrac{13}{126} = \dfrac{113}{126}$

(2) 设事件 $B = \{$前 3 次都取到安慰剂$\}$

因为 $n_S = A_{10}^3 = 720$，$n_B = A_5^3 = 60$

所以 $P(B) = \dfrac{n_B}{n_S} = \dfrac{60}{720} = \dfrac{1}{12}$

2. 将 3 个球随机地放入 4 个杯子中，试求：杯中球的最大个数分别为 1，2，3 的概率.

解：设事件 $A_i = \{$杯中球的最大个数为 $i\}$，$i = 1$，2，3.

因为 $n_S = 4^3 = 64$，$n_{A_1} = A_4^3 = 24$，$n_{A_3} = C_4^1 = 4$

故 $P(A_1) = \dfrac{n_{A_1}}{n_S} = \dfrac{24}{64} = \dfrac{3}{8}$，$P(A_3) = \dfrac{n_{A_3}}{n_S} = \dfrac{4}{64} = \dfrac{1}{16}$

所以 $P(A_2) = 1 - P(A_1) - P(A_3) = 1 - \dfrac{3}{8} - \dfrac{1}{16} = \dfrac{9}{16}$

第四节　条件概率

 学习目标

1. 会用条件概率的定义和性质计算；

2. 会用条件概率、乘法公式、全概率和贝叶斯公式解决实际问题；

3. 对比全概率公式和贝叶斯公式的应用场景，学会用具体问题具体分析的辩证方法论解决实际问题.

一、前置研修

(一) MOOC 自主研学内容

1. 条件概率

在事件 A 发生的条件下，事件 B 发生的条件概率用 $P(B \mid A)$ 表示. 为了很好地理解条件概率，我们先来看一个例题.

例 2.4.1　掷一颗质地均匀的骰子，设事件 $A = \{$掷出偶数点$\}$，事件 $B = \{$掷出 2 点$\}$，请问 $P(B \mid A)$ 的值是多少？

分析：在这个试验中，样本空间 $S = \{1$，2，3，4，5，6$\}$，事件 $A = $

$\{2, 4, 6\}$，事件 $B = \{2\}$．

若事件 A 发生，则试验出现的结果只能是 2 点、4 点或 6 点中的一个．这就是说，事件 A 的发生缩减了样本空间，此时的样本空间由原来的 S 缩减为了 $S_A = A$．A 中共有 3 个样本点，每一次试验它们出现的概率是等可能的，其中只有"2 点"在事件 B 中，故由古典概型可知在事件 A 发生的条件下，事件 B 发生的条件概率为 $P(B|A) = 1/3$．

由古典概型易得 $P(B) = 1/6$．

显然 $P(B|A) \neq P(B)$，这说明事件 A 的发生对事件 B 的发生产生了影响．

我们再来看这道例题，由古典概型易得 $P(AB) = 1/6$，$P(A) = 3/6$，从而

$$P(B|A) = \frac{1}{3} = \frac{1/6}{3/6} = \frac{P(AB)}{P(A)}$$

这说明在事件 A 发生的条件下，事件 B 发生的条件概率 $P(B|A)$ 可以由 $P(AB)$ 和 $P(A)$ 的商来确定．可以证明，在古典概型下，只要 $P(A) > 0$ 都有 $P(B|A) = \dfrac{P(AB)}{P(A)}$．我们将这个公式作一般性推广就得到了条件概率的定义：

（1）条件概率的定义

设 A，B 是两个事件，且 $P(A) > 0$，称 $P(B|A) = \dfrac{P(AB)}{P(A)}$ 为在事件 A 发生的条件下，事件 B 发生的条件概率．

（2）条件概率的性质

条件概率也属于特殊场合的概率，可以验证条件概率 $P(\cdot|A)$ 满足概率的公理化定义：

①非负性对任一事件 B，$0 \leq P(B|A) \leq 1$；

②规范性 $P(S|A) = 1$；

③可列可加性设事件 B_1，B_2，$\cdots$，B_n，$\cdots$ 两两互不相容，则 $P(\bigcup\limits_{i=1}^{\infty} B_i | A) = \sum\limits_{i=1}^{\infty} P(B_i | A)$．

条件概率 $P(\cdot|A)$ 同样具有概率的一切性质，如 $P(\overline{B}|A) = 1 - P(B|A)$，$P(B \cup C|A) = P(B|A) + P(C|A) - P(BC|A)$．

条件概率的计算仍然是我们关心的重点，可以用定义计算，也可以在缩减的样本空间上计算．

例 2.4.2　一盒子装有 4 只产品，其中 3 只一等品，1 只二等品．从中取产品 2 次，每次任取一件，作不放回抽样．设事件 $A = \{$第一次取到的是一等品$\}$，事件 $B = \{$第二次取到的是一等品$\}$，试求 $P(B|A)$．

解法 1（用定义）：因为 $P(AB) = A_3^2/A_4^2$，$P(A) = A_3^1 A_3^1/A_4^2$

所以
$$P(B|A) = \frac{P(AB)}{P(A)} = \frac{A_3^2/A_4^2}{A_3^1 A_3^1/A_4^2} = \frac{2}{3}$$

解法 2（在缩减的样本空间上计算）：

因为作不放回抽样，故而第一次取到一等品后样本空间缩减为 3 只产品，其中 2 只一等品，1 只二等品．此时，在缩减的样本空间中再取到一等品的概率就是在事件 A 发生的条件下事件 B 发生的条件概率，显然 $P(B|A) = \frac{2}{3}$．

2. 乘法定理

很多时候我们关心两个事件 A 和 B 同时发生的概率 $P(AB)$．如果已知在事件 A 发生的条件下事件 B 发生的条件概率 $P(B|A)$，从条件概率的定义中易得 $P(AB)$．

（1）两个事件的乘法定理：

定理 2.4.1　对于任意两个事件 A，B，如果 $P(A) > 0$，则有
$$P(AB) = P(A)P(B|A) \tag{2.4.1}$$

对称地，如果 $P(B) > 0$，也有
$$P(AB) = P(B)P(A|B) \tag{2.4.2}$$

式（2.4.1）和式（2.4.2）均称为概率的乘法定理．

类似地，还可以得到三个事件、四个事件等有限个事件的乘法定理．

（2）多个事件的乘法定理：

定理 2.4.2　对于任意三个事件 A，B，C，当 $P(AB) > 0$ 时，有
$$P(ABC) = P(A)P(B|A)P(C|AB)$$

对于任意 $n(n \geq 2)$ 个事件 A_1，A_2，$\cdots$，A_n，当 $P(A_1 A_2 \cdots A_{n-1}) > 0$ 时，有

$$P(A_1 A_2 \cdots A_n) = P(A_1)P(A_2 | A_1)P(A_3 | A_1 A_2)\cdots P(A_n | A_1 A_2 \cdots A_{n-1})$$

例 2.4.3（**波利亚模型**）　一个罐子中有 r 个红球和 t 个白球，如图 2.4.1 所示．随机地抽取一个球，观看颜色后放回罐中，并且再加进 a 个

与抽出的球具有相同颜色的球. 连续取球四次, 试求:
第一、二次取到红球且第三、四次取到白球的概率.

解: 设事件 $A_i = \{$第 i 次取到红球$\}$, $i=1$, 2, 3, 4.
于是

r 个红球, t 个白球

图 2.4.1

$A_1 A_2 \overline{A}_3 \overline{A}_4 = \{$连续取四个球, 第一、二次取到红球, 第三、四次取到白球$\}$.

由乘法定理得

$$P(A_1 A_2 \overline{A}_3 \overline{A}_4) = P(A_1)P(A_2 \mid A_1)P(\overline{A}_3 \mid A_1 A_2)P(\overline{A}_4 \mid A_1 A_2 \overline{A}_3)$$

$$= \frac{r}{r+t} \cdot \frac{r+a}{r+t+a} \cdot \frac{t}{r+t+2a} \cdot \frac{t+a}{r+t+3a}$$

(二) SPOC 自主测试习题

1. 设 A, B 是两个事件, 则 $P(A \mid B) + P(A \mid \overline{B}) = 1$. ($\times$)

2. 设 A, B 是两个事件, 则 $P(AB) = P(A)P(A \mid B)$. ($\times$)

3. 设 A, B 是两个事件, 已知 $P(A) = 0.5$, $P(B) = 0.4$, $P(AB) = 0.3$, 则 $P(B \mid A) = \underline{0.6}$.

4. 设 A, B 是两个事件, 已知 $P(A) = 0.4$, $P(B \mid \overline{A}) = 0.4$, 则 $P(\overline{A}B) = \underline{0.24}$.

二、课堂探究

(一) 教师精讲

全概率公式和贝叶斯公式:

条件概率研究的是在事件 A 的发生的情况下对事件 B 的发生的影响. 有时候影响事件 B 发生的因素可能不止一个, 此时计算事件 B 发生的概率就要用到全概率公式了. 首先来看一个例子.

例 2.4.4 如图 2.4.2 所示, 有三个箱子, 分别编号为 1, 2, 3. 1 号箱装有 1 个红球、4 个白球, 2 号箱装有 2 个红球、3 个白球, 3 号箱装有 3 个红球. 某人从三个箱子中任取一箱, 再从中任意摸出一球. 试求: 取得红球的概率.

分析: 设事件 $A = \{$取得红球$\}$, $B_i = \{$取到的是 i 号箱$\}$, $i = 1$, 2, 3.

此例有 4 个特征：

①事件 B_1，B_2，B_3 两两互斥，且样本空间被 B_1，B_2，B_3 划分成了三个部分，即 $S = B_1 \cup B_2 \cup B_3$.

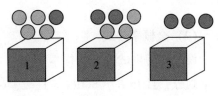

②事件 B_1，B_2，B_3 的概率显而易见：$P(B_1) = P(B_2) = P(B_3) = 1/3$

图 2.4.2

③在事件 B_i ($i = 1$，2，3) 发生的条件下事件 A 发生的条件概率易得：

$$P(A|B_1) = 1/5，\quad P(A|B_2) = 2/5，\quad P(A|B_3) = 1$$

④事件 A 总是伴随着 B_1，B_2，B_3 中的一个同时发生，即

$$A = AS = AB_1 \cup AB_2 \cup AB_3$$

并且事件 AB_1、AB_2、AB_3 两两互斥.

于是结合概率的加法公式和乘法定理可得

$$
\begin{aligned}
P(A) &= P(AB_1 \cup AB_2 \cup AB_3) \\
&= P(AB_1) + P(AB_2) + P(AB_3) \\
&= P(B_1)P(A|B_1) + P(B_2)P(A|B_2) + P(B_3)P(A|B_3) \\
&= \frac{1}{3} \cdot \frac{1}{5} + \frac{1}{3} \cdot \frac{2}{5} + \frac{1}{3} \cdot 1 \\
&= \frac{8}{15}
\end{aligned}
$$

即取得红球的概率为 $\dfrac{8}{15}$.

在例 2.4.4 中，事件 {取到红球} 这件事受三个因素，即事件 {取到的是 1 号箱}、{取到的是 2 号箱}、{取到的是 3 号箱} 的影响. 这三个事件两两互斥，且其和是样本空间. 如果有一组事件满足这两个特征的话，我们就将其称为划分.

（1）划分

设 S 为随机试验 E 的样本空间，B_1，B_2，$\cdots$，B_n 是 E 的一组事件，如果满足

①$B_iB_j = \varnothing$ ＄(i，$j = 1$，2，$\cdots$，n 且 $i \neq j$)

②$B_1 \cup B_2 \cup \cdots \cup B_n = S$

则称 B_1，B_2，$\cdots$，B_n 为 S 的一个 **划分**.

（2）全概率公式

设 S 为随机试验 E 的样本空间，A 为 E 的事件，B_1，B_2，$\cdots$，B_n 为 S 的一个划分，且 $P(B_i) > 0(i = 1, 2, \cdots, n)$，则

$$P(A) = \sum_{i=1}^{n} P(B_i)P(A \mid B_i)$$

上式被称为 **全概率公式**.

划分是全概率公式和贝叶斯公式的典型特征及应用条件.

例 2.4.5 市场上有甲、乙、丙三家工厂生产的同一品牌的产品，已知三家工厂的市场占有率分别为 1/4、1/4、1/2，且三家工厂的次品率分别为 2%、1%、3%. 试求：市场上该品牌产品的次品率.

解： 设事件 A = {该品牌产品是次品}

事件 B_1 = {该品牌产品是甲厂生产的}

事件 B_2 = {该品牌产品是乙厂生产的}

事件 B_3 = {该品牌产品是丙厂生产的}

显然，B_1，B_2，B_3 是样本空间的一个划分，且

$$P(B_1) = \frac{1}{4}, P(B_2) = \frac{1}{4}, P(B_3) = \frac{1}{2}$$

$$P(A \mid B_1) = 0.02, P(A \mid B_2) = 0.01, P(A \mid B_3) = 0.03$$

故由全概率公式得

$$P(A) = \sum_{i=1}^{3} P(B_i)P(A \mid B_i) = \frac{1}{4} \times 0.02 + \frac{1}{4} \times 0.01 + \frac{1}{2} \times 0.03 = 0.0225$$

即市场上该品牌产品的次品率为 0.0225.

（3）贝叶斯公式

设 S 为随机试验 E 的样本空间，A 为 E 的事件，B_1，B_2，$\cdots$，B_n 为 S 的一个划分，且 $P(B_i) > 0(i = 1, 2, \cdots, n)$，$P(A) > 0$，则

$$P(B_j \mid A) = \frac{P(B_j)P(A \mid B_j)}{\sum_{i=1}^{n} P(B_i)P(A \mid B_i)} \quad (j = 1, 2, \cdots, n)$$

上式被称为 **贝叶斯公式**.

例 2.4.6 根据以往的临床记录，某种诊断是否患有癌症的试验有如下效果：被诊断者患有癌症，试验反应为阳性的概率为 0.95；被诊断者没有癌症，试验反应为阴性的概率为 0.95. 现对自然人群进行普查，设被诊断的人确实患有癌症的概率为 0.005. 若被诊断者的试验反应为阳性，那么他确实患癌症的概率是多少？

解： 设事件 $A = \{$试验反应为阳性$\}$

事件 $C = \{$被诊断者确实患有癌症$\}$

显然 C, $\overline{C}$ 是样本空间的一个划分，且

$$P(C) = 0.005, \ P(\overline{C}) = 0.995, \ P(A|C) = 0.95, \ P(A|\overline{C}) = 1 - P(\overline{A}|\overline{C}) = 0.05$$

故由贝叶斯公式可知

$$P(C|A) = \frac{P(C)P(A|C)}{P(C)P(A|C) + P(\overline{C})P(A|\overline{C})}$$

$$= \frac{0.005 \times 0.95}{0.005 \times 0.95 + 0.995 \times 0.05}$$

$$= 0.087$$

即被诊断者的试验反应为阳性，那么他确实患癌症的概率为 0.087.

本例中，$P(C) = 0.005$ 称为**先验**概率，这种概率一般在试验前就是已知的，它常常是以往经验的总结；而 $P(C|A) = 0.087$ 称为**后验**概率，它反映了试验之后对各种原因发生的可能性大小的新认识，是对先验概率的一种校正. 本例中，后验概率 $P(C|A)$ 比先验概率 $P(C)$ 提高了近 16.4 倍. 虽然诊断的可靠性 $P(A|C) = 0.95$ 较高，但是确诊的可能性，即 $P(C|A) = 0.087$ 很小（平均 1000 个具有阳性反应的人中大约只有 87 人确实患有癌症），所以还必须提高诊断的准确率.

例 2.4.7 对以往的数据分析结果表明，当机器调整得良好时，产品的合格率为 98% ，而当机器发生某一故障时，其合格率为 55% . 每天早上机器开动时，机器调整良好的概率为 95%. 试求：

（1）某天早上生产的第一件产品是合格品的概率；

（2）若已知某天早上生产的第一件产品是合格品，则机器调整良好的概率是多少？

解：设事件 $A = \{$产品合格$\}$

事件 $B = \{$机器调整良好$\}$

显然 B，$\overline{B}$ 是样本空间的一个划分，且

$$P(B) = 0.95, \ P(\overline{B}) = 0.05, \ P(A|B) = 0.98, \ P(A|\overline{B}) = 0.55$$

（1）由全概率公式得

$$P(A) = P(A|B)P(B) + P(A|\overline{B})P(\overline{B}) = 0.98 \times 0.95 + 0.55 \times 0.05 = 0.9585$$

即某天早上生产的第一件产品是合格品的概率为 0.9585.

（2）由贝叶斯公式得

$$P(B|A) = \frac{P(A|B)P(B)}{P(A)} = \frac{0.98 \times 0.95}{0.9585} = 0.9713$$

即若已知某天早上生产的第一件产品是合格品，则机器调整良好的概率为 0.9713.

（二）学生内化

1. 有甲、乙两个盒子，甲盒中有 2 个红球，5 个白球，乙盒中有 5 个红球，2 个白球，任取一盒，从中取出 1 球，则取到红球的概率为（B）.

A. 2/7   B. 1/2   C. 1   D. 5/7

2. 已知 5% 的男人和 0.25% 的女人是色盲，现随机挑选一人，此人恰好为色盲，则此人是男人的概率为 ___0.9524___ .（假设男人和女人各占人数的一半）

三、课业延伸

1. 设 A，B 为任意两个事件，$A \subset B$，$P(B) > 0$，则以下必然成立的是（B）.

A. $P(A) < P(A|B)$ B. $P(A) \leqslant P(A|B)$

C. $P(A) > P(A|B)$ D. $P(A) \geqslant P(A|B)$

2. 设事件 A，B 互斥，且 $P(A) > 0$，$P(B) > 0$，则以下各式中成立的是（C）.

A. $P(B|A) > 0$ B. $P(B|A) = P(A)$

C. $P(A|B) = 0$ D. $P(AB) = P(A)P(B)$

3. 设 $P(A) = 1/4$, $P(B|A) = 1/3$, $P(A|B) = 1/2$, 则 $P(A \cup B) = \underline{1/3}$.

4. 设 $P(A) = 0.3$, $P(B) = 0.4$, $P(A|\overline{B}) = 0.32$, 则 (1) $P(\overline{AB}) = \underline{\quad 0.872 \quad}$; (2) $P(\overline{A \cup B}) = \underline{\quad 0.428 \quad}$.

5. 据以往资料表明, 某一 3 口之家, 患某种传染病的概率有以下规律:

P（孩子得病）$= 0.6$, P（母亲得病 | 孩子得病）$= 0.5$, P（父亲得病 | 母亲及孩子得病）$= 0.4$,

试求: 母亲及孩子得病但父亲未得病的概率.

解: 设事件 $A = \{$孩子得病$\}$, $B = \{$母亲得病$\}$, $C = \{$父亲得病$\}$.

由题意可知, $P(A) = 0.6$, $P(B|A) = 0.5$, $P(C|AB) = 0.4$

于是 $P(\overline{C}|AB) = 1 - P(C|AB) = 0.6$

故由乘法定理可知

$$P(AB\overline{C}) = P(A)P(B|A)P(\overline{C}|AB)$$

所以 $P(AB\overline{C}) = P(A)P(B|A)P(\overline{C}|AB) = 0.6 \times 0.5 \times 0.6 = 0.18$

即母亲及孩子得病但父亲未得病的概率为 0.18.

6. 病树的主人外出, 委托邻居浇水, 设已知如果不浇水, 树死去的概率为 0.8, 若浇水, 则树死去的概率为 0.15. 有 0.9 的把握确定邻居会记得浇水. 试求:

(1) 主人回来树还活着的概率;

(2) 若主人回来树已死去, 则邻居忘记浇水的概率.

解: (1) 设事件 $A = \{$主人回来树已死去$\}$

事件 $B = \{$邻居忘记浇水$\}$

显然 B 与 $\overline{B}$ 是样本空间的一个划分,

且 $P(B) = 0.1$, $P(\overline{B}) = 0.9$, $P(A|B) = 0.8$, $P(A|\overline{B}) = 0.15$

故 (1) 由全概率公式可知

$P(A) = P(B)P(A|B) + P(\overline{B})P(A|\overline{B}) = 0.1 \times 0.8 + 0.9 \times 0.15 = 0.215$

所以 $P(\overline{A}) = 1 - P(A) = 1 - 0.215 = 0.785$

即主人回来树还活着的概率为 0.785.

（2）由贝叶斯公式可知

$$P(B|A) = \frac{P(B)P(A|B)}{P(A)} = \frac{0.1 \times 0.8}{0.215} = \frac{16}{43} \approx 0.3721$$

即若主人回来树已死去，则邻居忘记浇水的概率为 0.3721.

7. 一工厂利用三个设计方案来设计和发展一种特殊产品. 由于成本原因，该工厂在不同的时间分别将设计方案 1、2、3 应用于产品的 30%、20%、50%. 三种方法出现的次品率分别为 0.01、0.03、0.02. 如果随机地检测一件产品，发现其为次品，请问：这件次品最可能使用的是哪一个设计方案？

解：由题意知，设事件 $D = \{$随机检测的一件产品是次品$\}$，

事件 $P_i = \{$随机检测的一件产品采用的设计方案 $i\}$，$i = 1$，2，3

显然 P_1，P_2，P_3 是样本空间的一个划分，且

$$P(P_1) = 0.30, \quad P(P_2) = 0.20, \quad P(P_3) = 0.50$$

$$P(D|P_1) = 0.01, \quad P(D|P_2) = 0.03, \quad P(D|P_3) = 0.02$$

由贝叶斯公式可得

$$P(P_1|D) = \frac{P(P_1)P(D|P_1)}{P(P_1)P(D|P_1) + P(P_2)P(D|P_2) + P(P_3)P(D|P_3)}$$

$$= \frac{0.30 \times 0.01}{0.3 \times 0.01 + 0.2 \times 0.03 + 0.5 \times 0.02} = \frac{0.003}{0.019} = 0.158$$

类似地，

$$P(P_2|D) = \frac{0.03 \times 0.20}{0.019} = 0.316, \quad P(P_3|D) = \frac{0.02 \times 0.50}{0.019} = 0.526$$

由此可见，从所有产品中随机地挑选出的一件产品是次品，且其最有可能使用的设计方案是方案 3.

四、拓展升华

1. 根据过去的经验，从某个国家的某一地区选取一个 40 岁以上的成年人，该成年人有癌症的概率 0.05. 如果一名医生正确地诊断出一个人患有癌症的概率是 0.78，错误地将一个没有癌症的人诊断为患有癌症的概率为 0.06，那么（1）一个人被诊断患有癌症的概率是多少？（2）一个被诊断为患有癌症的人确实患有癌症的概率是多少？

答案：略。

2. 警方计划在城市的 4 个不同地方采用雷达跟踪系统加强对机动车的速度限制，每次在 L_1、L_2、L_3、L_4 的每个位置，雷达跟踪系统运行的概率分别为 40%、30%、20%、30%. 如果一个人在上班的路上驾车快速行驶经过这些位置的概率分别为 0. 2、0. 1、0. 5、0. 2. 试求：（1）这个人可能收到超速罚单的概率是多少？（2）这个人在去工作的路上收到了超速罚单，那么他途经位置 L_2 时被雷达跟踪系统追踪到的概率是多少？

答案：略。

3. 现有三个盒子，其中各有 10 个球，1 号盒子中有 7 个 A 球，3 个 B 球；2 号盒子中有球、白球各 5 个；3 号盒子中有红球 8 个，白球 2 个. 首先在 1 号盒子中任取一球，若是 A 球，则再从 2 号盒子中任取一球；若取得 B 球，则再从 3 号盒子中任取一球，试求：取得红球的概率.

答案：略。

第五节　事件的独立性

 学习目标

1. 能说出事件的独立性的定义和统计的意义；

2. 会用事件的独立性解决 $n(n \geqslant 2)$ 个事件的积事件或和事件的概率；

3. 由例 2.5.3 联想中国核电技术世界领先，增强民族自豪感，树立科学意识，刻苦读书.

一、前置研修

（一）MOOC 自主研学内容

两个事件的独立性：

条件概率 $P(B|A)$ 刻画了在一次试验中事件 A 的发生对事件 B 的发生的影响. 通常 $P(B|A) \neq P(B)$，但在实际问题中也有可能出现 $P(B|A) = P(B)$ 的情形.

例 2.5.1 一个袋子中有 6 个白球，2 个黑球. 从中有放回地抽取两次，每次取一球，记事件 $A = \{$第一次取到白球$\}$，事件 $B = \{$第二次取到白

球$\}$，则由古典概型可知

$$P(A) = \frac{6 \times 8}{8^2} = \frac{3}{4}, \quad P(B) = \frac{8 \times 6}{8^2} = \frac{3}{4}, \quad P(AB) = \frac{6^2}{8^2} = \frac{9}{16}$$

于是由条件概率的定义可得 $P(B|A) = \dfrac{P(AB)}{P(A)} = \dfrac{3}{4}$

因此

$$P(B|A) = P(B) \tag{2.5.1}$$

进一步探讨可得 $P(B|\overline{A}) = \dfrac{3}{4}$，于是 $P(B|A) = P(B|\overline{A}) = P(B)$．这说明事件 A 发生与否对事件 B 发生的概率没有影响，这种情形被称为事件 A 与事件 B 独立．再由乘法定理可得

$$P(AB) = P(A)P(B) \tag{2.5.2}$$

当式（2.5.1）或式（2.5.2）成立时，都能判断事件 A 与事件 B 独立．但式（2.5.1）暗含条件 $P(A) > 0$，当 $P(A) = 0$ 时不适用．式（2.5.2）则不然，当 $P(A) = 0$ 时，$0 \leq P(AB) \leq P(A) = 0$，仍有 $P(AB) = P(A)P(B)$ 成立．故而用式（2.5.2）作为事件独立性的定义更具普遍性．

1. 两个事件独立的定义

设 A，B 是两个随机事件，如果 $P(AB) = P(A)P(B)$ 成立，则称事件 A 与事件 B 相互独立，简称 A 与 B 独立．

2. 两个事件独立的性质（定理1）

若 $P(A) > 0$，则事件 A，B 独立的充要条件为 $P(B|A) = P(B)$；

若 $P(A) = 0$，则事件 A 与任一事件 B 相互独立．

在第一节中，我们学习了两个事件互不相容的概念，互不相容与独立性之间有什么样的区别和联系呢？当 $P(A) > 0$，$P(B) > 0$ 时，若事件 A 与事件 B 独立，则 $P(AB) = P(A)P(B) > 0$，故 $AB \neq \varnothing$，即事件 A 与事件 B 相容；反之，若事件 A 与事件 B 互不相容，即 $AB = \varnothing$，则 $P(AB) = 0$，而 $P(A)P(B) > 0$，因此 $P(AB) \neq P(A)P(B)$，即事件 A 与事件 B 不独立．这说明当 $P(A) > 0$，$P(B) > 0$ 时，事件 A 与事件 B 独立与事件 A 与事件 B 互不相容不能同时成立．

3. 两个事件独立的性质（定理2）

若事件 A 与事件 B 独立，则 A 与 $\overline{B}$，$\overline{A}$ 与 B，$\overline{A}$ 与 $\overline{B}$ 也分别相互独立．

证：因为事件 A 与事件 B 独立，故 $P(AB) = P(A)P(B)$，于是

$$P(A\bar{B}) = P(A - AB)$$
$$= P(A) - P(AB)$$
$$= P(A) - P(A)P(B)$$
$$= P(A)[1 - P(B)]$$
$$= P(A)P(\bar{B})$$

所以 A 与 $\bar{B}$ 相互独立.

其他结论证明略.

例 2.5.2 甲、乙两射手独立地射击同一目标，他们击中目标的概率分别为 0.9 与 0.8. 试求：在一次射击中（每人各射一次）目标被击中的概率.

解：设事件 $A = \{$甲射中目标$\}$，事件 $B = \{$乙射中目标$\}$，事件 $C = \{$目标被击中$\}$.

由题意 $C = A \cup B$，$P(A) = 0.9$，$P(B) = 0.8$

解法 1：$P(C) = P(A \cup B) = P(A) + P(B) - P(AB) = 0.9 + 0.8 - 0.9 \times 0.8 = 0.98$

解法 2：因为 $P(\bar{C}) = P(\overline{AB}) = P(\bar{A})P(\bar{B}) = (1-0.9)(1-0.8) = 0.02$，

所以 $P(C) = 1 - P(\bar{C}) = 0.98$

（二）SPOC 自主测试习题

1. 若事件 A，B 相互独立，则 $P(\overline{AB}) = P(\bar{A})P(B)$. （√）

2. 若 $P(\overline{AB}) = P(\bar{A})P(B)$，则事件 A，B 相互独立. （√）

3. 若事件 A，B 相互独立，则 A，B 互不相容. （×）

4. 设 $P(A) = 0.3$，$P(A \cup B) = 0.51$，当事件 A，B 独立时，$P(B) = $ (B).

A. 0.21   B. 0.3   C. 0.81   D. 0.7

二、课堂探究

（一）教师精讲

1. 多个事件的独立性

（1）三个事件独立的定义

若三个事件 A，B，C 同时满足下面四个等式：

$$P(AB) = P(A)P(B)$$
则称
$$P(AC) = P(A)P(C)$$
$$P(BC) = P(B)P(C)$$

(2.5.3)

$$P(ABC) = P(A)P(B)P(C)$$

(2.5.4)

则称事件 A，B，C 相互独立；若只有式（2.5.4）成立，则称事件 A，B，C 两两独立.

（2）多个事件独立的定义

一般地，设 A_1，A_2，$\cdots$，A_n 是 n 个事件，若下面各等式同时成立：

$$P(A_i A_j) = P(A_i)P(A_j) \qquad (1 \leqslant i < j \leqslant n)$$

$$P(A_i A_j A_k) = P(A_i)P(A_j)P(A_k) \qquad (1 \leqslant i < j < k \leqslant n)$$

$$\vdots$$

$$P(A_{i_1} A_{i_2} \cdots A_{i_m}) = P(A_{i_1})P(A_{i_2})\cdots P(A_{i_m}) (1 \leqslant i_1 < i_2 < \cdots < i_m \leqslant n)$$

$$P(A_1 A_2 \cdots A_n) = P(A_1)P(A_2)\cdots P(A_n)$$

(2.5.5)

则称此 n 个事件 A_1，A_2，$\cdots$，A_n 相互独立；若只满足式（2.5.5），则称事件 A_1，A_2，$\cdots$，A_n 两两独立.

（3）多个事件独立的性质（定理）

如果 $n(n \geqslant 2)$ 个事件 A_1，A_2，$\cdots$，A_n 相互独立，则将其中任何 $m(1 \leqslant m \leqslant n)$ 个事件改为相应的对立事件，形成的 n 个新的事件仍相互独立.

2. 事件独立性的应用

（1）求积事件的概率

若事件 A_1，A_2，$\cdots$，A_n 相互独立，则

$$P(A_1 A_2 \cdots A_n) = P(A_1)P(A_2)\cdots P(A_n)$$

（2）求和事件的概率

若事件 A_1，A_2，$\cdots$，A_n 相互独立，则

$$P(A_1 \cup A_2 \cup \cdots \cup A_n) = 1 - P(\bar{A}_1)P(\bar{A}_2)\cdots P(\bar{A}_n)$$

例 2.5.3 设有电路如图 2.5.1 所示，其中 1，2，3，4 为继电器接点. 设各继电器接点闭合与否相互独立，且每一个继电器接点闭合的概率均为 p. 试

求：L 至 R 为通路的概率.

解：设事件 $A = \{L$ 至 R 为通路$\}$，

事件 $A_i = \{$第 i 个继电器接点闭合$\}$

$(i = 1, 2, 3, 4)$.

于是 $A = A_1A_2 \cup A_3A_4$.

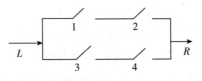

图 2.5.1

从而

$P(A) = P(A_1A_2 \cup A_3A_4)$

$\qquad = P(A_1A_2) + P(A_3A_4) - P(A_1A_2A_3A_4)$

$\qquad = P(A_1)P(A_2) + P(A_3)P(A_4) - P(A_1)P(A_2)P(A_3)P(A_4)$

$\qquad = p^2 + p^2 - p^4 = 2p^2 - p^4$

即 L 至 R 为通路的概率为 $2p^2 - p^4$.

例 2.5.4 设有三门高射炮，每一门击中飞机的概率都是 0.6. 假设它们是否击中飞机，相互之间没有影响. 现三枚高射炮各发射一枚炮弹向飞机射击，试求：飞机被击中的概率.

解：设事件 $A = \{$飞机被击中$\}$

$\qquad$ 事件 $A_i = \{$第 i 门炮击中飞机$\}$ $(i = 1, 2, 3)$

由题意可知 A_1，A_2，A_3 相互独立，且 $P(A_i) = 0.6(i = 1, 2, 3)$

于是 $A = A_1 \cup A_2 \cup A_3$.

所以 $P(A_1 \cup A_2 \cup A_3) = 1 - P(\overline{A_1})P(\overline{A_2})P(\overline{A_3}) = 1 - 0.4^3 = 0.936$

即飞机被击中的概率为 0.936.

(二) 学生内化

1. 设 A，B 为随机事件，$P(A) = 0.4$，$P(A \cup B) = 0.7$.

(1) 当 A，B 互斥时，$P(B) = $ _____ 0.3 _____ ；

(2) 当 A，B 独立时，$P(B) = $ _____ 0.5 _____ .

2. 在三个独立工作的元件串联的电路中，若每个元件发生故障的概率分别为 0.3、0.4、0.6，则电路发生故障的概率为（A）.

A. 0.832 　　 B. 0.168 　　 C. 0.072 　　 D. 0.760

三、课业延伸

1. 设 $P(A) = P(B) = 0.3$，$P(\overline{A} \cup B) = 0.7$，则以下一定成立的是（D）.

A. A 与 B 互斥   B. A 与 B 不互斥

C. A 与 B 独立   D. A 与 B 不独立

2. 甲、乙两人独立地射击同一目标，命中率分别为 0.6、0.5，已知目标被击中，则它是乙击中的概率是_____0.625_____.

3. 三人独立地去破译一份密码，已知各人能译出的概率分别为 1/3、1/4、1/5. 求三人中至少有一人能将此密码译出的概率.

解：设事件 $A_i = \{$ 第 i 个人译出密码 $\}$，$i = 1$，2，3

于是 $P(A_1 \cup A_2 \cup A_3) = 1 - P(\bar{A_1})P(\bar{A_2})P(\bar{A_3})$

$$= 1 - \left(1 - \frac{1}{3}\right) \times \left(1 - \frac{1}{4}\right) \times \left(1 - \frac{1}{5}\right) = \frac{3}{5} = 0.6$$

即三人中至少有一人能将此密码译出的概率为 0.6.

4. 如果某一危险情况 C 发生时，一电路闭合并发出报警，我们可以借用两个或多个开关并联以改善可靠性. 在 C 发生时，这些开关每一个都应闭合，且若至少有一个开关闭合了，警报就发出. 如果三个这样的开关并联连接，它们每个具有 0.96 的可靠性（在情况 C 发生时闭合的概率），问这时系统的可靠性（电路闭合的概率）是多少？

解：设事件 $A = \{$ 系统可靠 $\}$，事件 $A_i = \{$ 第 i 个开关闭合 $\}$，$i = 1$，2，3.

则 $A = A_1 \cup A_2 \cup A_3$，于是

$$P(A) = P(A_1 \cup A_2 \cup A_3) = 1 - P(\bar{A_1})P(\bar{A_2})P(\bar{A_3})$$

$$= 1 - (1 - 0.96)^3 = 0.999936$$

即这时系统的可靠性为 0.999936.

四、拓展升华

(一) 广度拓展

甲，乙，丙三门炮独立地向同一飞机炮击，其击中的概率分别为 0.4、0.5、0.7，如果只有一门炮击中，则飞机被击落的概率为 0.2；如果有两门炮击中，则飞机被击落的概率为 0.6；如果三门炮都击中，则飞机一定被击落. 试求：飞机被击落的概率.

答案：0.458.

（二）深度拓展

1. 设两个独立事件 A 与 B 都不发生的概率为 $1/9$，A 发生 B 不发生的概率与 B 发生 A 不发生的概率相等，则 $P(A) =$ __2/3__ .

2. 设事件 A，B，C 两两独立，则 A，B，C 相互独立的充要条件是（A）.

   A. A 与 BC 独立　　　　　　B. AB 与 $A \cup C$ 独立

   C. AB 与 AC 独立　　　　　　D. $A \cup B$ 与 $A \cup C$ 独立

3. ［2018 年数一（14）］ 设随机事件 A 与 B 相互独立，A 与 C 相互独立，$BC = \varnothing$，若 $P(A) = P(B) = \dfrac{1}{2}$，$P(AC | AB \cup C) = \dfrac{1}{4}$，则 $P(C) = \dfrac{1}{4}$.

4. 一射手对同一目标独立射击四次，若至少命中一次的概率为 $80/81$，则该射手的命中率为 __2/3__ .

第三章 随机变量及其分布

第一节 随机变量

 学习目标 ——————————————————————————————

1. 能说出随机变量的定义；
2. 会用随机变量表示事件.

一、前置研修

(一) MOOC 自主研学内容

通过上一章的学习我们知道，有些随机试验的结果可能是一些数值，也有一些随机试验的结果看来与数值无关. 我们关心的问题是能否将随机试验的结果数值化，是否可以引进一个变量来表示随机试验的各种可能结果.

例 3.1.1 在第二章第一节中的试验 E_2：将一枚硬币抛掷三次，观察 H、T 出现的情况. 对应的样本空间 $S_2 = \{HHH, HHT, HTH, THH, HTT, TTH, TTT\}$.

令 X 表示"三次抛掷中正面 H 出现的次数"，则对于 S_2 中的每一个样本点，X 都有一个数与之对应，即

$$X = \begin{cases} 0, & TTT \\ 1, & HTT、THT、TTH \\ 2, & HHT、HTH、THH \\ 3, & HHH \end{cases}$$

由此可见，X 是定义在样本空间 S_2 上的一个实值单值函数，S_2 为定义域，实数集 $\{0, 1, 2, 3\}$ 是值域. 这说明 X 是一个变量. 不仅如此，X 的

变化还具有随机性, 受随机试验的影响, 试验前虽可确定 X 的所有可能取值, 但到底取哪一个值还要试验后方可得知, 因此 X 被称为随机变量. 从此例中受到启发, 得到随机变量的定义如下所示.

1. 随机变量的定义

设随机试验的样本空间为 $S = \{e\}$, $X = X(e)$ 是定义在样本空间 S 上的实值单值函数, 称 $X = X(e)$ 为随机变量. 通常随机变量用大写字母 X, Y, Z, W, N 等表示, 而随机变量的取值则用小写字母 x, y, z, w, n 等表示.

2. 用随机变量表示事件

随机变量的引入使得随机试验的结果数值化, 我们亦可用随机变量的关系式表示随机事件. 例如, 在例 3.1.1 中, 可用 $\{X = 0\}$ 表示事件 $\{H$ 出现 0 次$\} = \{TTT\}$, 可用 $\{X = 1\}$ 表示事件 $\{H$ 出现 1 次$\} = \{HTT, THT, TTH\}$, …. 很显然 $\{X = 0\}$, $\{X \leqslant 1\}$, $\{X = 2\}$, $\{X < 3\}$, … 构成了 "三次抛掷中正面 H 出现的次数" 这一类事件. 既然是事件, 就有概率. 由古典概型计算可得 $P\{X = 2\} = P\{HHT, HTH, THH\} = \dfrac{3}{8}$, $P\{X \leqslant 1\} = P\{TTT, HTT, THT, TTH\} = \dfrac{4}{8} = \dfrac{1}{2}$, ….

一般地, 若 I 是一个实数集合, X 在 I 上的取值记为 $\{X \in I\}$, 则 $\{X \in I\}$ 表示事件 $B = \{e \mid X \in I\}$, 于是 $P\{X \in I\} = P(B) = P\{e \mid X(e) \in I\}$.

例 3.1.2 观察某生物的寿命 (单位: 小时).

令 Z: "该生物的寿命". 则 Z 是一个随机变量. 它的所有可能取值为所有非负实数.

$\{Z \leqslant 1500\}$ 表示 "该生物的寿命不超过 1500 小时" 这一随机事件. $\{Z > 3000\}$ 表示 "该生物的寿命大于 3000 小时" 这一随机事件.

例 3.1.3 一批产品有 10 件, 其中有 3 件次品, 7 件正品. 现从中不放回地取出 4 件, 观察取出的 4 件产品中的次品数.

令 Y: "取出 4 件产品中的次品数". 则 Y 是一个随机变量. 它的取值为 0, 1, 2, 3. 关系式

$\{Y = 0\} = \{$取出的产品全是正品$\}$

$\{Y \geqslant 1\} = \{$取出的产品至少有一件次品$\}$

$P\{$取出的 4 件产品中有 1 件次品$\} = P\{Y = 1\} = \dfrac{C_4^1 A_3^1 A_7^3}{A_{10}^4} = \dfrac{1}{2}$

需要强调的是，随机变量只能表示某试验中的一类事件，而不能表示该试验之下的所有事件. 如此例中设事件 $A = \{$取出的 4 件产品中，第一件是次品，其余都是正品$\}$，则 $P(A) = \dfrac{A_3^1 A_7^3}{A_{10}^4} = \dfrac{1}{8}$，显然 $P\{Y = 1\} \neq P(A)$，随机变量 Y 的关系式无法表示事件 A. 再比如在例 2.1.1 中，随机变量 X 的关系式也无法表示事件 $\{$三次抛掷中第一次出现正面 $H\}$.

（二）SPOC 自主测试习题

1. 6 件产品中有 2 件次品，4 件正品，从中任取 1 件，则以下为随机变量的是（B）.

A. 取到产品的个数　　　　　　B. 取到次品的个数

C. 取到 1 件次品　　　　　　　D. 取到 1 件产品

2. 设随机试验的样本空间 $S = \{a, b, c, d\}$，令 $X(a) = X(b) = 1$，$X(c) = 2$，$X(d) = 10$，则 X 是随机变量.（√）

第二节　离散型随机变量及其分布律

 学 习 目 标

1. 能说出离散型随机变量的概念；

2. 能写出离散型随机变量的分布律；

3. 会用离散型随机变量分布律的性质进行计算；

4. 会辨别伯努利试验、n 重伯努利试验和泊松试验，并用二点分布、二项分布和泊松分布解决对应实验场景的实际问题；

5. 从概率公理化定义到离散型随机变量分布律性质的学习，体会由一般到特殊的数学演绎思想.

一、前置研修

（一）MOOC 自主研学内容

按照取值情况，随机变量可以分成两大类：一类是离散型随机变量，另一类是非离散型随机变量. 本节课学习离散型随机变量及其分布律.

1. 离散型随机变量及其分布律的定义

定义 3.2.1 若随机变量 X 的所有可能取值是<u>有限多个或可列无限多个</u>, 则称 X 为**离散型随机变量**.

定义 3.2.2 设 $x_k(k=1,2,\cdots)$ 是离散型随机变量 X 的第 k 个取值, 称

$$\underline{P\{X=x_k\} \triangleq p_k,\ k=1,2,\cdots}$$

为离散型随机变量 X 的分布律. 其分布律也可以用表格的形式来表示

X	x_2	x_2	$\cdots$	x_k	$\cdots$
p_k	p_1	p_2	$\cdots$	p_k	$\cdots$

此表格直观地表示了随机变量 X 的取值及其对应的概率的规律. 这些取值上的概率合起来是 1, 又以一定规律分布在各个取值上, 并形象地描述了 "分布律" 这个名称的由来.

2. 离散型随机变量分布律的性质

① $p_k \geq 0,\ k=1,2,\cdots$;

② $\underline{\sum\limits_{k=1}^{\infty} p_k = 1}$.

结合概率的公理化定义易得离散型随机变量分布律的性质. 首先定义 3.2.2 表明随机变量 X 只在点 $x_k(k=1,2,\cdots)$ 处的取值, 这就是说 $\{X=x_k\}(k=1,2,\cdots)$ 是基本事件, 故由概率的非负性可得性质①; 其次, $\bigcup\limits_{k=1}^{\infty}\{X=x_k\}$ 是必然事件, 而基本事件 $\{X=x_k\}(k=1,2,\cdots)$ 两两互斥, 因此由概率的规范性和可列可加性可知 $P(\bigcup\limits_{k=1}^{\infty}\{X=x_k\}) = \sum\limits_{k=1}^{\infty} P\{X=x_k\} = 1$, 即性质②成立.

例 3.2.1 设随机变量 X 的分布律为

$$P\{X=k\} = \frac{a}{N},\ k=1,2,\cdots,N$$

试确定常数 a.

解: 因为 $\sum\limits_{k=1}^{N} P\{X=k\} = \sum\limits_{k=1}^{N} \frac{a}{N} = N \cdot \frac{a}{N} = 1$, 所以 $a=1$.

例 3.2.2　某篮球运动员投中篮筐的概率是 0.9，求他两次独立投篮投中次数 X 的分布律.

解：由题意可知，X 的所有可能取值为 0，1，2. 且

$P\{X=0\} = 0.1 \times 0.1 = 0.01$

$P\{X=1\} = 2 \times 0.9 \times 0.1 = 0.18$

$P\{X=2\} = 0.9 \times 0.9 = 0.81$

所以 X 的分布律为

X	0	1	2
p_k	0.01	0.18	0.81

例 3.2.3　设离散型随机变量 X 的分布律为

X	0	1	2	3	4	5
p_k	$\frac{1}{16}$	$\frac{3}{16}$	$\frac{1}{16}$	$\frac{4}{16}$	$\frac{3}{16}$	$\frac{4}{16}$

试求：$P\{X \leqslant 2\}$ ；$P\{0.5 \leqslant X < 3\}$.

解： $P\{X \leqslant 2\} = P\{X=0\} + P\{X=1\} + P\{X=2\} = \frac{1}{16} + \frac{3}{16} + \frac{1}{16} = \frac{5}{16}$

$P\{0.5 \leqslant X < 3\} = P\{X=1\} + P\{X=2\} = \frac{3}{16} + \frac{1}{16} = \frac{4}{16} = \frac{1}{4}$

（二）SPOC 自主测试习题

1. 设随机变量 X 的取值为 1，2，3，4，$P\{X=i\} = c \times (5-i)$，$i=1$，2，3，4，则常数 c 的值为（C）.

　A. 1　　　　　B. 0.5　　　　　C. 0.1　　　　　D. 0

2. 随机变量 X 只能取 0，1，2，对应的概率分别为 1/3、1/6、1/2，则以下成立的是（C）.

　A. $P\{X \leqslant 0\} = 0$　　　　　　B. $P\{X < 0\} = 1/3$

　C. $P\{1 < X \leqslant 1.5\} = 0$　　　　D. $P\{1 \leqslant X \leqslant 1.5\} = 0$

二、课堂探究

（一）教师精讲

1. 伯努利试验和 (0—1) 分布

首先来认识伯努利试验，再用 (0—1) 分布解决伯努利现象．

（1）伯努利试验

若试验 E 只有<u>两个</u>可能结果 A 和 $\bar{A}$，则称 E 为**伯努利试验**．例如：检查一件产品质量，要么"合格"，要么"不合格"；发射一枚导弹，要么"打中"，要么"脱靶"；观察新生婴儿的性别，要么是"男孩"，要么是"女孩"；观察某患者服用一种新药的效果，要么"治愈"，要么"没治愈"；抛一枚质地均匀的硬币，其结果要么是"正面 H"，要么是"反面 T"；掷一颗质地均匀的骰子，其结果要么出现"1 点"，要么出现"非 1 点"．

（2）(0—1) 分布

在伯努利试验中，设 $P(A) = p(0 < p < 1)$，此时 $P(\bar{A}) = 1 - p$．

定义 3.2.3 设随机变量 X："伯努利试验中事件 A 发生的次数"，则

$$X = \begin{cases} 1, & \text{事件 } A \text{ 发生} \\ 0, & \text{事件 } A \text{ 不发生} \end{cases}$$

于是 X 的分布律为

X	0	1
p_k	1-p	p

称 X **服从参数为 p 的 (0—1) 分布**，或两点分布．

2. n 重伯努利试验和二项分布

n 重伯努利试验和二项分布在医药、工业生产、军事等诸多科学领域有着极为广泛的应用．例如，在检验某种新药效力的研究时，首先需要找到 n 个患者服用此药，这 n 个患者中的每一个患者服用此药后要么被治愈，说明新药有效，要么没有被治愈，说明此药无效．这就是一个 n 重伯努利试验．在这个试验中要描述 n 个病人服用此药后被治愈的人数就可用二项分布了．接下来我们系统地学习 n 重伯努利试验和二项分布．

（1）n 重伯努利试验

将伯努利试验<u>独立重复</u>地进行 n 次，则称这一串重复的独立试验为 n 重伯努利试验.

这里的"重复"是指这 n 次试验中 $P(A) = p$ <u>保持不变</u>；"独立"是指<u>各次试验的结果互不影响</u>. 例如，将一枚质地均匀的硬币连抛 n 次，设事件 $A = \{$出现 $H\}$，则 $P(A) = 0.5$ 在每一次抛掷中都不变，且每次抛掷互不影响.

（2）二项分布

在 n 重伯努利试验中，事件 A 发生的次数是有规律可循的. 比如说，在一个生产过程中假设有 25% 的次品率，现从这个生产过程中随机地抽取 3 件产品进行检验，设事件 A 表示检验的产品为次品，则 $P(A) = 0.25$. 每检验一件产品相当于做了一次伯努利试验，三件被检验的产品的检验结果互不影响，即独立，因而抽检这三件产品可以看作是 3 重伯努利试验. 设随机变量 X 表示抽检的 3 件产品中的次品数，则 3 件产品的检验结果和对应的 X 值如下所示：

表 3.2.1　检验结果及对应 X 值

结果	$\bar{A}\bar{A}\bar{A}$	$A\bar{A}\bar{A}$	$\bar{A}A\bar{A}$	$\bar{A}\bar{A}A$	$AA\bar{A}$	$A\bar{A}A$	$\bar{A}AA$	AAA
X	0	1	1	1	2	2	2	3

从表格中可以看出，$\{X = 1\}$ 表示事件"抽检的 3 件产品中有 1 件次品"，对应的概率为

$$P\{X = 1\} = P(A\bar{A}\bar{A}) + P(\bar{A}\bar{A}A) + P(\bar{A}\bar{A}A)$$

$$= \left(\frac{1}{4}\right)\left(\frac{3}{4}\right)\left(\frac{3}{4}\right) + \left(\frac{3}{4}\right)\left(\frac{1}{4}\right)\left(\frac{3}{4}\right) + \left(\frac{3}{4}\right)\left(\frac{3}{4}\right)\left(\frac{1}{4}\right) = \frac{27}{64}$$

观察上式不难发现 $P(A\bar{A}\bar{A}) = P(\bar{A}\bar{A}A) = P(\bar{A}\bar{A}A) = [P(A)]^1 [P(\bar{A})]^2$，从而 $P\{X = 1\} = 3[P(A)]^1 [P(\bar{A})]^2$，进而有

$$P\{X = 1\} = \binom{3}{1} [P(A)]^1 [1 - P(A)]^{3-1} = \binom{3}{1}\left(\frac{1}{4}\right)^1\left(1 - \frac{1}{4}\right)^{3-1} = \frac{27}{64}$$

从这个计算公式可以看出，抽检的三件产品中有一件次品的概率由两个因素决定，一是抽检的产品总数，二是一件产品是次品的概率. 按照这个规律，我们可以得到抽检的三件产品中没有次品、有两件次品和有三件次品的

概率，分别为

$$P\{X = 0\} = \binom{3}{0}[P(A)]^0[1-P(A)]^{3-0} = \binom{3}{0}\left(\frac{1}{4}\right)^0\left(1-\frac{1}{4}\right)^{3-0} = \frac{9}{64}$$

$$P\{X = 2\} = \binom{3}{2}[P(A)]^2[1-P(A)]^{3-2} = \binom{3}{2}\left(\frac{1}{4}\right)^2\left(1-\frac{1}{4}\right)^{3-2} = \frac{27}{64}$$

$$P\{X = 3\} = \binom{3}{3}[P(A)]^3[1-P(A)]^{3-3} = \binom{3}{3}\left(\frac{1}{4}\right)^3\left(1-\frac{1}{4}\right)^{3-3} = \frac{1}{64}$$

进而 X 的分布律可以概括为：

$$P\{X = k\} = \binom{3}{k}[P(A)]^k[1-P(A)]^{3-k}, \ k = 0, 1, 2, 3$$

事实上，在任何一个 n 重伯努利试验中，事件 A 发生的次数都可以用这样的分布形式来描述.

定义 3.2.4 设随机变量 X：“n <u>重伯努利试验中事件 A 发生的次数</u>”，则 X 的分布律为

$$P\{X = k\} = \binom{n}{k}p^k(1-p)^{n-k}, \ k = 0, 1, 2, \cdots, n$$

称 X 服从参数为 n, p 的二项分布，记为 $\underline{X \sim b(n, p)}$.

注意到 $C_n^k p^k(1-p)^{n-k}$ 刚好是二项式 $[p+(1-p)^n]$ 的展开式中的 p^k 的那一项，故将其称为二项分布. 可以验证，在二项分布中 $P\{X = k\} \geq 0$，且

$$\sum_{k=0}^{n} P\{X = k\} = \sum_{k=0}^{n} C_n^k p^k(1-p)^{n-k} = [p+(1-p)]^n = 1.$$

特别当 $n = 1$ 时，有

$$P\{X = k\} = p^k(1-p)^{1-k}, \ k = 0, 1(0 < p < 1)$$

此即（0-1）**分布**的另一种表示方法. 于是（0-1）**分布**可记为 $\underline{X \sim b(1, p)}$.

例 3.2.4 某元件经受住打击测试的概率为 3/4. 现对 4 个该元件进行打击测试，且测试是相互独立的. 试求：4 个元件中有两个经受住打击的概率.

解：设随机变量 X：“4 个元件中经受住打击测试的个数”，则 $X \sim b(4, 3/4)$.

于是

$$P\{X = 2\} = C_4^2 \left(\frac{3}{4}\right)^2 \left(1 - \frac{3}{4}\right)^{4-2} = \left(\frac{4!}{2! \ 2!}\right)\left(\frac{3^2}{4^4}\right) = \frac{27}{128} \approx 0.2109$$

即 4 个元件中有 2 个经受住打击的概率为 0.2109.

例 3.2.5 已知某类产品的次品率为 0.2, 现从一大批这类产品中随机地抽查 20 件, 试求: 这 20 件产品中恰好有 $k(k = 0, 1, 2, \cdots, 20)$ 件次品的概率.

解: 这是不放回抽样, 但由于这批产品的总数很大, 且抽查的产品的数量相对于产品的总数来说又很小, 因而可以当作放回抽样. 这样做虽然会有一些误差, 但误差不大. 我们将检查一件产品是否为次品看作一次试验, 检查 20 件产品相当于做 20 重伯努利试验.

设随机变量 X: "抽出的 20 件产品中次品的件数", 则 $X \sim b(20, 0.2)$. 于是所求的概率为

$$P\{X = k\} = C_{20}^k (0.2)^k (0.8)^{20-k}, \ k = 0, 1, \cdots, 20$$

将计算结果列表如表 3.2.2 所示:

表 3.2.2 计算结果

k	$P\{X = k\}$	k	$P\{X = k\}$
0	0.012	6	0.109
1	0.058	7	0.055
2	0.137	8	0.022
3	0.205	9	0.007
4	0.218	10	0.002
5	0.175	≥11	< 0.001

为了对本题的结果有一个直观的了解, 我们作出上表的图形, 如图 3.2.1 所示.

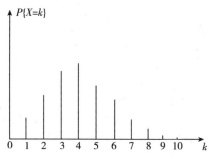

图 3.2.1 结果概率分布图

从图 3.2.1 可以看出，当 k 增加时，概率 $P\{X=k\}$ 先是随之增加，直至达到最大值（$k=4$），随后单调减少．一般地，对于固定的 n，p，二项分布 $b(n, p)$ 都有类似的结果．

3. 泊松试验和泊松分布

（1）泊松试验

称某段时间间隔内或某个给定区域内某个事件发生的次数是可列次的随机试验为**泊松试验**.

这里的时间间隔可能是任意长度的，可以是 1 分钟、1 天、1 周、1 月，甚至是 1 年．例如，电话总机在 1 小时内收到的呼叫次数，放射物在 10 分钟内发射的 α 粒子数，容器在某一时间间隔内产生的细菌数，某医院在一天内的急诊病人数，某商品在一个月内的销售量，某公安局在下午 1 点到 4 点之间收到的紧急呼救的次数．

这里指定的区域可以是一条直线段、面积、体积，或者可能是一块材料．例如，一页书中的印刷错误数，某一公里道路上的坑洼数，在某个材料上培养出的细菌数，等等．

用来描述一个泊松试验中得到的某个结果的数量的随机变量称为**泊松随机变量**，其分布就是泊松分布．

（2）泊松分布

定义 3.2.5 设随机变量 X 的所有可能取值为 0，1，2，$\cdots$，而取各个值的概率为

$$P\{X=k\} = \frac{\lambda^k \mathrm{e}^{-\lambda}}{k!}, \quad k = 0, 1, 2, \cdots (\lambda > 0, \text{是常数})$$

则称 X 服从参数为 λ 的泊松分布，记为 $X \sim \pi(\lambda)$.

在实际问题中参数 λ 表示随机变量 X 描述的泊松试验中的某个结果的**平均数量**.

显然，$P\{X=k\}$，$k = 0, 1, 2, \ldots$，且有

$$\sum_{k=0}^{\infty} P\{X=k\} = \sum_{k=0}^{\infty} \frac{\lambda^k \mathrm{e}^{-\lambda}}{k!} = \mathrm{e}^{-\lambda} \sum_{k=0}^{\infty} \frac{\lambda^k}{k!} = \mathrm{e}^{-\lambda} \cdot \mathrm{e}^{\lambda} = 1$$

例 3.2.6 商店的历史销售记录表明，某种商品每月的销售量服从参数为 10 的泊松分布．为了以 95% 以上的概率保证该商品不脱销，请问商店在月底至少应进该商品多少件？

解：设随机变量 X："某商品每月的销售量"，则 $X \sim \pi(10)$.

设商店月底的进货量为 n 件，由题意可得

$$P\{X \leqslant n\} = \sum_{k=0}^{n} P\{X = k\} = \sum_{k=0}^{n} \frac{10^k}{k!} \mathrm{e}^{-10} \geqslant 0.95$$

由泊松分布表知

$$\sum_{k=0}^{14} \frac{10^k}{k!} \mathrm{e}^{-10} = 0.9166 < 0.95$$

$$\sum_{k=0}^{15} \frac{10^k}{k!} \mathrm{e}^{-10} = 0.9513 > 0.95$$

所以 $n = 15$.

即只要在月底进货 15 件（假定上个月没有存货），就可以 95% 的概率保证这种商品在下个月内不会脱销.

(3) 泊松定理

设 λ 是一个常数，且 $\lambda > 0$，n 是任意正整数，设 $np_n = \lambda$，则对于任意一固定的非负整数 k，有

$$\lim_{n \to \infty} C_n^k p_n^k (1 - p_n)^{n-k} = \frac{\lambda^k}{k!} \mathrm{e}^{-\lambda}$$

定理表明当 n 很大，p 很小时，有近似计算公式：

$$C_n^k p^k (1 - p)^{n-k} \approx \frac{\lambda^k}{k!} \mathrm{e}^{-\lambda} （其中 \lambda = np）$$

一般地，当 $n \geqslant 20$ 且 $p \leqslant 0.05$ 时，用此近似计算公式.

例 3.2.7 计算机硬件公司制造某种特殊型号的微型芯片，次品率达 0.1%，各芯片成为次品相互独立. 试求：在 1000 只产品中至少有 2 只次品的概率.

解：设随机变量 X："1000 只产品中的次品数". 则 $X \sim b(1000, 0.001)$.

方法一：所求概率

$$P\{X \geqslant 2\} = 1 - P\{X = 0\} - P\{X = 1\} = 1 - (0.999)^{1000} - C_{1000}^1 (0.001)^1 (0.999)^{999}$$

$$\approx 1 - 0.3676954 - 0.3680635 \approx 0.2642411$$

方法二：由泊松定理可知，$\lambda = np = 1000 \times 0.001 = 1$

所以 $P\{X \geqslant 2\} = 1 - P\{X = 0\} - P\{X = 1\} \approx 1 - \mathrm{e}^{-1} - \mathrm{e}^{-1} \approx 0.2642411$

显然，利用泊松定理计算更方便．事实上，还可以查泊松分布表进行计算，这种方法更简便．

方法三：$P\{X \geq 2\} = 1 - P\{X = 0\} - P\{X = 1\} \approx 1 - \sum_{K=0}^{1} \frac{1^k}{k!} e^{-1}$

查泊松分布表可知 $\sum_{k=0}^{1} \frac{1^k}{k!} e^{-1} \approx 0.7358$，所以 $P\{X \geq 2\} \approx 1 - 0.7358 = 0.2642$.

（二）学生内化

1. 将一颗骰子连掷三次，设 X 为"出现一点的次数"，则 $P\{X \geq 1\} = \underline{\quad 91/216 \quad}$．

2. 高速公路上的坑穴是一个严重的问题，需要及时修理．对于某种钢筋混凝土制成的特殊地形，过去的经验显示：在使用一段时间后平均每英里有 2 个坑穴．则在某一英里部分没有坑穴的概率为 $\underline{\quad 0.1353 \quad}$．

3. 一个人感染了病毒，他死亡的概率是 0.001. 现有 4000 人感染这种病毒，则死亡人数不超过 10 人的概率为 $\underline{\quad 0.9972 \quad}$．

三、课业延伸

1. 一袋中装有 5 只球，编号为 1, 2, 3, 4, 5. 在袋中同时取 3 只，以 X 表示取出的 3 只球中的最大号码，写出随机变量 X 的分布律．

解：由题意可知，随机变量 X 的所有可能取值为 3, 4, 5；

又 $P\{X = 3\} = \frac{1}{C_5^3} = \frac{1}{10}$，$P\{X = 4\} = \frac{C_3^2}{C_5^3} = \frac{3}{10}$，$P\{X = 5\} = \frac{C_4^2}{C_5^3} = \frac{3}{5}$；

所以，随机变量 X 的分布律为

X	3	4	5
p_k	$\frac{1}{10}$	$\frac{3}{10}$	$\frac{3}{5}$

2. 患者从某种罕见的血液病中恢复的概率是 0.4，如果 15 个人感染上了此种病，试求：仅仅 5 人恢复的概率．

解：设随机变量 X："15 个感染此种病的人中恢复的人数"，于是

$X \sim b(15, 0.4)$.

设事件 $A = \{仅仅 5 人恢复\}$

则 $P(A) = P\{X = 5\} = C_{15}^5 (0.4)^5 (0.6)^{10} \approx 0.1859$

即仅仅 5 人恢复的概率为 0.1859.

3. 某秘书打字时平均每页出现 2 个错误. 试求：在下一页他（或她）出现 4 个或 4 个以上错误的概率.

解：设随机变量 X："一页的错误数"，则 $X \sim \pi(2)$.

设事件 $A = \{下一页的错误数为 4 个或 4 个以上\}$

则 $P(A) = P\{X \geq 4\} = 1 - P\{X \leq 3\}$

$$= 1 - \frac{2^0}{0!}e^{-2} - \frac{2^1}{1!}e^{-2} - \frac{2^2}{2!}e^{-2} - \frac{2^3}{3!}e^{-2}$$

$$= 1 - \frac{19}{3}e^{-2} \approx 1 - 0.8571 = 0.1429$$

即在下一页他（或她）出现 4 个或 4 个以上错误的概率 0.1429.

─────────────达标线─────────────

4. 设事件 A 在每次试验中发生的概率为 0.3. 当 A 发生不少于 3 次时，指示灯发出信号，现进行了 5 次重复独立试验，试求：指示灯发出信号的概率.

解：设随机变量 X："5 次重复试验中事件 A 发生的次数"，于是 $X \sim b(5, 0.3)$.

设事件 $B = \{指示灯发出信号\}$

则 $P(B) = P\{X \geq 3\} = P\{X = 3\} + P\{X = 4\} + P\{X = 5\}$

$$= C_5^3 0.3^3 0.7^2 + C_5^4 0.3^4 0.7 + C_5^5 0.3^5$$

$$= 0.1323 + 0.02835 + 0.00243 = 0.16308$$

即指示灯发出信号的概率为 0.16308.

5. 一电话总机每分钟收到呼唤的次数服从参数为 4 的泊松分布. 试求：某一分钟的呼唤次数大于 3 的概率.

解：设随机变量 X："电话总机每分钟收到的呼唤次数"，则 $X \sim \pi(4)$.

算法一：设事件 $A = \{某一分钟的呼唤次数大于 3\}$

则 $P(A) = P\{X > 3\} = 1 - P\{X \leq 3\}$

$$= 1 - \frac{4^0}{0!}e^{-4} - \frac{4^1}{1!}e^{-4} - \frac{4^2}{2!}e^{-4} - \frac{4^3}{3!}e^{-4}$$

$$= 1 - \frac{71}{3}e^{-4} \approx 1 - 0.4335 = 0.5665$$

算法二：查泊松分布表可知 $\sum\limits_{k=0}^{3} \frac{4^k}{k!}e^{-4} \approx 0.4335$

所以 $P(A) = 1 - \sum\limits_{k=0}^{3} P\{X = k\} = 1 - \sum\limits_{k=0}^{3} \frac{4^k}{k!}e^{-4} = 1 - 0.4335 = 0.5665$

即某一分钟的呼唤次数大于 3 的概率为 0.5665.

———————————— 良好线 ————————————

6. 在某个港口城市平均每天运到 10 箱油. 在港口的设备每天最多能处理 15 箱油. 试求：在某一天有一些油被禁止入港的概率.

解：设随机变量 X："该港口每天运到的油的箱数"，则 $X \sim \pi(10)$.

设事件 $A = \{$在某一天有些油被禁止入港$\}$

则 $P(A) = P\{X > 15\} = 1 - P\{X \leqslant 15\} = 1 - \sum\limits_{k=0}^{15} \frac{10^k}{k!}e^{-10} \approx 1 - 0.9513$

$$= 0.0487$$

即在某一天有一些油被禁止入港的概率为 0.0487.

7. 某一繁忙的汽车站，每天有大量汽车通过，设一辆汽车在一天的某段时间内出事故的概率为 0.0001. 在某天的该时段内有 1000 辆汽车通过，求出事故的车辆数不小于 2 的概率.

解：设随机变量 X："1000 辆汽车中在某天该时段出事故的辆数"，

于是 $X \sim b(1000, 0.0001)$，故 $\lambda = np = 1000 \times 0.0001 = 0.1$.

设事件 $A = \{$出事故的车辆数不小于 2$\}$

则 $P(A) = P\{X \geqslant 2\} \approx 1 - P\{X \leqslant 1\} = 1 - \frac{0.1^0}{0!}e^{-0.1} - \frac{0.1^1}{1!}e^{-0.1} \approx 0.0047$

即出事故的车辆数不小于 2 的概率为 0.0047.

———————————— 优秀线 ————————————

四、拓展升华

（一）广度拓展

1. 将一枚硬币连掷 4 次，令 X 表示"正面向上的次数"，则以下计算错误的是（D）.

A. $P\{X=3\}=1/4$

B. $P\{X\leqslant0\}=1/16$

C. $P\{X\leqslant1\}=5/16$

D. $P\{X\leqslant3\}=11/16$

2. 设 X 服从参数为 λ 的泊松分布，且 $P\{X=1\}=P\{X=2\}$，则（1）$\lambda=$ ___2___；（2）$P\{X=4\}=\dfrac{2}{3}\mathrm{e}^{-2}$.

（二）深度拓展

1. 设 $X\sim b(2,p)$，且 $P\{X\geqslant1\}=5/9$，又知 $Y\sim b(3,p)$，则 $P\{Y\geqslant1\}=$ ___19/27___.

2. ［2007 年数一（9）］　某人向同一目标独立重复射击，每次射击命中目标的概率为 p（$0<p<1$），则此人第 4 次射击恰好第 2 次命中目标的概率为（C）.

A. $3p(1-p)^2$

B. $6p(1-p)^2$

C. $3p^2(1-p)^2$

D. $6p^2(1-p)^2$

第三节　随机变量的分布函数

 学习目标 ————————————————————————————

1. 会用分布函数的定义和性质计算概率；

2. 考研究生的学生要会用分布函数的性质计算；

3. 会计算离散型随机变量的分布函数.

一、课堂探究

（一）教师精讲

离散型随机变量的取值可以一个一个列举出来. 但还有一类随机变量，它们的取值是不可数，如测量误差、某生物的寿命、排队候车的等待时间等，这就是非离散型随机变量. 通常非离散型随机变量 X 在某一点取值的概率都为 0（下节课讲学到），我们更关心它落在某一个区间 $(x_1,x_2]$ 的概率：$P\{x_1 < X \le x_2\}$. 由于事件 $\{x_1 < X \le x_2\} = \{X \le x_2\} - \{X \le x_1\}$，且 $\{X \le x_1\} \subseteq \{X \le x_2\}$，故由概率的性质 3 可知

$$P\{x_1 < X \le x_2\} = P\{X \le x_2\} - P\{X \le x_1\}$$

因而只需知道 $P\{X \le x_1\}$，$P\{X \le x_2\}$ 的值就以了.

1. 分布函数的定义

定义 3.3.1 设 X 是一个随机变量，x 是任意实数，函数

$$F(x) = P\{X \le x\} (-\infty < x < +\infty) \tag{3.3.1}$$

称为随机变量 X 的分布函数.

在式（3.3.1）中，"$=$"右边是事件 $\{X \le x\}$ 的概率；"$=$"左边是一个函数，自变量是 x，函数值是 $F(x)$，这是一个普通函数，通过它我们可以借助微积分研究随机变量.

2. 分布函数的几何意义

从几何角度来看，如果将 X 看作数轴上随机点的坐标，那么函数值 $F(x)$ 就是随机变量 X 落在点 x 左侧，无限区间 $(-\infty, x]$ 上的概率，如图 3.3.1 所示.

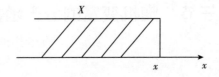

图 3.3.1　区间 $(-\infty, x]$

对于任意的实数 x_1，$x_2(x_1 < x_2)$，有

$$P\{x_1 < X \le x_2\} = P\{X \le x_2\} - P\{X \le x_1\} = F(x_2) - F(x_1)$$

从几何上看 $F(x_2) - F(x_1)$ 的值就是随机变量 X 落在区间 $(x_1, x_2]$ 上的概率，如图 3.3.2 所示. 因此，若已知分布函数 $F(x)$，就能得到随机变量 X 落在任一区间 $(x_1, x_2]$ 上的概率. 从这个意义上说，分布函数完整地描述了随机变量的统计规律.

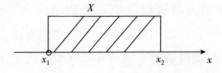

图 3.3.2　区间 $(x_1, x_2]$

3. 分布函数的性质

① $F(x)$ 是一个不减函数，即对于任意实数 x_1，$x_2(x_1 < x_2)$，都有 $F(x_1) \leqslant F(x_2)$

事实上对于任意实数 x_1，$x_2(x_1 < x_2)$，都有

$$F(x_2) - F(x_1) = P\{X \leqslant x_2\} - P\{X \leqslant x_1\} = P\{x_1 < X \leqslant x_2\} \geqslant 0$$

② $0 \leqslant F(x) \leqslant 1$，且 $F(-\infty) = \lim\limits_{x \to -\infty} F(x) = 0$，$F(+\infty) = \lim\limits_{x \to +\infty} F(x) = 1$.

概率的公理化定义和性质告诉我们，任何一个事件的概率都是 0~1 之间的一个数，分布函数 $F(x)$ 刻画的是事件 $\{X \leqslant x\}$ 的概率，因此 $0 \leqslant F(x) \leqslant 1$. 结合分布函数的几何意义，在图 3.3.1 上，当点 x 沿着数轴无限向左移动（$x \to -\infty$）时，事件 $\{$随机点 X 落在点 x 左侧$\}$ 趋于不可能事件，因此其概率趋于 0，即 $F(-\infty) = 0$；同理，当点 x 沿着数轴无限向右移动（$x \to +\infty$）时，事件 $\{$随机点 X 落在点 x 左侧$\}$ 趋于必然事件，因此其概率趋于 1，即 $F(+\infty) = 1$.

③ $F(x)$ 是右连续的，即 $F(x + 0) = F(x)$.

性质①~③也可作为判定定理，当一个函数满足性质①~③时，必是某个随机变量的分布函数.

例 3.3.1 设随机变量 X 的分布函数为

$$F(x) = A + B\arctan x \ (-\infty < x < +\infty)$$

试求：常数 A，B.

解：由分布函数的性质知

$$\begin{cases} 1 = \lim\limits_{x \to +\infty} F(x) = \lim\limits_{x \to +\infty}(A + B\arctan x) = A + \dfrac{\pi}{2}B \\ 0 = \lim\limits_{x \to -\infty} F(x) = \lim\limits_{x \to -\infty}(A + B\arctan x) = A - \dfrac{\pi}{2}B \end{cases}$$

解方程组得 $A = \dfrac{1}{2}$，$B = \dfrac{1}{\pi}$.

（二）学生内化

1. 随机变量 X 的分布函数 $F(x) = P\{X \leqslant x\}$ 是单调递增的.（×）

2. 设 $F(x)$ 为随机变量 X 的分布函数，则有

$$P\{a \leqslant X \leqslant b\} = F(b) - F(a) \tag{×}$$

3. 随机变量 X 的分布函数 $F(x) = P\{X \leqslant x\}$ 是有界的，且 $F(+\infty) = 1$.

(√)

4. 设随机变量 X 的分布函数 $F(x) = \begin{cases} 0, & x < 1 \\ 1/3, & 1 \leqslant x < 2 \\ 2/3, & 2 \leqslant x < 5 \\ 1, & x \geqslant 5 \end{cases}$ ，则

$$P\{X=5\} = 2/3 \qquad\qquad (\times)$$

5. 设随机变量 X 的分布函数 $F(x) = \dfrac{1}{2} + \dfrac{1}{\pi}\arctan x\ (x \in \mathbf{R})$，则 $P\{-1 < X \leqslant 1\} = \underline{\quad 1/2 \quad}$.

二、留白翻转

(一) MOOC 自主研学内容

离散型随机变量的分布函数：

一般地，设离散型随机变量 X 的分布律为 $P\{X = x_k\} = p_k$，$k = 1$，2，$\cdots$，

则 X 的分布函数为

$$F(x) = P\{X \leqslant x\} = \sum_{x_k \leqslant x} P\{X = x_k\} = \sum_{x_k \leqslant x} p_k \quad (-\infty < x < +\infty) \quad (3.3.2)$$

离散型随机变量 X 的分布函数 $F(x)$ 满足性质①~③，还是一个跳跃函数，在点 $x = x_k$ 处的跳跃度为 $p_k (k = 1,\ 2,\ \cdots)$.

例 3.3.2 设随机变量 X 的分布律为

X	-1	2	3
p_k	$\dfrac{1}{4}$	$\dfrac{1}{2}$	$\dfrac{1}{4}$

试求：(1) X 的分布函数；(2) $P\{\dfrac{3}{2} < X \leqslant \dfrac{5}{2}\}$，$P\{2 \leqslant X \leqslant 3\}$.

解：(1) 当 $X < -1$ 时，$F(x) = P\{X \leqslant x\} = 0$

当 $-1 \leqslant x < 2$ 时，$F(x) = P\{X \leqslant x\} = P\{X = -1\} = \dfrac{1}{4}$

当 $2 \leqslant x < 3$ 时，

$$F(x) = P\{X \leqslant x\} = P\{X = -1\} + P\{X = 2\} = \frac{1}{4} + \frac{1}{2} = \frac{3}{4}$$

当 $x \geqslant 3$ 时,

$$F(x) = P\{X \leqslant x\} = P\{X = -1\} + P\{X = 2\} + P\{X = 3\} = 1$$

综上所述, X 的分布函数 $F(x) = \begin{cases} 0, & x < -1 \\ \dfrac{1}{4}, & -1 \leqslant x < 2 \\ \dfrac{3}{4}, & 2 \leqslant x < 3 \\ 1, & x \geqslant 3 \end{cases}$

它的图形是一条阶梯型曲线, 如图 3.3.3 所示, 且在 $x = -1$, 2, 3 处有跳跃, 跳跃值分别为 $\dfrac{1}{4}$、$\dfrac{1}{2}$、$\dfrac{1}{4}$.

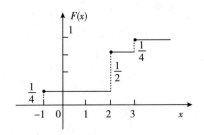

图 3.3.3 分布图

(2) $P\left\{\dfrac{3}{2} < X \leqslant \dfrac{5}{2}\right\} = F\left(\dfrac{5}{2}\right) - F\left(\dfrac{3}{2}\right) = \dfrac{3}{4} - \dfrac{1}{4} = \dfrac{1}{2}$

$$P\{2 \leqslant X \leqslant 3\} = F(3) - F(2) + P\{X = 2\} = 1 - \frac{3}{4} + \frac{1}{2} = \frac{3}{4}$$

例 3.3.3 一个靶子是半径为 2 米的圆盘, 设击中靶上任一同心圆盘上的点的概率与该圆盘的面积成正比, 并设射击都能中靶. 设随机变量 X 表示弹着点与圆心的距离. 试求: 随机变量 X 的分布函数.

解: 若 $X < 0$, 则 $\{X \leqslant x\}$ 是不可能事件, 于是 $F(x) = P\{X \leqslant x\} = P(\varnothing) = 0$.

若 $0 \leqslant x \leqslant 2$, 则 $P\{0 \leqslant X \leqslant x\} = kx^2$, 取 $x = 2$, 有 $P\{0 \leqslant X \leqslant 2\} = 2^2 k = 1$, 故得 $k = 1/4$, 从而 $P\{0 \leqslant X \leqslant x\} = \dfrac{x^2}{4}$.

若 $x \geqslant 2$，则 $\{X \leqslant x\}$ 是必然事件，于是 $F(x) = P\{X \leqslant x\} = 1$.

综上所述，X 的分布函数为

$$F(x) = \begin{cases} 0, & x < 0 \\ \dfrac{x^2}{4}, & 0 \leqslant x < 2 \\ 1, & x \geqslant 2 \end{cases}.$$

它的图形是一条连续曲线，如图 3.3.4 所示.

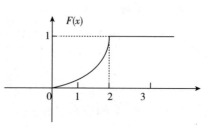

图 3.3.4　分布图

（二）SPOC 自主测试习题

设随机变量 X 的分布律为 $P\{X = 1\} = 1/6$，$P\{X = 2\} = 1/2$，$P\{X = 4\} = 1/3$.

则 X 的分布函数为 $F(x) = \begin{cases} 0, & x < 1 \\ 1/6, & 1 \leqslant x < 2 \\ 2/3, & 2 \leqslant x < 4 \\ 1, & x \geqslant 4 \end{cases}$ （√）

三、课业延伸

1. 设随机变量 X 的分布函数 $F(x) = \begin{cases} 0, & x < 1 \\ \dfrac{x-1}{3}, & 1 \leqslant x < 4, \\ 1, & x \geqslant 4 \end{cases}$ 则 $P\{2 < X \leqslant 3\} =$ $1/3$. （√）

2. 五个零件中有一个次品，从中一个个取出进行检查，检查后不放回. 直到查到次品时为止，用 X 表示检查次数，试求：X 的分布函数.

解：由题意，随机变量 X 的所有可能取值为 1、2、3、4、5，且

$$P\{X = 1\} = \frac{1}{5}, \quad P\{X = 2\} = \frac{4}{5} \cdot \frac{1}{4} = \frac{1}{5}, \quad P\{X = 3\} = \frac{4}{5} \cdot \frac{3}{4} \cdot \frac{1}{3} = \frac{1}{5}$$

$$P\{X = 4\} = \frac{4}{5} \cdot \frac{1}{4} \cdot \frac{2}{3} \cdot \frac{1}{2} = \frac{1}{5}, \quad P\{X = 5\} = \frac{4}{5} \cdot \frac{1}{4} \cdot \frac{2}{3} \cdot \frac{1}{2} \cdot 1 = \frac{1}{5}$$

所以，随机变量 X 的分布律为 $P\{X=k\} = \dfrac{1}{5}$，$k=1$，2，3，4，5

故当 $X<1$ 时，$F(x)=0$

当 $1 \leqslant x < 2$ 时，$F(x)=P\{X=1\} = \dfrac{1}{5}$

当 $2 \leqslant x < 3$ 时，$F(x)=P\{X=1\} + P\{X=2\} = \dfrac{2}{5}$

当 $3 \leqslant x < 4$ 时，$F(x)=\displaystyle\sum_{k=1}^{3} P\{X=k\} = \dfrac{3}{5}$

当 $4 \leqslant x < 5$ 时，$F(x)=\displaystyle\sum_{k=1}^{4} P\{X=k\} = \dfrac{4}{5}$

当 $x \geqslant 5$ 时，$F(x)=\displaystyle\sum_{k=1}^{5} P\{X=k\} = 1$

综上，随机变量 X 的分布函数为 $F(x) = \begin{cases} 0, & x < 1 \\ 1/5, & 1 \leqslant x < 2 \\ 2/5, & 2 \leqslant x < 3 \\ 3/5, & 3 \leqslant x < 4 \\ 4/5, & 4 \leqslant x < 5 \\ 1, & x \geqslant 5 \end{cases}$

──────────达标线──────────

3. 设随机变量 X 的分布函数为 $F(x) = \begin{cases} 0, & x < 0 \\ \dfrac{1}{2}, & 0 \leqslant x < 1 \\ 1-e^{-x}, & x \geqslant 1 \end{cases}$，则 $P\{X=1\}$ 等于（C）．

A. 0 　　　　 B. $\dfrac{1}{2}$ 　　　　 C. $\dfrac{1}{2}-e^{-1}$ 　　　　 D. $1-e^{-1}$

──────────良好线──────────

4. 将一颗骰子连掷两次，设随机变量 X 为出现一点的次数，X 的分布函数 $F(x)=P\{X \leqslant x\}$．

请计算（1）$F(1)$；（2）$F(1-0)$．

解：由题意，随机变量 $X \sim b\left(2, \dfrac{1}{6}\right)$，于是

$(1)\ F(1) = P\{X \leqslant 1\} = P\{X = 0\} + P\{X = 1\}$

$$= C_2^0 \left(\frac{1}{6}\right)^0 \left(1 - \frac{1}{6}\right)^{2-0} + C_2^1 \left(\frac{1}{6}\right)^1 \left(1 - \frac{1}{6}\right)^{2-1}$$

$$= \frac{35}{36} \approx 0.9722$$

$(2)\ F(1 - 0) = P\{X < 1\} = P\{X = 0\} = C_2^0 \left(\frac{1}{6}\right)^0 \left(1 - \frac{1}{6}\right)^{2-0}$

$$= \frac{25}{36} \approx 0.6944$$

———————————— 优秀线 ————————————

说明：本节离散型随机变量的分布函数较为简单，学生完全有能力自主学习，因而可以留给学生自学，下一次课上通过做练习题 8 检验学习效果.

第四节　连续型随机变量及其概率密度

 学习目标 ——————————————————————————

1. 理解连续型随机变量及其概率密度的概念；

2. 会运用概率密度的定义及性质进行计算；

3. 会用均匀分布、指数分布和正态分布解决实际问题；

4. 对比一般随机变量、离散型随机变量和连续型随机变量的概率分布的定义，体会它们之间的区别和联系；从连续型随机变量及其概率密度的学习到均匀、指数、正态分布的学习，体会由一般到特殊的数学演绎思想和方法.

一、前置研修

（一）MOOC 自主研学内容

例 3.3.3 中非离散型随机变量 X 的分布函数的图形是一条连续曲线（见图 3.3.4），曲线上每一个点的纵坐标都是随机变量 X 落入该点左侧无限区间上的概率. 但曲线 $F(x)$ 不能描述随机变量 X 在每一点取值的变化趋势. 因此我们希望有这样一个函数，既能刻画随机变量取值的概率，又能描述随机变量取值的统计规律, 故而产生了概率密度的概念.

1. 连续型随机变量及概率密度的定义

定义 3.4.1 设随机变量 X 的分布函数为 $F(x)$, 若存在非负可积函数 $f(x)$, 使得对于任意实数 x, 有

$$F(x) = \int_{-\infty}^{x} f(t)\,\mathrm{d}t \tag{3.4.1}$$

则称 X 为连续型随机变量, 称 $f(x)$ 为 X 的概率密度函数, 简称为概率密度.

由式 (3.4.1) 可知, 连续型随机变量的分布函数是连续函数. 结合式 (3.4.1) 和分布函数的性质, 以及微积分知识可以得到连续型随机变量的概率密度的性质.

2. 概率密度的性质

① $f(x) \geqslant 0$.

② $\int_{-\infty}^{+\infty} f(x)\,\mathrm{d}x = 1$.

③ $P\{x_1 < X \leqslant x_2\} = F(x_2) - F(x_1) = \int_{x_1}^{x_2} f(x)\,\mathrm{d}x \quad (x_1 \leqslant x_2)$.

由分布函数的性质②知 $F(+\infty) = 1$, 当 X 为连续型随机变量时, $F(+\infty) = \int_{-\infty}^{+\infty} f(x)\,\mathrm{d}x = 1$. 在图 3.4.1 中, 曲线 $y = f(x)$ 描述的是连续型随机变量 X 的取值变化规律, 曲线 $y = f(x)$ 与 x 轴之间的面积是 1. 在图 3.4.2 中, 曲线 $y = f(x)$ 与 x 轴之间的区间 $(x_1, x_2]$ 上的曲边梯形的面积就是随机变量 X 落在区间 $(x_1, x_2]$ 上的概率, 即 $P\{x_1 < X \leqslant x_2\}$.

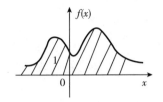
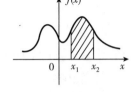

图 3.4.1 曲线与 x 轴间面积为 1　　图 3.4.2 概率示意图

④若 $f(x)$ 在点 x 处连续, 则有 $f(x) = F'(x)$.

由性质④可知, 在 $f(x)$ 连续的点 x 处有

$$f(x) = \lim_{\Delta x \to 0^+} \frac{F(x + \Delta x) - F(x)}{\Delta x} = \lim_{\Delta x \to 0^+} \frac{P\{x < X \leqslant x + \Delta x\}}{\Delta x}$$

这说明 $f(x)$ 不是随机变量 X 取值 x 的概率，而是它在点 x 处概率分布的密集程度，这就是为什么称 $f(x)$ 为概率密度的缘故. 若不计高阶无穷小量，则有 $P\{x < X \leqslant x + \Delta x\} \approx f(x)\Delta x$，故而 $f(x)$ 的大小能反映出 X 落在小区间 $(x, x + \Delta x]$ 上的概率的大小. 所以，用概率密度来描述连续型随机变量的分布比分布函数更直观.

需要指出的是，连续型随机变量 X 取任意的实数 a 的概率都为 0，即 $P\{X = a\} = 0$. 事实上，对于连续型随机变量 X，其分布函数也是连续函数，因此

$$P\{X = a\} = \lim_{\Delta x \to 0^+} P\{a < X \leqslant a + \Delta x\} = \lim_{\Delta x \to 0^+} F(a + \Delta x) - F(a) = 0$$

据此，在计算连续型随机变量落在某一区间上的概率时，可以不必区分该区间是开区间还是闭区间，如对于任意实数 a, $b(a \leqslant b)$，都有

$$P\{a < X \leqslant b\} = P\{a \leqslant X < b\} = P\{a < X < b\} = P\{a \leqslant X \leqslant b\}$$

例 3.4.1 设连续型随机变量 X 的分布函数为

$$F(x) = \frac{1}{2} + \frac{1}{\pi}\arctan x \, (-\infty < x < +\infty)$$

试求：X 的概率密度函数.

解：由性质③得

$$f(x) = F'(x) = \left(\frac{1}{2} + \frac{1}{\pi}\arctan x\right)' = \frac{1}{\pi(1 + x^2)} \quad (-\infty < x < +\infty)$$

例 3.4.2 设随机变量 X 的概率密度为

$$f(x) = \begin{cases} x, & 0 < x \leqslant 1 \\ k - x, & 1 < x < 2 \\ 0, & \text{其他} \end{cases}$$

试求：(1) 常数 k；(2) $P\{X > 1\}$；(3) X 的分布函数.

解：(1) 由性质②知

$$\int_{-\infty}^{+\infty} f(x)\mathrm{d}x = \int_{-\infty}^{0} \mathrm{d}x + \int_{0}^{1} x\mathrm{d}x + \int_{1}^{2} (k - x)\mathrm{d}x + \int_{2}^{+\infty} \mathrm{d}x = \left(\frac{1}{2}x^2\right)\bigg|_{0}^{1} +$$

$$\left(kx - \frac{1}{2}x^2\right)\bigg|_{1}^{2} = k - 1 = 1$$

所以 $k = 2$

（2）由（1）可知

$$f(x) = \begin{cases} x, & 0 < x \leq 1 \\ 2 - x, & 1 < x < 2 \\ 0, & 其他 \end{cases}$$

故由性质④得

$$P\{X > 1\} = \int_1^{+\infty} f(x)\,\mathrm{d}x = \int_1^2 (2 - x)\,\mathrm{d}x + \int_2^{+\infty} \mathrm{d}x = \left(2x - \frac{1}{2}x^2\right)\Big|_1^2 = \frac{1}{2}$$

（3）由定义 3.4.1 可知

当 $x < 0$ 时，$F(x) = \int_{-\infty}^x f(t)\,\mathrm{d}t = \int_{-\infty}^x \mathrm{d}t = 0$

当 $0 \leq x < 1$ 时，$F(x) = \int_{-\infty}^x f(t)\,\mathrm{d}t = \int_{-\infty}^0 \mathrm{d}t + \int_0^x t\,\mathrm{d}t = \frac{1}{2}x^2$

当 $1 \leq x < 2$ 时，$F(x) = \int_{-\infty}^x f(t)\,\mathrm{d}t = \int_0^1 t\,\mathrm{d}t + \int_1^x (2 - t)\,\mathrm{d}t = -\frac{1}{2}x^2 + 2x - 1$

当 $x \geq 2$ 时，$F(x) = \int_{-\infty}^x f(t)\,\mathrm{d}t = \int_0^1 t\,\mathrm{d}t + \int_1^2 2 - t\,\mathrm{d}t = 1$

综上所述，随机变量 X 的分布函数为

$$F(x) = \begin{cases} 0, & x < 0 \\ \frac{1}{2}x^2, & 0 \leq x < 1 \\ -\frac{1}{2}x^2 + 2x - 1, & 1 \leq x < 2 \\ 1, & x \geq 2 \end{cases}$$

特别地，此时

$$P\{X > 1\} = 1 - P\{X \leq 1\} = 1 - F(x) = 1 - \left(-\frac{1}{2} \times 1^2 + 2 \times 1 - 1\right) = \frac{1}{2}$$

在以后的学习中，我们将经常提到随机变量 X 的"概率分布"，一般情况下指的是 X 的分布函数，当 X 是离散型随机变量时指的它的分布律，当 X 是连续型随机变量时指的它的概率密度.

3. 均匀分布

(1) 概率密度函数

若随机变量 X 的概率密度函数为 $f(x) = \begin{cases} \dfrac{1}{b-a}, & a \leqslant x \leqslant b \\ 0, & 其他 \end{cases}$ ，则称

随机变量 X 在区间 $[a, b]$ 上服从均匀分布，记为 $X \sim U[a, b]$.

易得

① 对任意的 x，有 $f(x) \geqslant 0$；

② $\displaystyle\int_{-\infty}^{+\infty} f(x)\,\mathrm{d}x = \int_{-\infty}^{a} \mathrm{d}x + \int_{a}^{b} \frac{1}{b-a}\mathrm{d}x + \int_{b}^{+\infty} \mathrm{d}x = \frac{1}{b-a} x \,\Big|_{a}^{b} = 1.$

随机变量 X 在区间 $[a, b]$ 上服从均匀分布，则它落在区间 $[a, b]$ 中任意等长度的子区间内的概率相等，且概率与区间长度成正比，与区间位置无关.

(2) 分布函数

若随机变量 X 在区间 $[a, b]$ 上服从均匀分布，由式（3.4.1）可得 X 的分布函数为

$$F(x) = \begin{cases} 0, & x < a \\ \dfrac{x-a}{b-a}, & a \leqslant x < b \\ 1, & x \geqslant b \end{cases}$$

$f(x)$ 和 $F(x)$ 的图形分别如图 3.4.3 和图 3.4.4 所示.

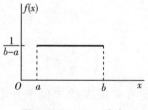
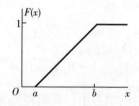

图 3.4.3　$f(x)$ 分布　　　　图 3.4.4　$F(x)$ 分布

例 3.4.3　设电阻 R 是一个随机变量，均匀分布在 $900 \sim 1100\Omega$. 试求：R 的概率密度及 R 落在 $950 \sim 1050\Omega$ 的概率.

解：由题意可得，R 的概率密度为

$$f(r) = \begin{cases} \dfrac{1}{1100 - 900} = \dfrac{1}{200}, & 900 \leqslant r \leqslant 1100 \\ 0, & \text{其他} \end{cases}.$$

所以 $P\{950 \leqslant R \leqslant 1050\} = \displaystyle\int_{950}^{1050} \dfrac{1}{200} \mathrm{d}r = 0.5.$

(二) SPOC 自主测试习题

1. 设随机变量 X 的分布函数 $F(x) = \begin{cases} 0, & x < 1 \\ \dfrac{x-1}{3}, & 1 \leqslant x < 4 \\ 1, & x \geqslant 4 \end{cases}$，则 X 的概率密

度函数可写为 $f(x) = \begin{cases} \dfrac{1}{3}, & 1 < x < 4 \\ 0, & \text{其他} \end{cases}$. （√）

2. 设随机变量 X 的概率密度函数为 $f(x) = \begin{cases} \dfrac{1}{4}x, & 1 < x < 3 \\ 0, & \text{其他} \end{cases}$，则 X 的分

布函数为 $F(x) = \begin{cases} 0, & x < 1 \\ \dfrac{x^2-1}{8}, & 1 \leqslant x < 3 \\ 1, & x \geqslant 3 \end{cases}$.

3. 设随机变量 X 的概率密度函数为 $f(x) = \begin{cases} cx, & 1 < x < 3 \\ 0, & \text{其他} \end{cases}$，则常数 c 的

值为 （C）.

    A. 1   B. 1/2   C. 1/4   D. 1/8

4. 设随机变量 X 的概率密度函数为 $f(x) = \begin{cases} \dfrac{x}{2}, & 0 < x < 2 \\ 0, & \text{其他} \end{cases}$，则 $P\{X >$

$1.5\}$ 的值为 （D）.

    A. 1/4   B. 3/4   C. 9/16   D. 7/16

5. 在区间 （1, 3） 内随机取一数，记为 X，则 $X \sim U$ （1, 3），且 X 的概

率密度为 $f(x) = \begin{cases} 0.5, & 1 < x < 3 \\ 0, & \text{其他} \end{cases}$. （√）

二、课堂探究

(一) 教师精讲

1. 指数分布

(1) 概率密度函数

若随机变量 X 的概率密度函数为 $f(x) = \begin{cases} \lambda e^{-\lambda x}, & x > 0 \\ 0, & x \leq 0 \end{cases}$ ($\lambda > 0$, 为常数).

则称随机变量 X 服从参数为 λ 的指数分布, 记作 $X \sim E(\lambda)$.

易得

①对任意的 x, 有 $f(x) \geq 0$;

② $\int_{-\infty}^{+\infty} f(x) dx = \int_{-\infty}^{+\infty} \lambda e^{-\lambda x} dx = -\lambda e^{-\lambda x} \big|_0^{+\infty} = 1$.

(2) 分布函数

若随机变量 X 服从参数为 λ 的指数分布, 则由式 (3.4.1) 可知

当 $x > 0$ 时, $F(x) = \int_0^x \lambda e^{-\lambda t} dt = -e^{-\lambda t} \big|_0^x = 1 - e^{-\lambda x}$. 于是 X 的分布函数为

$$F(x) = \begin{cases} 1 - e^{-\lambda x}, & x > 0 \\ 0, & x \leq 0 \end{cases}$$

例 3.4.4 设打一次电话所用的时间 X (单位: 分钟) 服从参数 $\lambda = \dfrac{1}{10}$ 的指数分布. 如果某人刚好在你前面走进公用电话间, 试求: 你需等待 10~20 分钟的概率.

解: 由题意可得, X 的概率密度为 $f(x) = \begin{cases} \dfrac{1}{10} e^{-\frac{x}{10}}, & x > 0 \\ 0, & x \leq 0 \end{cases}$,

则 $P\{10 \leq X \leq 20\} = \int_{10}^{20} \dfrac{1}{10} e^{-\frac{x}{10}} dx = -e^{-\frac{x}{10}} \big|_{10}^{20} = e^{-1} - e^{-2} \approx 0.2325$

即需等待 10~20 分钟的概率为 0.2325.

(3) 指数分布的无记忆性

指数分布的随机变量有一个非常有趣的性质: 对于任意 $s, t > 0$, 有

$$P\{X > s + t \mid X > s\} = P\{X > t\} \tag{3.4.2}$$

事实上

$$P\{X > s + t \mid X > s\} = \frac{P(\{X > s + t\} \cap \{X > s\})}{P\{X > s\}} = \frac{P\{X > s + t\}}{P\{X > s\}}$$

$$= \frac{1 - P\{X \leqslant s + t\}}{1 - P\{X \leqslant s\}}$$

$$= \frac{1 - F(s + t)}{1 - F(s)} = \frac{e^{-\lambda(s+t)}}{e^{-\lambda s}} = e^{-\lambda t} = P\{X > t\}$$

式（3.4.2）称为指数分布的无记忆性．如果 X 是某一元件的寿命，那么该性质表明：已知元件使用了 s 小时，它总共至少能使用（$s+t$）小时的条件概率，与从开始使用时算起至少能使用 t 小时的概率相等．这就是说，元件对它已使用过 s 小时没有记忆．指数分布在可靠性理论和排队论中有广泛的应用．

2. 正态分布

正态分布是最重要的连续概率分布，它近似地描述了自然界、工业和研究领域的许多现象，如降雨量的研究、工业零部件的测量、海洋波浪的高度等；它可以作为许多分布的极限分布，如二项分布的极限分布，可以用正态分布很好地近似；它是数据分析、统计决策的理论基础；它有许多其他许多分布不具备的良好的性质．

（1）概率密度

若随机变量 X 的概率密度为

$$f(x) = \frac{1}{\sqrt{2\pi}\,\sigma} e^{-\frac{(x-\mu)^2}{2\sigma^2}} \quad (-\infty < x < +\infty,\ \mu,\ \sigma\ 为常数，且\ \sigma > 0)$$

则称 X 服从参数为 $\mu,\ \sigma$ 的正态分布，记为 $X \sim N(\mu,\ \sigma^2)$．

（2）概率密度函数的验证

显然 $f(x) \geqslant 0$. 下面验证 $\int_{-\infty}^{+\infty} f(x)\,\mathrm{d}x = \int_{-\infty}^{+\infty} \frac{1}{\sqrt{2\pi}\,\sigma} e^{-\frac{(x-\mu)^2}{2\sigma^2}}\,\mathrm{d}x = 1.$

令 $u = \dfrac{x - \mu}{\sigma}$，则 $x = \sigma u + \mu$，$\mathrm{d}x = \sigma\,\mathrm{d}u$

于是 $\displaystyle\int_{-\infty}^{+\infty} f(x)\,\mathrm{d}x = \int_{-\infty}^{+\infty} \frac{1}{\sqrt{2\pi}\,\sigma} e^{-\frac{(x-\mu)^2}{2\sigma^2}}\,\mathrm{d}x = \frac{1}{\sqrt{2\pi}} \int_{-\infty}^{+\infty} e^{-\frac{u^2}{2}}\,\mathrm{d}u = \frac{2}{\sqrt{2\pi}} \int_{0}^{+\infty} e^{-\frac{u^2}{2}}\,\mathrm{d}u$

再令 $t = \dfrac{u^2}{2}$，则 $u = \sqrt{2t}$，$\mathrm{d}u = \dfrac{1}{\sqrt{2}} t^{-\frac{1}{2}}\mathrm{d}t$

因为 $\Gamma(s) = \int_0^{+\infty} x^{s-1}e^{-x}dx\,(s > 0)$

所以 $\int_{-\infty}^{+\infty} f(x)dx = \dfrac{2}{\sqrt{2\pi}}\int_{-\infty}^{+\infty} e^{-\frac{u^2}{2}}du = \dfrac{2}{\sqrt{2\pi}}\int_0^{+\infty} e^{-t}\dfrac{1}{\sqrt{2}}t^{-\frac{1}{2}}dt$

$$= \dfrac{1}{\sqrt{\pi}}\int_0^{+\infty} t^{-\frac{1}{2}}e^{-t}dt = \dfrac{1}{\sqrt{\pi}}\cdot\Gamma\left(\dfrac{1}{2}\right) = \dfrac{1}{\sqrt{\pi}}\cdot\sqrt{\pi} = 1$$

(3) $f(x)$ 的图形

$f(x)$ 的图形如图 3.4.5 和图 3.4.6 所示. 由图 3.4.5 可以看出函数 $f(x)$ 的图形关于直线 $x = \mu$ 对称；$f(x)$ 在 $x = \mu$ 处达到最大，且最大值为 $f(\mu) = \dfrac{1}{\sqrt{2\pi}\,\sigma}$. 由图 3.4.6 可以看出当 μ 固定时，σ 的值越小，$f(x)$ 的图形越尖；反之，σ 的值越大，$f(x)$ 的图形就越平.

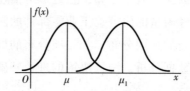

图 3.4.5　平均数不同的正态分布

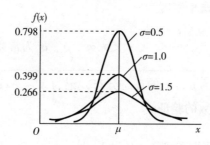

图 3.4.6　标准差不同的正态分布

(4) 分布函数

由式（3.4.1）可知，X 的分布函数为

$$F(x) = \dfrac{1}{\sqrt{2\pi}\,\sigma}\int_{-\infty}^{x} e^{-\frac{(t-\mu)^2}{2\sigma^2}}dt\,(-\infty < x < +\infty,\ \mu,\ \sigma\ \text{为参数，且}\ \sigma > 0).$$

$F(x)$ 的图形如图 3.4.7 所示.

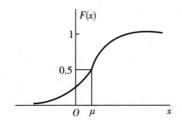

图 3.4.7 x 的分布函数

3. 标准正态分布

当 $\mu = 0$, $\sigma = 1$ 时, 称 X 服从标准正态分布, 记为 $X \sim N(0, 1)$.

(1) 概率密度函数

$$\varphi(x) = \frac{1}{\sqrt{2\pi}} e^{-\frac{x^2}{2}} (-\infty < x < +\infty)$$

$\varphi(x)$ 的图形如图 3.4.8 所示.

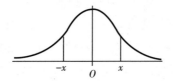

图 3.4.8 标准正态分布

(2) 分布函数

若随机变量 $X \sim N(0, 1)$, 则其分布函数为

$$\Phi(x) = \frac{1}{\sqrt{2\pi}} \int_{-\infty}^{x} e^{-\frac{t^2}{2}} dt (-\infty < x < +\infty)$$

(3) 引理

若 $X \sim N(\mu, \sigma^2)$, 则 $Y = \dfrac{X - \mu}{\sigma} \sim N(0, 1)$.

注: 由引理知, 对任意的 $a < b$, 有 $P\{a < X < b\} = \Phi\left(\dfrac{b - \mu}{\sigma}\right) - \Phi\left(\dfrac{a - \mu}{\sigma}\right)$.

(4) 标准正态分布的上分位数点

设 $X \sim N(0, 1)$, 若 z_α 满足条件 $P\{X > z_\alpha\} = \alpha (0 < \alpha < 1)$, 则称点 z_α 为标准正态分布的上 α 分位点. 如 $z_{0.05} = 1.645$, $z_{0.005} = 2.575$.

(5) 常用公式

① $\Phi(-x) = 1 - \Phi(x)$;② $z_{1-\alpha} = -z_{\alpha}$.

例 3.4.5 已知 $X \sim N(8, 4^2)$. 试求：$P\{X \leqslant 16\}$，$P\{X \leqslant 0\}$，$P\{12 < X < 20\}$.

解：由引理及 X 的分布函数，查标准正态分布表得

$$P\{X \leqslant 16\} = P\left\{\frac{X-8}{4} \leqslant \frac{16-8}{4}\right\} = \Phi(2) = 0.9773$$

$$P\{X \leqslant 0\} = P\left\{\frac{X-8}{4} \leqslant \frac{-8}{4}\right\} = \Phi(-2) = 1 - \Phi(2) = 0.0227$$

$$P\{12 < X \leqslant 20\} = P\left\{\frac{12-8}{4} < \frac{X-8}{4} \leqslant \frac{20-8}{4}\right\}$$

$$= \Phi(3) - \Phi(1) = 0.9987 - 0.8413 = 0.1574$$

(6) 3σ 原则

已知 $X \sim N(\mu, \sigma^2)$. 则 X 落在区间 $(\mu - k\sigma, \mu + k\sigma)(k = 1, 2, 3)$ 内的概率如图 3.4.9 所示，分别为

$$P\{\mu - \sigma < X < \mu + \sigma\} = \Phi(1) - \Phi(-1) = 2\Phi(1) - 1 = 0.6826$$

$$P\{\mu - 2\sigma < X < \mu + 2\sigma\} = \Phi(2) - \Phi(-2) = 2\Phi(2) - 1 = 0.9544$$

$$P\{\mu - 3\sigma < X < \mu + 3\sigma\} = \Phi(3) - \Phi(-3 = 2\Phi(3) - 1 = 0.9974$$

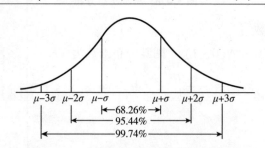

图 3.4.9 正态曲线下不同标准差面积比例

我们看到，虽然理论上正态变量取值范围是 $(-\infty, +\infty)$，但它的取值落在 $(\mu - 3\sigma < X < \mu + 3\sigma)$ 内几乎是肯定的事. 这就是 3σ 原则.

例 3.4.6 某地区的月降水量服从 $\mu = 40$，$\sigma = 4$（单位：cm）的正态分布. 试求：从某月起连续 10 个月的月降水量都不超过 50cm 的概率.

解：设随机变量 X："该地区的月降水量"，则 $X \sim N(40, 4^2)$.

则 $P\{X \leqslant 50\} = \Phi\left(\dfrac{50-40}{4}\right) = \Phi(2.5) = 0.9938$

所以 P {连续 10 个月降水量都不超过 50cm} $= [P(A)]^{10} = 0.9938^{10} = 0.9397$.

（二）学生内化

1. 设 X 服从参数为 1 的指数分布，则 $P\{X>3\}$ = （A）.

A. e^{-3}　　　　B. $1 - e^{-3}$　　C. 0　　　　D. $e^{-3} - 1$

2. 设随机变量 $X \sim N(\mu, 4)$，则以下正确的是（C）.

A. $\dfrac{X-\mu}{4} \sim N(0, 1)$　　　　B. $P\{X \leqslant 0\} = \dfrac{1}{2}$

C. $P\{X - \mu > 2\} = 1 - \Phi(1)$　D. $\mu \geqslant 0$

3. 设随机变量 $X \sim N(3, 4)$，则 $P\{-2 < X < 7\} = \underline{\quad 0.9710 \quad}$.

三、课业延伸

1. 假设某可控实验室试验的反应温度（℃）的误差是连续型随机变量，且有概率密度为

$$f(x) = \begin{cases} x^2/3, & -1 < x < 2 \\ 0, & 其他 \end{cases}$$. 求：(1) 分布函数 (x)；(2) $P\{0 < X < 1\}$.

解：(1) 由题意可得 $F(x) = \displaystyle\int_{-\infty}^{x} f(t)\,dt$，

于是当 $-1 < x < 2$ 时，$F(x) = \displaystyle\int_{-\infty}^{x} f(t)\,dt = \int_{-1}^{x} \dfrac{t^2}{3}\,dt = \dfrac{t^3}{9}\bigg|_{-1}^{x} = \dfrac{x^3+1}{9}$

所以 $F(x) = \begin{cases} 0, & x < -1 \\ \dfrac{x^3+1}{9}, & -1 \leqslant x < 2 \\ 1, & x \geqslant 2 \end{cases}$

(2) $P\{0 < X < 1\} = \displaystyle\int_0^1 \dfrac{x^2}{3}\,dt = \dfrac{x^3}{9}\bigg|_0^1 = \dfrac{1}{9}$

$\left(或 P\{0 < X < 1\} = P(1) - P(0) = \dfrac{2}{9} - \dfrac{1}{9} = \dfrac{1}{9}\right)$.

2. 一企业生产照明灯泡，灯泡损坏前的时间为灯泡的寿命，它的寿命服从均值为 800 小时，标准差为 40 小时的正态分布．求灯泡寿命在 778~834 小

时的概率.

解：设随机变量 X："灯泡的寿命"，由题意 $X \sim N(800, 40^2)$，

故 $P\{778 < X < 834\} = \Phi\left(\dfrac{834 - 800}{40}\right) - \Phi\left(\dfrac{778 - 800}{40}\right)$

$$= \Phi(0.85) - \Phi(-0.55)$$

$$= \Phi(0.85) + \Phi(0.55) - 1$$

$$\approx 0.8023 + 0.7088 - 1 = 0.5111$$

即灯泡寿命在 778~834 小时的概率为 0.5111.

3. 某公司有一个大的会议室，假设该会议室可以预订使用的时间不超过 4 小时. 然而，该会议室使用时间的长短是不固定的. 事实上，可以假设会议的时间长度 X 服从区间 $[0, 4]$ 上的均匀分布. 求任何一次会议至少持续 3 小时的概率.

解：由题意 $X \sim U[0, 4] \Rightarrow f(x) = \begin{cases} \dfrac{1}{4}, & 0 \leqslant x \leqslant 4 \\ 0, & \text{其他} \end{cases}$

故 $P\{X \geqslant 3\} = \dfrac{4 - 3}{4} = \dfrac{1}{4}$

即任何一次会议至少持续 3 小时的概率 $\dfrac{1}{4}$.

──────────── 达标线 ────────────

4. 设某人电话通话时间 X（分钟）服从参数为 15 的指数分布，即 X 的概率密度为 $f(x) = \begin{cases} \dfrac{1}{15} e^{-\frac{x}{15}}, & x > 0 \\ 0, & x \leqslant 0 \end{cases}$

若她已经打了 10 分钟电话，则她再继续通话超过 15 分钟的概率是多少？

解：由题意可知，随机变量 X 的分布函数为 $F(x) = \begin{cases} 1 - e^{-\frac{x}{15}}, & x > 0 \\ 0, & x \leqslant 0 \end{cases}$

由指数分布的无记忆性可知

$P\{X > 10 + 15 \,|\, X > 10\} = P\{X > 15\}$

$$= 1 - F(15) = 1 - (1 - e^{-\frac{15}{15}}) = e^{-1}$$

即若她已经打了 10 分钟电话，则她继续再通话超过 15 分钟的概率为 e^{-1}.

5. 能源部门将就某工程对外招标，往往需要估计合理的标价．假设其估价为 b，能源部门确定的最低估价的概率密度为 $f(x) = \begin{cases} \dfrac{5}{8b}, & \dfrac{2b}{5} < x < 2b \\ 0, & \text{其他} \end{cases}$.

求：（1）分布函数 (x)；（2）最终价格小于能源部门最初估价 b 的概率．

解：（1）由题意可知，$F(x) = \displaystyle\int_{-\infty}^{x} f(t)\,\mathrm{d}t$

于是当 $\dfrac{2}{5b} < x < 2b$ 时，$F(x) = \displaystyle\int_{-\infty}^{x} f(t)\,\mathrm{d}t = \int_{\frac{2b}{5}}^{x} \dfrac{5}{8b}\mathrm{d}t = \dfrac{5t}{8b}\Big|_{\frac{2b}{5}}^{x} = \dfrac{5x}{8b} - \dfrac{1}{4}$

所以 $F(x) = \begin{cases} 0, & x < \dfrac{2b}{5} \\ \dfrac{5x}{8b} - \dfrac{1}{4}, & \dfrac{2b}{5} \leqslant x < 2b \\ 1, & x \geqslant 2b \end{cases}$

（2）$P\{X < b\} = F(b) = \dfrac{5}{8} - \dfrac{1}{4} = \dfrac{3}{8}$

即最终价格小于能源部门最初估价 b 的概率为 3/8.

——————————良好线——————————

6. 设顾客在某银行窗口等待服务的时间 X（min）服从指数分布，其概率密度函数为 $f(x) = \begin{cases} \dfrac{1}{5}e^{-\frac{x}{5}}, & x > 0 \\ 0, & x \leqslant 0 \end{cases}$．某顾客在窗口等待服务，若超过 10min，他就离开．他一个月要到银行 5 次，以 Y 表示一个月内他未等到服务而离开窗口的次数．试求：（1）随机变量 Y 的分布律；（2）$P\{Y \geqslant 1\}$．

解：由题意可知，$P\{X > 10\} = \displaystyle\int_{10}^{+\infty} \dfrac{1}{5}e^{-\frac{x}{5}}dx = e^{-2}$，于是 $Y \sim b(5, e^{-2})$

所以（1）Y 的分布律为

$P\{Y = k\} = C_5^k (e^{-2})^k (1 - e^{-2})^{5-k}$，$k = 0, 1, 2, 3, 4, 5$.

（2）$P\{Y \geqslant 1\} = 1 - P\{Y = 0\} = 1 - C_5^0 (e^{-2})^0 (1 - e^{-2})^5 \approx 0.5167$.

7. 在电源电压不超过 200V、在 200~240V 和超过 240V 三种情形下，某种电子元件损坏的概率分别为 0.1、0.001、0.2，假设电源电压服从正态分布 $X \sim N(220, 25^2)$，试求：

(1) 该电子元件损坏的概率 α；

(2) 该电子元件损坏时，电源电压在 200~240V 的概率 β.

解：设事件 $A = \{$电子元件损坏$\}$

事件 $B_1 = \{$电源电压不超过 200V$\}$

事件 $B_2 = \{$电源电压在 200~240V$\}$

事件 $B_3 = \{$电源电压超过 240V$\}$

显然 B_1，B_2，B_3 是样本空间的一个划分，且

$$P(B_1) = P\{X \leqslant 200\} = \Phi\left(\frac{200 - 220}{25}\right) = 1 - \Phi(0.8) \approx 1 - 0.7881 = 0.2119$$

$$P(B_2) = P\{200 < X \leqslant 240\}$$

$$= \Phi\left(\frac{240 - 220}{25}\right) - \Phi\left(\frac{200 - 220}{25}\right)$$

$$= 2\Phi(0.8) - 1$$

$$= 0.5762$$

$$P(B_3) = P\{X > 240\} = 1 - \Phi\left(\frac{240 - 220}{25}\right) = 1 - \Phi(0.8) = 0.2119$$

$$P(A \mid B_1) = 0.1 \qquad P(A \mid B_2) = 0.001 \qquad P(A \mid B_3) = 0.2$$

所以 (1) 由全概率公式可知

$$P(A) = \sum_{i=1}^{3} P(A \mid B_i) P(B_i)$$

$$= 0.1 \times 0.2119 + 0.001 \times 0.5762 + 0.2 \times 0.2119$$

$$= 0.064.$$

(2) 由贝叶斯公式可知

$$P(B_2 \mid A) = \frac{P(A \mid B_2) P(B_2)}{P(A)} = \frac{0.001 \times 0.5762}{0.064} \approx 0.009$$

————————————优秀线————————————

四、拓展升华

（一）深度拓展

1. 设随机变量 X 的概率密度为 $f(x) = A/(e^x + e^{-x})$ $(-\infty < x < +\infty)$，求 (1) 常数 $A = \underline{2/\pi}$；(2) $P\{X < 1\} = \underline{\dfrac{2}{\pi}\arctan e}$.

2. 设随机变量 X 的概率密度为 $f(x) = \begin{cases} Ax^2, & 0 < x < 3 \\ 0, & \text{其他} \end{cases}$，则 (1) 常数 $A = \underline{1/9}$；(2) $P\{X \leqslant 2 \mid 1 < X \leqslant 3\} = \underline{7/26}$.

3. 设连续型随机变量 X 的分布函数为

$$F(x) = \begin{cases} 0 & x < -1 \\ A + B\arcsin x & -1 \leqslant x < 1, \\ 1 & 1 \leqslant x \end{cases}$$

试求：(1) 常数 A，B；(2) $P\left\{|X| \leqslant \dfrac{1}{2}\right\}$；(3) X 的概率密度函数 $f(x)$.

答案： (1) $A = \dfrac{1}{2}$，$B = \dfrac{1}{\pi}$；(2) $\dfrac{1}{3}$；

(3) $f(x) = \begin{cases} \dfrac{1}{\pi\sqrt{1 - x^2}}, & -1 < x < 1 \\ 0, & \text{其他} \end{cases}$.

4. 设 $X \sim U(2, 5)$，现对 X 进行三次独立观测，求至少有两次观测值大于 3 的概率.

答案： 20/27.

5. ［2013 年数一 (7)］设 X_1，X_2，X_3 是随机变量，且 $X_1 \sim N(0, 1)$，$X_2 \sim N(0, 2^2)$，$X_3 \sim N(5, 3^2)$，$P_j = P\{-2 \leqslant X_j \leqslant 2\}$ $(j = 1, 2, 3)$，则 （A ）.

A. $P_1 > P_2 > P_3$ 　　　　B. $P_2 > P_1 > P_3$

C. $P_3 > P_1 > P_2$ 　　　　D. $P_1 > P_3 > P_2$

第五节　随机变量函数的分布

 学习目标

1. 会计算离散型随机变量函数的分布律；
2. 会用分布函数法计算连续型随机变量函数的概率密度；
3. 会用单调函数法计算连续型随机变量函数的概率密度；
4. 在处理复杂问题时会用转化的思想化繁为简.

一、前置研修

（一）MOOC 自主研学内容

在一些试验中，我们关心的随机变量往往不易被直接测量，而它却是某个容易直接测量的随机变量的函数. 比如说，我们关心的圆轴截面的面积 S，可以直接通过测量圆轴截面的直径 d，进而通过函数关系 $S = \dfrac{1}{4}\pi d^2$ 来研究 S；再比如说，我们关心的分子动能 W，可以通过直接的测量分子速度 v，进而通过函数关系 $W = \dfrac{1}{2}mv^2$ 来研究 W. 本节课将讨论如何由已知的随机变量 X 的概率分布去求它的函数 $Y = g(X)$ $\left[\, y = g(x) \text{ 是已知的连续函数}\right]$ 的概率分布.

离散型随机变量函数的分布

若 X 是离散随机变量，其分布律为 $p_k \underset{\triangle}{=} P\{X = x_k\}$，$k = 1,\ 2,\ \cdots$，则 $Y = g(X)$ 也是离散型随机变量. 要求 Y 的分布律，有三个步骤：

第一步，确定 Y 的所有可能取值：$y_1,\ y_2,\ \cdots,\ y_k,\ \cdots$（其中 $y_k = g(x_k)$，$k = 1,\ 2,\ \cdots$）；

第二步，计算 Y 取每一个值的概率；

第三步，写出 Y 的分布律.

例 3.5.1　设随机变量 X 的分布律为

X	-1	0	1	2
p_k	0.2	0.3	0.1	0.4

试求：$Y = (X - 1)^2$ 的分布律.

解： 由题意可知，随机变量 Y 的所有可能取值为 0，1，4. 且

$P\{Y = 0\} = P\{(X - 1)^2 = 0\} = P\{X = 1\} = 0.1$

$P\{Y = 1\} = P\{(X-1)2 = 1\} = P\{X = 0\} + P\{X = 2\} = 0.3 + 0.4 = 0.7$

$P\{Y = 4\} = P\{(X - 1)2 = 4\} = P\{X = -1\} = 0.2$

所以，随机变量 Y 的分布律为

Y	0	1	4
p_k	0.1	0.7	0.2

（二）SPOC 自主测试习题

1. 设随机变量 X 的分布律为 $P\{X = 1\} = 0.1$，$P\{X = 2\} = 0.3$，$P\{X = 4\} = 0.2$，$P\{X = 6\} = 0.4$，随机变量 $Y = (X - 3)^2$. 则 $P\{Y = 1\}$ 的值为（D）.

A. 0.2   B. 0.3   C. 0.4   D. 0.5

2. 设随机变量 X 的概率分布律为

X	-1	0	1	3
p_k	0.1	0.2	0.3	0.4

试求：$Y = 2X^2 - 1$ 的分布律.

解： 由题意可知，随机变量 Y 的所有可能取值为 -1，1，7.

又 $P\{Y = -1\} = P\{2X^2 - 1 = -1\} = P\{X = 0\} = 0.2$

$P\{Y = 1\} = P\{2X^2 - 1 = 1\} = P\{X = -1\} + P\{X = 1\} = 0.1 + 0.3 = 0.4$

$P\{Y = 7\} = P\{2X^2 - 1 = 7\} = P\{X = 2\} = 0.4$

所以随机变量 Y 分布律为

Y	-1	1	7
P_k	0.2	0.4	0.4

二、课堂探究

(一) 教师精讲

1. 连续型随机变量函数的分布

若 X 是连续型随机变量,其概率密度为 $f_X(x)$,则 $Y = g(X)$ 也是连续型随机变量.

要求 Y 的概率密度 $f_Y(y)$ 有两种方法:分布函数法和单调函数法.

分布函数法

第一步:确定 Y 的取值范围;

第二步:求 Y 的分布函数,即通过 $F_Y(y) = P\{Y \leq y\} = P\{g(X) \leq y\}$ 建立 Y 的分布函数与 X 的分布函数的关系式;

第三步:求导,得 Y 的概率密度,即 $f_Y(y) = F'_Y(y)$.

例 3.5.2 设随机变量 X 具有概率密度 $f_X(x)$, $-\infty < x < \infty$,试求:$Y = X^2$ 的概率密度.

解:设 $f_X(x)$, $f_Y(y)$ 分别为随机变量 X, Y 的概率密度,$F_X(x)$, $F_Y(y)$ 分别为随机变量 X, Y 的分布函数. 由题意可知,随机变量 Y 的取值 $y \geq 0$.

于是,当 $y \leq 0$ 时,$F_Y(y) = P\{Y \leq y\} = P(\varnothing) = 0$

当 $y > 0$ 时,

$$F_Y(y) = P\{Y \leq y\} = P\{X^2 \leq y\} = P\{-\sqrt{y} \leq X \leq \sqrt{y}\} = F_X(\sqrt{y}) - F_X(-\sqrt{y})$$

综上所述, $F_Y(y) = \begin{cases} F_X(\sqrt{y}) - F_X(-\sqrt{y}), & y > 0 \\ 0, & y \leq 0 \end{cases}$

所以,由 $f_Y(y) = F'_Y(y)$ 可知,

$$f_Y(y) = \begin{cases} \dfrac{1}{2\sqrt{y}}[f_X(\sqrt{y}) + f_X(-\sqrt{y})], & y > 0 \\ 0, & y \leq 0 \end{cases}$$

特别地，当 $X \sim N(0, 1)$ 时，其概率密度为 $\varphi(x) = \dfrac{1}{\sqrt{2\pi}} \mathrm{e}^{\frac{x^2}{2}}$，$-\infty < x < \infty$

则 $Y = X^2$ 的概率密度为 $f_Y(y) = \begin{cases} \dfrac{1}{\sqrt{2\pi}} y^{-\frac{1}{2}} \mathrm{e}^{-\frac{y}{2}}, & y > 0 \\[2mm] 0, & y \leqslant 0 \end{cases}$

此时，称 Y 服从自由度为 1 的 χ^2 分布.

2. 单调函数法

定理 3.5.1 设随机变量 X 具有概率密度 $f_X(x)(-\infty < x < \infty)$. 设函数 $g(x)$ 处处可导，且恒有 $g'(x) > 0$ [或恒有 $g'(x) < 0$]. 则 $Y = g(x)$ 是一个连续型随机变量，其概率密度为

$$f_Y(y) = \begin{cases} f_X[h(y)] \mid h'(y) \mid, & \alpha < y < \beta \\ 0, & 其他 \end{cases}$$

其中 $\alpha = \min\{g(-\infty), g(\infty)\}$，$\beta = \max\{g(-\infty), g(\infty)\}$，$h(y)$ 是 $g(x)$ 的反函数，即 $x = g^{-1}(y) = h(y)$.

单调函数只适用于函数 $g(\cdot)$ 是严格单调函数的情形，定理证明略.

推论 3.5.1 设随机变量 X 的概率密度 $f_X(x)$ 在有限区间 $[a, b]$ 以外等于零. 设函数 $g(x)$ 处处可导，且恒有 $g'(x) > 0$ [或恒有 $g'(x) < 0$]. 仍有

$$f_Y(y) = \begin{cases} f_X[h(y)] \mid h'(y) \mid, & \alpha < y < \beta \\ 0, & 其他 \end{cases}$$

其中 $\alpha = \min\{g(a), g(b)\}$，$\beta = \max\{g(a), g(b)\}$，$h(y)$ 是 $g(x)$ 的反函数.

例 3.5.3 设随机变量 $X \sim N(\mu, \sigma^2)$，试证：X 的线性函数 $Y = aX + b(a \neq 0)$ 也服从正态分布.

证明：由题意可知，随机变量 X 的概率密度为

$$f_X(x) = \frac{1}{\sqrt{2\pi}\,\sigma} \mathrm{e}^{-\frac{(x-\mu)^2}{2\sigma^2}}, \quad -\infty < x < \infty$$

因为，函数 $y = g(x) = ax + b(a \neq 0)$ 在 $(-\infty, +\infty)$ 上处处可导，且当 $a > 0$ 时，$g'(x) = a > 0$；当 $a < 0$ 时，$g'(x) = a < 0$.

又 $y = g(x)$ 的反函数为 $x = h(y) = \dfrac{y-b}{a}$，且 $h'(y) = \dfrac{1}{a}$.

所以 $f_Y(y) = f_X[h(y)] \mid h'(y) \mid = \dfrac{1}{\mid a \mid} f_X\left(\dfrac{y-b}{a}\right) = \dfrac{1}{\mid a \mid} \dfrac{1}{\sqrt{2\pi}\sigma} e^{-\frac{\left(\frac{y-b}{a}-\mu\right)^2}{2\sigma^2}}$

$$= \dfrac{1}{\sqrt{2\pi}\sigma \mid a \mid} e^{-\frac{[y-(a\mu+b)]^2}{2(a\sigma)^2}}$$

即有 $Y = aX + b \sim N(a\mu + b,\ (a\sigma)^2)$.

特别地,取 $a = \dfrac{1}{\sigma}$, $b = -\dfrac{\mu}{\sigma}$ 得 $Y = \dfrac{X-\mu}{\sigma} \sim N(0,\ 1)$.

这就是上一节课的引理.

例 3.5.4 设电压 $V = A\sin\Theta$,其中 A 是一个已知的正常数,相角 Θ 是一个随机变量,且有 $\Theta \sim U\left(-\dfrac{\pi}{2},\ \dfrac{\pi}{2}\right)$. 试求:电压 V 的概率密度.

解:因为函数 $v = g(\theta) = A\sin\theta$ 在 $\left(-\dfrac{\pi}{2},\ \dfrac{\pi}{2}\right)$ 上恒有 $g'(\theta) = A\cos\theta > 0$,且其反函数及导数为

$$\theta = h(v) = \arcsin\dfrac{v}{A},\quad h'(v) = \dfrac{1}{\sqrt{A^2 - v^2}}$$

又,Θ 的概率密度为

$$f(\theta) = \begin{cases} \dfrac{1}{\pi}, & -\dfrac{\pi}{2} < \theta < \dfrac{\pi}{2} \\ 0, & \text{其他} \end{cases}$$

故由推论 2.5.1 得 $V = A\sin\Theta$ 的概率密度为

$$\psi(v) = \begin{cases} \dfrac{1}{\pi\sqrt{A^2 - v^2}}, & -A < v < A \\ 0, & \text{其他} \end{cases}$$

单调函数法有其特殊性,某些场合并不适用,如在上题中若 $\Theta \sim U(0,\ \pi)$,则此时 $v = g(\theta) = A\sin\theta$ 在 $(0,\ \pi)$ 上不是单调函数,推论 3.5.1 失效. 此时可用分布函数法来求解. 感兴趣的读者可以自行探讨.

(二)学生内化

1. 设随机变量 X 的概率密度为 $f(x) = \begin{cases} \dfrac{x}{2}, & 0 < x < 2 \\ 0, & \text{其他} \end{cases}$,随机变量

$Y = X^2$. 则 $P\{Y>1\}$ 的值为（C）.

  A. 1/4   B. 1/2   C. 3/4   D. 1

  2. 设随机变量 X 的概率密度为 $f(x) = \begin{cases} e^{-x}, & x > 0 \\ 0, & x \leqslant 0 \end{cases}$，则 $Y = X^2$ 的概率密度

为（C）.

  A. $f_Y(y) = \begin{cases} \dfrac{1}{\sqrt{y}} e^{-\sqrt{y}}, & y > 0 \\ 0, & y \leqslant 0 \end{cases}$ B. $f_Y(y) = \dfrac{1}{2\sqrt{y}} e^{-\sqrt{y}}$

  C. $f_Y(y) = \begin{cases} \dfrac{1}{2\sqrt{y}} e^{-\sqrt{y}}, & y > 0 \\ 0, & y \leqslant 0 \end{cases}$ D. $f_Y(y) = \dfrac{1}{\sqrt{y}} e^{-\sqrt{y}}$

三、课业延伸

  1. 某物体的温度 T（℉）是随机变量，且有 $T \sim N(98.6, 2)$，已知

$\Theta = \dfrac{5}{9}(T - 32)$，试求：$\Theta$（℃）的概率密度.

  解：由例 3.5.3 可知，当 $T \sim N(98.6, 2)$ 时，

$$\Theta = \frac{5}{9}(T - 32) = \frac{5}{9}T - \frac{160}{9} \sim N\left[\frac{5}{9} \times 98.6 - \frac{160}{9}, \left(\frac{5}{9}\right)^2 \times 2\right]$$

即 $\Theta = \dfrac{5}{9}(T - 32) = \dfrac{5}{9}T - \dfrac{160}{9} \sim N\left[\dfrac{5}{9} \times 98.6 - \dfrac{160}{9}, \left(\dfrac{5}{9}\right)^2 \times 2\right]$

所以 $f_\Theta(\theta) = \dfrac{1}{\sqrt{2\pi} \cdot \dfrac{5}{9} \cdot \sqrt{2}} e^{-\frac{\left[\theta - \left(\frac{5}{9} \times 98.6 - \frac{160}{9}\right)\right]^2}{2\left(\frac{5}{9} \cdot \sqrt{2}\right)^2}} = \dfrac{9}{10\sqrt{\pi}} e^{-\frac{81(\theta - 37)^2}{100}}$.

  2. 患者由于患肾脏疾病而住院接受治疗的天数为随机变量 $Y = X + 4$，其中 X 的概率密度为

$$f(x) = \begin{cases} \dfrac{32}{(x + 4)^3}, & x > 0 \\ 0, & \text{其他} \end{cases}$$

试求：（1）随机变量 Y 的概率密度；（2）某患者在医院接受此种治疗超

过 8 天的概率.

解：（1）由题意可知，设函数 $y = g(x) = x + 4$，$(x > 0)$.

显然 $y = g(x) = x + 4$ 在 $(0, +\infty)$ 上单调递增，反函数 $x = h(y) = y - 4$，且 $h'(y) = 1$

所以，随机变量 Y 的概率密度为

$$f_Y(y) = \begin{cases} f_X[h(y)] \mid h'(y) \mid, & y > 4 \\ 0, & y \leqslant 4 \end{cases} = \begin{cases} \dfrac{32}{y^3}, & y > 4 \\ 0, & y \leqslant 4 \end{cases}$$

（2）设事件 A = {某患者在医院接受此种治疗超过 8 天}

则 $P(A) = P\{Y > 8\} = \displaystyle\int_8^{+\infty} \dfrac{32}{y^3} \mathrm{d}y = -\dfrac{16}{y^2} \Big|_8^{+\infty} = \dfrac{1}{4}$

即某患者在医院接受此种治疗超过 8 天的概率为 $\dfrac{1}{4}$.

四、拓展升华

（一）深度拓展习题

1. 设随机变量 X 的密度函数为 $f(x) = \begin{cases} 2x, & 0 < x < 1 \\ 0, & \text{其他} \end{cases}$，随机变量 Y 表示对 X 的三次独立重复观察中，事件 $\{X \leqslant \dfrac{1}{2}\}$ 出现的次数，则 $P\{Y = 2\} = \underline{9/64}$.

2. 浙江大学，盛骤等编《概率论与数理统计》：第 51 页第 38 题.

（二）广度拓展习题

（美）Ronald E. Walpole 等著，周勇等译《理工科概率统计》：第 160 页第 7.7、第 7.8 题.

第四章　多维随机变量及其分布

第一节　联合分布

 学习目标 ————————————————————————

1. 能说出多维随机变量的定义；

2. 会用联合分布函数的定义和性质计算；

3. 能写出二维离散型随机变量的联合分布律，会用二维离散型随机变量的联合分布律及性质计算；

4. 会用二维连续型随机变量的联合概率密度及其性质计算；

5. 从一维到二维、到三维，再到 n 维随机变量的联合概率分布的学习，体会数学归纳的思想和方法.

一、课堂探究（一）

（一）二维随机变量

定义 4.1.1　设随机试验 E 的样本空间为 $S=\{e\}$，设 $X=X(e)$ 和 $Y=Y(e)$ 是定义在 S 上的随机变量，由它们构成的一个向量 (X,Y)，叫作二维随机向量或二维随机变量.

例 4.1.1

①考察某地区的气候状况. 令随机变量 X："该地区的温度"，随机变量 Y："该地区的湿度"，则 (X,Y) 是一个二维随机变量.

②对一目标进行射击. 令随机变量 X："弹着点与目标的水平距离"，随机变量 Y："弹着点与目标的垂直距离"，则 (X,Y) 是一个二维随机变量.

由此我们可以注意到，二维随机变量 (X,Y) 的分量 X 和 Y 是定义在同一个样本空间中的两个随机变量，二维随机变量 (X, Y) 的性质不仅与 X 及 Y 有关，而且依赖这两个随机变量的相互关系．因此，逐个地研究 X 或 Y 的性质是不够的，还需将 (X, Y) 作为一个整体进行研究．同一维随机变量情形，当 X 和 Y 是一般情形的随机变量时，我们用分布函数来研究二维随机变量；当 X 和 Y 都是离散型随机变量时，我们用分布律来研究二维随机变量；当 X 和 Y 都是连续型随机变量时，我们用概率密度来研究二维随机变量。首先来看二维随机变量的联合分布函数．

(二) 联合分布函数

1. 定义

定义 4.1.2 设 (X, Y) 是二维随机变量，对于任意实数 x, y，二元函数

$$F(x, y) = P\{(X \leqslant x) \cap (Y \leqslant y)\} \triangleq P\{X \leqslant x, Y \leqslant y\}$$

称为二维随机变量 (X, Y) 的分布函数，或称为随机变量 X 和 Y 的联合分布函数．

2. 几何意义

如果将二维随机变量 (X, Y) 看作是平面上随机点的坐标，那么分布函数 $F(x, y)$ 在 (x, y) 处的函数值就是随机点 (X, Y) 落在图 4.1.1 中以点 (x, y) 为顶点的左下方无穷矩形区域内的概率．类似地，借助图 4.1.2 容易算出随机点 (X, Y) 落在矩形区域 $\{(x, y) \mid x_1 < x \leqslant x_2, y_1 < y \leqslant y_2\}$ 上的概率，即 $P\{x_1 < X \leqslant x_2, y_1 < Y \leqslant y_2\} = F(x_2, y_2) - F(x_2, y_1) - F(x_1, y_2) + F(x_1, y_1)$．

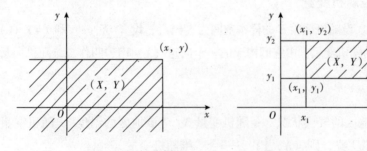

图 4.1.1　$F(x, y)$ 示例一　　　　图 4.1.2　$F(x, y)$ 示例二

3. 性质

① $F(x, y)$ 是变量 x 和 y 的不减函数，即

对于任意固定的 y，当 $x_1 < x_2$ 时，$F(x_1, y) \leq F(x_2, y)$

对于任意固定的 x，当 $y_1 < y_2$ 时，$F(x, y_1) \leq F(x, y_2)$

②对于任意的 x 和 y，有 $0 \leq F(x, y) \leq 1$，且

对于任意固定的 y，$F(-\infty, y) = 0$

对于任意固定的 x，$F(x, -\infty) = 0$

$$F(-\infty, -\infty) = 0, F(+\infty, +\infty) = 1.$$

③ $F(x, y)$ 关于 x 右连续，关于 y 也右连续．即

$$F(x, y) = F(x + 0, y), \quad F(x, y) = F(x, y + 0)$$

④对于任意 (x_1, y_1)，(x_2, y_2)，$x_1 < x_2$，$y_1 < y_2$，都有

$$F(x_2, y_2) - F(x_2, y_1) - F(x_1, y_2) + F(x_1, y_1) \geq 0$$

4. n 维随机变量及其分布函数

定义 4.1.3　设随机试验 E 的样本空间为 $S = \{e\}$．

若 $X_1 = X_1(e)$，$X_2 = X_2(e)$，$\cdots$，$X_n = X_n(e)$ 是定义在 S 上的随机变量，由它们构成的一个 n 维向量 $(X_1, X_2, \cdots, X_n)$ 称为 n 维随机向量或 n 维随机变量．

定义 4.1.4　对于任意 n 个实数 x_1，x_2，$\cdots x_n$，n 元函数

$$F(x_1, x_2, \cdots, x_n) = P\{X_1 \leq x_1, X_2 \leq x_2, \cdots, X_n \leq x_n\}$$

称为 n 维随机变量 $(X_1, X_2, \cdots, X_n)$ 的分布函数或随机变量 X_1，X_2，$\cdots$，X_n 的联合分布函数．

分布函数 $F(x_1, x_2, \cdots, x_n)$ 具有类似二维随机变量的分布函数的性质．

二、前置研修

（一）MOOC 自主研学内容

1. 二维离散型随机变量及其分布律

（1）定义

定义 4.1.5　若二维随机变量 (X, Y) 的所有可能取值是有限对或可列对，则称 (X, Y) 为二维离散型随机变量．

定义 4.1.6　设二维离散型随机变量 (X, Y) 的所有可能取值为 $(x_i, y_j)(i, j = 1, 2, \cdots)$，称

$$P\{X = x_i, Y = y_j\} \triangleq p_{ij}, \quad i, j = 1, 2, \cdots$$

为二维离散型随机变量 (X, Y) 的分布律或随机变量 X 和 Y 的联合分布律.

X 和 Y 的联合分布律也可用表 4.1.1 表示.

表 4.1.1 X 和 Y 的联合分布律

X	Y				
	y_1	y_2	$\cdots$	y_j	$\cdots$
x_1	p_{11}	p_{12}	$\cdots$	p_{1j}	$\cdots$
x_2	p_{21}	p_{22}	$\cdots$	p_{2j}	$\cdots$
$\vdots$	$\vdots$	$\vdots$	$\ddots$	$\vdots$	$\ddots$
x_i	p_{i1}	p_{i2}	$\cdots$	p_{ij}	$\cdots$
$\vdots$	$\cdots$	$\cdots$	$\cdots$	$\cdots$	

(2) 性质

结合定义 4.1.6 和概率的公理化定义, 不难发现二维离散型随机变量有着与一维随机变量相类似的性质.

① $p_{ij} \geqslant 0(i, j = 1, 2, \cdots)$;

② $\sum\limits_{i=1}^{+\infty} \sum\limits_{j=1}^{+\infty} p_{ij} = 1$.

2. 二维离散型随机变量的联合分布函数

结合定义 4.1.2、定义 4.1.6 和图 4.1.1, 可以看出二维离散型随机变量 (X, Y) 的分布函数为

$$F(x, y) = \sum_{x_i < x} \sum_{y_j < y} p_{ij}(x, y \in R) \tag{4.1.1}$$

其中和式是对一切满足 $x_i < x$, $y_j < y$ 的 i, j 求和 $(i, j = 1, 2, \cdots)$.

例 4.1.2 将两个球等可能地放入编号为 1, 2, 3 的三个盒子中. 令随机变量 X: "放入 1 号盒中的球数"; 随机变量 Y: "放入 2 号盒中的球数". 试求:

(1) 随机变量 X 和 Y 的联合分布律;

(2) 放入 1 号盒中的球数少于放入 2 号盒中的球数的概率.

解: (1) 由题意可知, 随机变量 X 的所有可能取值为 0, 1, 2;

随机变量 Y 的所有可能取值为 0, 1, 2.

又 $P\{X=0,\ Y=0\}=\dfrac{1}{3^2}=\dfrac{1}{9},\quad P\{X=0,\ Y=1\}=\dfrac{2}{3^2}=\dfrac{2}{9}$

$P\{X=0,\ Y=2\}=\dfrac{1}{3^2}=\dfrac{1}{9},\quad P\{X=1,\ Y=0\}=\dfrac{2}{3^2}=\dfrac{2}{9}$

$P\{X=1,\ Y=1\}=\dfrac{2}{3^2}=\dfrac{2}{9},\quad P\{X=2,\ Y=0\}=\dfrac{1}{3^2}=\dfrac{1}{9}$

$P\{X=1,\ Y=2\}=P\{X=2,\ Y=1\}=P\{X=2,\ Y=2\}=P(\varnothing)=0$

所以随机变量 X 和 Y 的联合分布律如表 4.1.2 所示：

表 4.1.2

X	Y		
	0	1	2
0	$\dfrac{1}{9}$	$\dfrac{2}{9}$	$\dfrac{1}{9}$
1	$\dfrac{2}{9}$	$\dfrac{2}{9}$	0
2	$\dfrac{1}{9}$	0	0

(2) 因为 $P\{X<Y\}=P\{X=0,\ Y=1\}+P\{X=0,\ Y=2\}=\dfrac{2}{9}+\dfrac{1}{9}=\dfrac{1}{3}$

所以放入 1 号盒中的球数少于放入 2 号盒中的球数的概率为 $\dfrac{1}{3}$.

3. n 维离散型随机变量及其分布律

定义 4.1.7 若 n 维随机变量 $(X_1,\ X_2,\ \cdots,\ X_n)$ 的全部可能取值是 R^n 上的有限个或可列无限多个点，则称 $(X_1,\ X_2,\ \cdots,\ X_n)$ 为 n 维离散型随机变量.

定义 4.1.8 若 $(X_1,\ X_2,\ \cdots,\ X_n)$ 为 n 维离散型随机变量，称

$$p(x_1,\ x_2,\ \cdots x_n)\triangleq P\{X_1=x_1,\ X_2=x_2,\ \cdots,\ X_n=x_n\}$$

为 n 维离散型随机变量 $(X_1,\ X_2,\ \cdots,\ X_n)$ 的分布律，或随机变量 X_1，X_2，$\cdots$，X_n 的联合分布律. 这里 x_i 可以取遍 X_i 的所有可能取值 $(i=1,\ 2,\ \cdots,\ n)$.

(二) SPOC 自主测试习题

1. 二维离散型随机变量 $(X,\ Y)$ 的分布律如表 4.1.3 所示：

表 4.1.3

X	Y	
	0	1
0	$\dfrac{1}{36}$	$\dfrac{5}{36}$
1	$\dfrac{5}{36}$	α

则 (1) $\alpha = 25/36$；(2) $P\{X = Y\} = 13/18$；(3) $P\{X \leqslant Y\} = 31/36$.

2. 设 (X, Y) 取值 $(0, 0)$，$(0, 1)$，$(1, 0)$，$(1, 1)$ 的概率分别为 0.3，0.3，0.3，0.1，则以下错误的是 (C).

A. $P\{X = 0\} = 0.6$　　　　　B. $P\{Y = 1\} = 0.4$

C. $P\{X = Y\} = 0.3$　　　　　D. $P\{X + Y = 1\} = 0.6$

三、课堂探究 (二)

(一) 教师精讲

1. 二维连续型随机变量及其分布

(1) 定义

定义 4.1.9　设二维随机变量 (X, Y) 的分布函数为 $F(x, y)$，若存在非负可积函数 $f(x, y)$，使得对于任意实数 x, y 都有

$$F(x, y) = \int_{-\infty}^{y} \int_{-\infty}^{x} f(u, v) \, \mathrm{d}u \mathrm{d}v \qquad (4.1.2)$$

则称 (X, Y) 是二维连续型随机变量，函数 $f(x, y)$ 称为二维随机变量 (X, Y) 的概率密度，或称为随机变量 X 和 Y 的联合概率密度.

(2) 性质

结合定义 4.1.2、定义 4.1.9 和概率的公理化定义可得概率密度 $f(x, y)$ 的如下性质：

① $f(x, y) \geqslant 0$；

② $\displaystyle\int_{-\infty}^{+\infty} \int_{-\infty}^{+\infty} f(x, y) \mathrm{d}x \mathrm{d}y = F(+\infty, +\infty) = 1$；

③ 若 $f(x, y)$ 在点 (x, y) 连续，则有 $\dfrac{\partial^2 F(x, y)}{\partial x \partial y} = f(x, y)$；

④设 G 是平面上的一个区域，点 (X, Y) 落在 G 内的概率为

$$P\{(X, Y) \in G\} = \iint_G f(x, y)\,\mathrm{d}x\mathrm{d}y.$$

在几何上，$z = f(x, y)$ 表示空间的一个曲面，介于它和 xOy 平面的空间区域的立体体积等于 1，$P\{(X, Y) \in G\}$ 的值等于以 G 为底，以曲面 $z = f(x, y)$ 为高的曲顶柱体的体积.

例 4.1.3　设二维随机变量 (X, Y) 具有概率密度

$$f(x, y) = \begin{cases} 2\mathrm{e}^{-(2x+y)}, & x > 0, y > 0 \\ 0, & \text{其他} \end{cases}$$

试求：(1) 分布函数 $F(x, y)$；(2) $P = \{X < Y\}$.

解：(1) $F(x, y) = \displaystyle\int_{-\infty}^{y} \int_{-\infty}^{x} f(u, v)\,\mathrm{d}u\mathrm{d}v$

$$= \begin{cases} \displaystyle\int_{0}^{y}\int_{0}^{x} 2\mathrm{e}^{-(2u+v)}\,\mathrm{d}u\mathrm{d}v, & x > 0, y > 0 \\ 0, & \text{其他} \end{cases}$$

$$= \begin{cases} (1 - \mathrm{e}^{-2x})(1 - \mathrm{e}^{-y}), & x > 0, y > 0 \\ 0, & \text{其他} \end{cases}$$

(2) 将 (X, Y) 看作是平面上随机点的坐标，即有 $\{X<Y\} = \{(X, Y) \in G\}$，其中 G 为 xOy 平面上的直线 $y=x$ 上方的区域，如图 4.1.3 所示. 于是

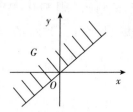

图 4.1.3　G 的区域示例

$$P\{X < Y\} = P\{(X, Y) \in G\} = \iint_G f(x, y)\,\mathrm{d}x\mathrm{d}y = \int_{0}^{+\infty}\int_{x}^{+\infty} 2\mathrm{e}^{-(2x+y)}\,\mathrm{d}y\mathrm{d}x = \frac{2}{3}$$

2. n 维连续型随机变量及其概率密度

定义 4.1.10　设 n 维随机变量 $(X_1, X_2, \cdots, X_n)$ 的分布函数为 $F(x_1, x_2, \cdots, x_n)$，如果存在非负可积函数 $f(x_1, x_2, \cdots, x_n)$，使得对于任意的实数 $x_1, x_2, \cdots, x_n$，都有

$$F(x_1, x_2, \cdots x_n) = \int_{-\infty}^{x_n} \int_{-\infty}^{x_{n-1}} \cdots \int_{-\infty}^{x_1} f(u_1, u_2, \cdots, u_n)\,\mathrm{d}u_1 \cdots \mathrm{d}u_n$$

则称 $(X_1, X_2, \cdots, X_n)$ 为 n 维连续型随机变量，称函数 $f(x_1, x_2, \cdots, x_n)$ 为 n 维随机变量 $(X_1, X_2, \cdots, X_n)$ 的概率密度，或随机变量 $X_1, X_2, \cdots, X_n$ 的联合概率密度.

(二) 学生内化

1. 设 (X, Y) 的联合概率密度为 $f(x, y) = \begin{cases} x+y, & 0<x<1, \ 0<y<1 \\ 0, & \text{其他} \end{cases}$. 则 $P\{X \geqslant Y\}$ 的值为 (B).

A. 0　　　　　B. 0.5　　　　　C. 1　　　　　D. 前三个都不对

2. 设二维随机变量 (X, Y) 的概率密度函数为 $f(x, y) = \begin{cases} a\,(x+y), & 0<x<1, \ 0<y<2 \\ 0, & \text{其他} \end{cases}$，则常数 $a=$ (D).

A. $\dfrac{1}{2}$　　　　　B. 3　　　　　C. 2　　　　　D. $\dfrac{1}{3}$

四、课业延伸

1. 将一枚硬币连掷两次，以 X、Y 分别表示第一、第二次正面向上的次数，(X, Y) 的分布函数为 $F(x, y)$，则 $F(0, 0) = 0$. (×)

2. 已知二维随机变量 (X, Y) 的分布函数为 $F(x, y) = \begin{cases} (1-\mathrm{e}^{-2x})(1-\mathrm{e}^{-2y}), & x>0, \ y>0 \\ 0, & \text{其他} \end{cases}$. 则 (X, Y) 的概率密度为 (D).

A. $f(x, y) = \begin{cases} 2\mathrm{e}^{-2x}, & x>0, \ y>0 \\ 0, & \text{其他} \end{cases}$

B. $f(x, y) = \begin{cases} 2\mathrm{e}^{-2(x+y)}, & x>0, \ y>0 \\ 0, & \text{其他} \end{cases}$

C. $f(x, y) = \begin{cases} 1-\mathrm{e}^{-2x}-\mathrm{e}^{-y}+2\mathrm{e}^{-2(x+y)}, & x>0, \ y>0 \\ 0, & \text{其他} \end{cases}$

D. $f(x, y) = \begin{cases} 4\mathrm{e}^{-2(x+y)}, & x>0, \ y>0 \\ 0, & \text{其他} \end{cases}$

3. 盒子里装有 3 只黑球, 2 只红球, 2 只白球, 在其中任取 4 只球. 以 X 表示取到黑球的只数, 以 Y 表示取到红球的只数, 试求: (1) X 和 Y 的联合分布律; (2) $P\{X > Y\}$.

解: (1) 由题意可知, 随机变量 X 的所有可能取值为 0, 1, 2, 3; 随机变量 Y 的所有可能取值为 0, 1, 2,

且 $P\{X=0, Y=0\} = P\{X=0, Y=1\} = P\{X=1, Y=0\} = P\{X=3, Y=2\} = 0$

$$P\{X = 0, Y = 2\} = \frac{C_2^2 C_2^2}{C_7^4} = \frac{1}{35}, \quad P\{X = 1, Y = 1\} = \frac{C_3^1 C_2^1 C_2^2}{C_7^4} = \frac{6}{35}$$

$$P\{X = 1, Y = 2\} = \frac{C_3^1 C_2^2 C_2^1}{C_7^4} = \frac{6}{35}, \quad P\{X = 2, Y = 0\} = \frac{C_3^2 C_2^2}{C_7^4} = \frac{3}{35}$$

$$P\{X = 2, Y = 1\} = \frac{C_3^2 C_2^1 C_2^1}{C_7^4} = \frac{12}{35}, \quad P\{X = 2, Y = 2\} = \frac{C_3^2 C_2^2}{C_7^4} = \frac{3}{35}$$

$$P\{X = 3, Y = 0\} = \frac{C_3^3 C_2^2}{C_7^4} = \frac{2}{35}, \quad P\{X = 3, Y = 1\} = \frac{C_3^3 C_2^1}{C_7^4} = \frac{2}{35}$$

所以随机变量 X 和 Y 的联合分布律如表 4.1.4 所示

表 4.1.4

X	Y			
	0	1	2	3
0	0	0	$\frac{3}{35}$	$\frac{2}{35}$
1	0	$\frac{6}{35}$	$\frac{12}{35}$	$\frac{2}{35}$
2	$\frac{1}{35}$	$\frac{6}{35}$	$\frac{3}{35}$	0

(2) $P\{X>Y\} = P\{X=2, Y=0\} + P\{X=2, Y=1\} +$
$\qquad P\{X=3, Y=0\} + P\{X=3, Y=1\}$

$$= \frac{3}{35} + \frac{12}{35} + \frac{2}{35} + \frac{2}{35} = \frac{19}{35}$$

所以 $P\{X>Y\}$ 的值为 $\frac{19}{35}$.

4. 一家糖果公司分发装有巧克力的盒子，在白巧克力和黑巧克力表面都涂有奶油、太妃糖和坚果．随机的挑选一个盒子，令 X 和 Y 分别表示白巧克力和黑巧克力中奶油的比例．假设 X 和 Y 的联合概率密度为：

$$f(x, y) = \begin{cases} \dfrac{2}{5}(2x + 3y), & 0 \leqslant x \leqslant 1, \ 0 \leqslant y \leqslant 1 \\ 0, & \text{其他} \end{cases}$$

(1) 证明 $\displaystyle\int_{-\infty}^{+\infty}\int_{-\infty}^{+\infty} f(x, y)\mathrm{d}x\mathrm{d}y = 1$；

(2) 求 $P\{(X, Y) \in A\}$，其中 $A = \left\{(x, y) \mid 0 < x < \dfrac{1}{2}, \ \dfrac{1}{4} < y < \dfrac{1}{2}\right\}$．

(1) **证明：**

$$\int_{-\infty}^{\infty}\int_{-\infty}^{\infty} f(x, y)\mathrm{d}x\mathrm{d}y = \int_0^1\int_0^1 \frac{2}{5}(2x + 3y)\mathrm{d}x\mathrm{d}y = \int_0^1 \left(\frac{2x^2}{5} + \frac{6xy}{5}\right)\bigg|_{x=0}^{x=1}\mathrm{d}y$$

$$= \int_0^1 \left(\frac{2}{5} + \frac{6y}{5}\right)\mathrm{d}y = \left(\frac{2y}{5} + \frac{3y^2}{5}\right)\bigg|_0^1 = \frac{2}{5} + \frac{3}{5} = 1$$

(2) **解：**

$$P\{(X, Y) \in A\} = P\left\{0 < X < \frac{1}{2}, \ \frac{1}{4} < Y < \frac{1}{2}\right\}$$

$$= \int_{\frac{1}{4}}^{\frac{1}{2}}\int_0^{\frac{1}{2}} \frac{2}{5}(2x + 3y)\mathrm{d}x\mathrm{d}y = \int_{\frac{1}{4}}^{\frac{1}{2}}\left(\frac{2x^2}{5} + \frac{6xy}{5}\right)\bigg|_0^{\frac{1}{2}}\mathrm{d}y$$

$$= \int_{\frac{1}{4}}^{\frac{1}{2}}\left(\frac{1}{10} + \frac{3y}{5}\right)\mathrm{d}y = \left(\frac{y}{10} + \frac{3y^2}{10}\right)\bigg|_{\frac{1}{4}}^{\frac{1}{2}}$$

$$= \frac{1}{10}\left[\left(\frac{1}{2} + \frac{3}{4}\right) - \left(\frac{1}{4} + \frac{3}{16}\right)\right] = \frac{13}{160}$$

五、拓展升华

(一) 广度拓展习题

令随机变量 X 表示某反应物的反应时间 (s)，随机变量 Y 表示某反应物开始发生的温度 $(°F)$，假设 X 和 Y 的联合概率密度为：

$$f(x, y) = \begin{cases} 4xy, & 0 < x < 1, 0 < y < 1 \\ 0, & \text{其他} \end{cases}$$

求：$(1) P\{0 \leqslant X \leqslant \dfrac{1}{2}, \dfrac{1}{4} \leqslant Y \leqslant \dfrac{1}{2}\}$；　$(2) P\{X < Y\}$.

答案：$(1) \dfrac{3}{48}$；$(2) \dfrac{1}{2}$.

（二）深度拓展习题

设二维随机变量 (X, Y) 的概率密度为：

$$f(x, y) = \begin{cases} k(6 - x - y), & 0 < x < 2, 2 < y < 4, \\ 0, & \text{其他} \end{cases}$$

试求：(1) 常数 k；$(2) P\{X + Y \leqslant 4\}$.

答案：$(1) \dfrac{1}{8}$；$(2) \dfrac{2}{3}$.

说明：

二维离散型随机变量及其分布律的知识结构相对独立，可放在课前进行前置研修，其中的"3. 二维离散型随机变量的联合分布函数"放在课堂探究环节由教师精讲时进行补充讲解.

第二节　边缘分布

学习目标

1. 会由联合分布函数确定边缘分布函数；

2. 会由联合分布律确定边缘分布律；

3. 会由联合概率密度确定边缘概率密度.

一、课堂探究（一）

二维随机变量 (X, Y) 作为一个整体时，我们用联合分布（一般情况下的联合分布函数，离散场合的联合分布律和连续场合的联合概率密度）来描述其统计规律性，它的分量 X 和 Y 都是随机变量，各自也有概率分布，称为边缘分布. 本节课我们将探讨如何由联合分布确定边缘分布.

(一) 二维随机变量的边缘分布函数

设 $F(x, y)$ 为二维随机变量 (X, Y) 的分布函数, $F_X(x)$, $F_Y(y)$ 分别为分量 X 和 Y 的分布函数, 也称为 (X, Y) 关于 X 和 Y 的边缘分布函数.

若 $F(x, y)$ 已知, 则 (X, Y) 关于 X 的边缘分布函数为

$$F_X(x) = P\{X \le x\} = P\{X \le x, Y < +\infty\} = F(x, +\infty) \quad (4.2.1)$$

即

$$F_X(x) = \lim_{y \to +\infty} F(x, y)$$

同理, (X, Y) 关于 Y 的边缘分布函数为

$$F_Y(y) = P(Y \le y) = P(X \le +\infty, Y \le y) = F(+\infty, y)$$

即

$$F_Y(y) = \lim_{x \to +\infty} F(x, y)$$

例4.2.1 设二维随机变量 (X, Y) 的联合分布函数为

$$F(x, y) = \frac{1}{\pi^2}\left(\frac{\pi}{2} + \arctan\frac{x}{2}\right)\left(\frac{\pi}{2} + \arctan\frac{y}{2}\right)$$

其中 A, B, C 为常数, $x, y \in (-\infty, +\infty)$. 试求:

(1) (X, Y) 关于 X 的边缘分布函数;

(2) $P\{X > 2\}$.

解: (1) $F_X(x) = \lim_{y \to +\infty} F(x, y) = \lim_{y \to +\infty} \frac{1}{\pi^2}\left(\frac{\pi}{2} + \arctan\frac{x}{2}\right)\left(\frac{\pi}{2} + \arctan\frac{y}{2}\right)$

$$= \frac{1}{\pi^2}\left(\frac{\pi}{2} + \arctan\frac{x}{2}\right)\left(\frac{\pi}{2} + \lim_{y \to +\infty}\arctan\frac{y}{2}\right)$$

$$= \frac{1}{\pi^2}\left(\frac{\pi}{2} + \arctan\frac{x}{2}\right) \cdot \left(\frac{\pi}{2} + \frac{\pi}{2}\right)$$

$$= \frac{1}{\pi}\left(\frac{\pi}{2} + \arctan\frac{x}{2}\right), \quad x \in (-\infty, +\infty)$$

(2) $P\{X > 2\} = 1 - P\{X \le 2\} = 1 - F_X(2) = 1 - \frac{1}{\pi}\left(\frac{\pi}{2} + \frac{\pi}{4}\right) = \frac{1}{4}$

(二) n 维随机变量的边缘分布函数

设 n 维随机变量 X_1, X_2, $\cdots$, X_n 的联合分布函数为 $F(x_1, x_2, \cdots, x_n)$.

则 $(X_1, X_2, \cdots, X_n)$ 关于 X_i 的边缘分布函数为

$$
\begin{aligned}
F_{X_i}(x_i) &= P\{X_i \leqslant x_i\} \\
&= P\{X_1 \leqslant +\infty, \cdots, X_{i-1} \leqslant +\infty, X_i \leqslant x_i, X_{i+1} \leqslant +\infty, \cdots, X_n \leqslant +\infty\} \\
&= F(+\infty, \cdots, +\infty, x_i, +\infty, \cdots, +\infty) \quad (i = 1, 2, \cdots, n)
\end{aligned}
$$

二、前置研修

(一) MOOC 自主研学内容

1. 二维离散型随机变量的边缘分布律

设二维离散型随机变量 (X, Y) 的分布律为

$$p_{ij} = P\{X = x_i, Y = y_j\}, \quad i, j = 1, 2, 3 \cdots$$

由式 (4.1.1) 和式 (4.2.1) 可知

$$F_X(x) = F(x, +\infty) = \sum_{x_i < x} \sum_{y_j < +\infty} p_{ij} = \sum_{x_i < x} \sum_{j=1}^{+\infty} p_{ij}$$

对照式 (3.3.1) 得随机变量 X 的分布律

$$P\{X = x_i\} = \sum_{j=1}^{+\infty} p_{ij}, \quad i = 1, 2, \cdots$$

此即二维离散型随机变量 (X, Y) 关于 X 的边缘分布律, 记为

$$p_{i.} = P\{X = x_i\} = \sum_{j=1}^{+\infty} p_{ij}, \quad i = 1, 2, \cdots$$

同理, (X, Y) 关于 Y 的边缘分布律为

$$p_{.j} = P\{Y = y_j\} = \sum_{i} P\{X = x_i, Y = y_j\} = \sum_{i} p_{ij}, \quad j = 1, 2, \cdots$$

我们常常将边缘分布律写在联合分布律表格的边缘上, 如表 4.2.1 所示。这也是 "边缘分布律" 这个名称的由来.

表 4.2.1 边缘分布率表

X	Y					
	y_1	y_2	$\cdots$	y_j	$\cdots$	$p_{i.}$
x_1	p_{11}	p_{12}	$\cdots$	p_{1j}	$\cdots$	$p_{1.}$
x_2	p_{21}	p_{22}	$\cdots$	p_{2j}	$\cdots$	$p_{2.}$
$\vdots$	$\vdots$	$\vdots$	$\vdots$	$\vdots$	$\cdots$	$\vdots$
x_i	p_{i1}	p_{i2}	$\cdots$	p_{ij}	$\cdots$	$p_{i.}$

续表

X	Y					
	y_1	y_2	...	y_j	...	$p_i.$
⋮	⋮	⋮	...	⋮	...	⋮
$p_{.j}$	$p._1$	$p._2$	...	$p._j$	...	1

例 4.2.2 令随机变量 X 表示某一数控机器在某一天中失灵的次数：1次、2次或3次，随机变量 Y 表示一名技术工人接到紧急维修电话的次数. 假设 X 和 Y 的联合分布律如表 4.2.2 所示：

表 4.2.2

X	Y		
	1	2	3
1	0.05	0.05	0.1
2	0.05	0.1	0.35
3	0	0.2	0.1

试求：(X, Y) 关于 X 的边缘分布律.

解：由题意可知，随机变量 X 的所有可能取值为 1，2，3.

又 $P\{X=1\} = P\{X=1, Y=1\} + P\{X=1, Y=2\} + P\{X=1, Y=3\} = 0.1$

$P\{X=2\} = P\{X=2, Y=1\} + P\{X=2, Y=2\} + P\{X=2, Y=3\} = 0.35$

$P\{X=3\} = P\{X=3, Y=1\} + P\{X=3, Y=2\} + P\{X=3, Y=3\} = 0.55$

所以二维随机变量 (X, Y) 关于 X 的边缘分布律如表 4.2.3 所示：

表 4.2.3

X	1	2	3
$p_i.$	0.1	0.35	0.55

2. n 维离散型随机变量的边缘分布律

设 n 维离散型随机变量 X_1，X_2，…，X_n 的联合分布律为表 4.2.4：

$$p(x_1, x_2, \cdots, x_n) \triangleq P\{X_1 = x_1, X_2 = x_2, \cdots, X_n = x_n\}$$

则 $(X_1, X_2, \cdots, X_n)$ 关于 X_i 的边缘分布律为

$$p(x_i) \triangleq P\{X_i = x_i\} = P\{X_1 < +\infty, \cdots, X_{i-1} < +\infty, X_i = x_i, X_{i+1} < +\infty, \cdots, X_n < +\infty\}$$

这里 x_i 可以取遍 X_i 所有可能取值 $(i = 1, 2, \cdots)$.

(二) SPOC 自主测试习题

设随机变量 X 与 Y 的联合分布律为表 4.2.4 所示：

表 4.2.4 X 与 Y 的联合分布律

X	Y	
	2	4
1	0.10	0.15
3	0.20	0.30
5	0.10	0.15

则 (X, Y) 关于 Y 的边缘分布律如表 4.2.5 所示：

表 4.2.5 (X, Y) 关于 Y 的边缘分布律

Y	1	3	5
$p_{i.}$	0.25	0.5	0.25

三、课堂探究 (二)

(一) 教师精讲

1. 二维连续型随机变量的边缘概率密度

设连续型随机变量 X 和 Y 的联合概率密度为 $f(x, y)$.

由式 (4.1.2) 和式 (4.2.1) 可知, (X, Y) 关于 X 的边缘分布函数为

$$F_X(x) = F(x, +\infty) = \int_{-\infty}^{x} \int_{-\infty}^{+\infty} f(x, y)\,\mathrm{d}y\mathrm{d}x$$

对照式 (4.4.1) 可知, X 是一个连续型随机变量, 其概率密度为

$$f_X(x) = \int_{-\infty}^{+\infty} f(x, y)\,\mathrm{d}y$$

此即二维连续型随机变量 (X, Y) 关于 X 的边缘概率密度.

同理, Y 也是一个连续型随机变量, (X, Y) 关于 Y 的边缘概率密度为

$$f_Y(y) = \int_{-\infty}^{+\infty} f(x, y)\,\mathrm{d}x$$

例 4.2.3 设二维随机变量 (X, Y) 的概率密度为

$$f(x, y) = \begin{cases} 48xy, & 0 < x < 1, \ x^3 < y < x^2 \\ 0, & \text{其他} \end{cases}$$

试求：(X, Y) 关于 X 的边缘概率密度 $f_X(x)$.

解： 由题意可知，$f_X(x) = \int_{-\infty}^{+\infty} f(x, y)\,\mathrm{d}y$.

当 $x \leqslant 0$ 或 $x \geqslant 1$ 时，因 $f(x, y) = 0$，故而 $f_X(x) = 0$.

当 $0 < x < 1$ 时，$f_X(x) = \int_{-\infty}^{+\infty} f(x, y)\,\mathrm{d}y$

$$= \int_{-\infty}^{x^3} 0\mathrm{d}y + \int_{x^3}^{x^2} 48xy\mathrm{d}y + \int_{x^2}^{+\infty} 0\mathrm{d}y = 24(x^5 - x^7)$$

所以 (X, Y) 关于 X 的边缘概率密度为

$$f_X(x) = \begin{cases} 24(x^5 - x^7), & 0 < x < 1 \\ 0, & \text{其他} \end{cases}$$

2. n 维连续型随机变量的边缘概率密度

设 n 维连续型随机变量 $(X_1, X_2, \cdots, X_n)$ 的分布函数和概率密度分别为 $F(x_1, x_2, \cdots, x_n)$ 和 $f(x_1, x_2, \cdots, x_n)$. 则 $(X_1, X_2, \cdots, X_n)$ 关于 X_i 的边缘分布函数为

$$F_{X_i}(x_i) = F(+\infty, \cdots, +\infty, x_i, +\infty, \cdots, +\infty)$$

$$= \int_{-\infty}^{x_i} \int_{-\infty}^{+\infty} \cdots \int_{-\infty}^{+\infty} f(x_1, x_2, \cdots, x_n)\mathrm{d}x_1 \cdots \mathrm{d}x_{i-1}\mathrm{d}x_{i+1} \cdots \mathrm{d}x_n \mathrm{d}x_i$$

于是 $(X_1, X_2, \cdots, X_n)$ 关于 X_i 的边缘概率密度为

$$f_{X_i}(x_i) = \int_{-\infty}^{+\infty} \cdots \int_{-\infty}^{+\infty} f(x_1, x_2, \cdots, x_n)\mathrm{d}x_1 \cdots \mathrm{d}x_{i-1}\mathrm{d}x_i\mathrm{d}x_{i+1} \cdots \mathrm{d}x_n (i = 1, 2, \cdots, n).$$

（二）学生内化

1. 设二维随机变量 (X, Y) 的概率密度为 $f(x, y) = \begin{cases} 3, & 0 < x < 1, \ 0 < y < x^2 \\ 0, & \text{其他} \end{cases}$.

则 (X, Y) 关于 Y 的边缘概率密度的计算公式为（C）.

A. $f_Y(y) = \begin{cases} \int_0^1 3\mathrm{d}x, & 0 < y < 1 \\ 0, & \text{其他} \end{cases}$

B. $f_Y(y) = \begin{cases} \int_0^{x^2} 3\mathrm{d}x, & 0 < y < 1 \\ 0, & \text{其他} \end{cases}$

C. $f_Y(y) = \begin{cases} \int_{\sqrt{y}}^1 3\mathrm{d}x, & 0 < y < 1 \\ 0, & \text{其他} \end{cases}$

D. $f_Y(y) = \begin{cases} \int_{x^2}^1 3\mathrm{d}x, & 0 < y < 1 \\ 0, & \text{其他} \end{cases}$

2. 设二维随机变量 (X, Y) 的概率密度为 $f(x, y) = \begin{cases} \dfrac{5y}{4}, & x^2 < y < 1 \\ 0, & \text{其他} \end{cases}$.

则 (X, Y) 关于 Y 的边缘概率密度 $f_Y(y)$ 为（C）.

A. $f_Y(y) = \begin{cases} \dfrac{5y}{2}, & 0 < y < 1 \\ 0, & \text{其他} \end{cases}$　　　　B. $f_Y(y) = \begin{cases} \dfrac{5y}{4}, & 0 < y < 1 \\ 0, & \text{其他} \end{cases}$

C. $f_Y(y) = \begin{cases} \dfrac{5y^{\frac{3}{2}}}{2}, & 0 < y < 1 \\ 0, & \text{其他} \end{cases}$　　　　D. $f_Y(y) = \begin{cases} \dfrac{5y^{\frac{3}{2}}}{4}, & 0 < y < 1 \\ 0, & \text{其他} \end{cases}$

四、课业延伸

1. 设二维随机变量 (X, Y) 的分布函数为

$$F(x, y) = \begin{cases} 1 - \mathrm{e}^{-x} - \mathrm{e}^{-y} + \mathrm{e}^{-x-y}, & x \geqslant 0, y \geqslant 0 \\ 0, & \text{其他} \end{cases}.$$

则（1）二维随机变量 (X, Y) 关于 X 的边缘分布函数为

$F_X(x) = \begin{cases} 1 - \mathrm{e}^{-x}, & x \geqslant 0 \\ 0, & x < 0 \end{cases}$；（2） X 的概率密度为 $f_X(x) = \begin{cases} \mathrm{e}^{-x}, & x \geqslant 0 \\ 0, & x < 0 \end{cases}$.

2. 一家糖果公司分发装有巧克力的盒子在白巧克力和黑巧克力表面都涂有奶油，太妃糖和坚果．随机的挑选一个盒子，令 X 和 Y 分别表示白巧克力和黑巧克力中奶油的比例．假设 X 和 Y 的联合概率密度为

$$f(x, y) = \begin{cases} \dfrac{2}{5}(2x + 3y), & 0 \leqslant x \leqslant 1, \ 0 \leqslant y \leqslant 1 \\ 0, & \text{其他} \end{cases}$$

则 (X, Y) 关于 Y 的边缘概率密度为 $f_Y(y) = \begin{cases} \dfrac{2(1 + 3y)}{5}, & 0 \leqslant y \leqslant 1 \\ 0, & \text{其他} \end{cases}$.

3. 令随机变量 X 表示某一数控机器在某一天中失灵的次数：1 次、2 次或 3 次. 随机变量 Y 表示一名技术工人接到紧急维修电话的次数. 假设 X 和 Y 的联合分布律如表 4.2.6 所示：

表 4.2.6

X	Y		
	1	2	3
1	0.05	0.05	0.1
2	0.05	0.1	0.35
3	0	0.2	0.1

试求：（1）(X, Y) 关于 X 的边缘分布律如表 4.2.7 所示；

（2）(X, Y) 关于 Y 的边缘分布律.

解：（1）由题意可知，随机变量 X 的所有可能取值为 1, 2, 3.

且 $P\{X = 1\} = P\{X = 1, Y = 1\} + P\{X = 1, Y = 2\} + P\{X = 1, Y = 3\}$
$= 0.05 + 0.05 + 0 = 0.1$

$P\{X = 2\} = P\{X = 2, Y = 1\} + P\{X = 2, Y = 2\} + P\{X = 2, Y = 3\}$
$= 0.05 + 0.1 + 0.2 = 0.35$

$P\{X = 3\} = P\{X = 3, Y = 1\} + P\{X = 3, Y = 2\} + P\{X = 3, Y = 3\}$
$= 0.1 + 0.35 + 0.1 = 0.55$

所以二维随机变量 (X, Y) 关于 X 的边缘分布律如表 4.2.7 所示：

表 4.2.7

X	1	2	3
$p_{i.}$	0.1	0.35	0.55

（2）由题意，随机变量 Y 的所有可能取值为 1，2，3．且

$P\{Y = 1\} = P\{X = 1, Y = 1\} + P\{X = 2, Y = 1\} + P\{X = 3, Y = 1\}$

$\qquad\qquad = 0.05 + 0.05 + 0.1 = 0.2$

同理

$P\{Y = 2\} = P\{X = 1, Y = 2\} + P\{X = 2, Y = 2\} + P\{X = 3, Y = 2\} = 0.5$

$P\{Y = 3\} = P\{X = 1, Y = 3\} + P\{X = 2, Y = 3\} + P\{X = 3, Y = 3\} = 0.3$

所以二维随机变量 (X, Y) 关于 Y 的边缘分布律如表 4.2.8 所示：

表 4.2.8

Y	1	2	3
$p._{j}$	0.2	0.5	0.3

4. 一家私营酒店有两台设备，一台是机器操作的，另一台是人工操作的．随机的选取一天，令 X，Y 分别表示使用机器操作的设备和人工操作的设备的工作时间的比例，假设 X 和 Y 的联合概率密度为

$$f(x, y) = \begin{cases} \dfrac{2}{3}(x + 2y), & 0 \leq x \leq 1, 0 \leq y \leq 1 \\ 0, & \text{其他} \end{cases}$$

试求：（1）(X, Y) 关于 X 的边缘概率密度；

　　　（2）机器操作的设备所工作时间少于一半的概率．

解：（1）当 $x < 0$ 或 $x > 1$ 时，$f_X(x) = 0$

当 $0 \leq x \leq 1$ 时，$f_X(x) = \displaystyle\int_{-\infty}^{\infty} f(x, y)\,\mathrm{d}y$

$$= \int_0^1 \frac{2}{3}(x + 2y)\,\mathrm{d}y = \frac{2}{3}(xy + y^2)\,\Big|_0^1 = \frac{2}{3}(x + 1)$$

所以 (X, Y) 关于 X 的边缘概率密度 $f_X(x) = \begin{cases} \dfrac{2}{3}(x + 1), & 0 \leq x \leq 1 \\ 0, & \text{其他} \end{cases}$

（2）设事件 $A = \{$机器操作的设备所工作时间少于一半$\}$，则

$$P(A) = P\{X < 0.5\} = \int_0^{0.5} f_X(x)\,\mathrm{d}x = \int_0^{0.5} \frac{2}{3}(x+1)\,\mathrm{d}x$$

$$= \frac{2}{3}\left(\frac{1}{2}x^2 + x\right)\Bigg|_0^{0.5} = \frac{2}{3}\left(\frac{1}{2}\times 0.5^2 + 0.5\right) = \frac{5}{12} \approx 0.4167$$

所以机器操作的设备所工作时间少于一半的概率为 0.4167.

五、拓展升华

(一) 广度拓展习题

令随机变量 X 表示某反应物的反应时间 (s)，随机变量 Y 表示某反应开始发生时的温度 ($°F$)，假设 X 和 Y 的联合概率密度为

$$f(x, y) = \begin{cases} 4xy, & 0 < x < 1, \ 0 < y < 1 \\ 0, & \text{其他} \end{cases}$$

试求：(1) (X, Y) 关于 X 的边缘概率密度；

(2) (X, Y) 关于 Y 的边缘概率密度.

答案： (1) $f_X(x) = \begin{cases} 2x, & 0 < x < 1 \\ 0, & \text{其他} \end{cases}$; (2) $f_Y(y) = \begin{cases} 2y, & 0 < y < 1 \\ 0, & \text{其他} \end{cases}$.

(二) 深度拓展习题

1. 将一枚硬币连掷 3 次，以 X 表示前 2 次中出现 H 的次数，以 Y 表示 3 次中出现 H 的次数.

试求：(1) 随机变量 X，Y 的联合分布律；

(2) 二维随机变量 (X, Y) 关于 Y 的边缘分布律.

答案： (1) 随机变量 X 与 Y 的联合分布律如表 4.2.9 所示：

表 4.2.9

X	Y			
	0	1	2	3
0	$\frac{1}{8}$	$\frac{1}{8}$	0	0

续表

X	Y			
	0	1	2	3
1	0	$\frac{1}{4}$	$\frac{1}{4}$	0
2	0	0	$\frac{1}{8}$	$\frac{1}{8}$

（2）二维随机变量 (X, Y) 关于 Y 的边缘分布律如表 4.2.10 所示：

表 4.2.10

Y	0	1	2	3
$p._j$	$\frac{1}{8}$	$\frac{3}{8}$	$\frac{3}{8}$	$\frac{1}{8}$

2. 设二维随机变量 (X, Y) 的概率密度为 $f(x, y) = \begin{cases} cx^2y, & x^2 \leqslant y \leqslant 1 \\ 0, & 其他 \end{cases}$

试求：（1）常数 c；（2）二维随机变量 (X, Y) 关于 X 的边缘概率密度.

答案：（1）$c = \dfrac{21}{4}$；

（2）(X, Y) 关于 X 的边缘概率密度为 $f_X(x) = \begin{cases} \dfrac{21}{8}x^2(1-x^4), & -1 \leqslant x \leqslant 1 \\ 0, & 其他 \end{cases}$.

第三节　条件分布

 学习目标

1. 会由联合分布律确定条件分布律；
2. 会由联合概率密度确定条件概率密度；
3. 由事件独立性到随机变量独立性学习体会数学类比思想.

一、前置研修

(一) MOOC 自主研学内容

二维离散型随机变量的条件分布律

当 (X, Y) 为二维离散型随机变量时，条件概率分布特指条件分布律．

设二维离散型随机变量 (X, Y) 的联合分布律为

$$p_{ij} \triangleq P\{X = x_i, Y = y_j\}, \; i, j = 1, 2, \cdots$$

(X, Y) 关于 X 和 Y 的边缘分布律分别为

$$p_{i.} = P\{X = x_i\} = \sum_{j=1}^{+\infty} p_{ij}, \; i = 1, 2, \cdots$$

$$p_{.j} = P\{Y = y_j\} = \sum_{i=1}^{+\infty} p_{ij}, \; j = 1, 2, \cdots$$

定义 4.3.1 设 (X, Y) 是二维离散型随机变量，对于固定的 j，若 $P\{Y = y_j\} > 0$，则称

$$P\{X = x_i \mid Y = y_j\} = \frac{P\{X = x_i, Y = y_j\}}{P\{Y = y_j\}} \triangleq \frac{p_{ij}}{p_{.j}}, \quad i = 1, 2, \cdots \quad (4.3.1)$$

为在 $Y = y_j$ 的条件下随机变量 X 的条件分布律．

对于固定的 i，若 $P\{X = x_i\} > 0$，则称

$$P\{Y = y_j \mid X = x_i\} = \frac{P\{X = x_i, Y = y_j\}}{P\{X = x_i\}} \triangleq \frac{p_{ij}}{p_{i.}}, \; j = 1, 2, \cdots$$

为在 $X = x_i$ 的条件下随机变量 Y 的条件分布律．

例 4.3.1 设二维随机变量 (X, Y) 的分布律如表 4.3.1 所示：

表 4.3.1

X	Y		
	− 1	0	1
0	0.1	0.2	0.1
1	0.3	0.1	0.2

试求：在 $Y = 1$ 的条件下随机变量 X 的条件分布律．

解：因为

$$P\{Y = 1\} = P\{X = 0, Y = 1\} + P\{X = 1, Y = 1\} = 0.1 + 0.2 = 0.3$$

又随机变量 X 的所有可能取值为-1，0，1，且

$$P\{X = 0 \mid Y = 1\} = \frac{P\{X = 0, \ Y = 1\}}{P\{Y = 1\}} = \frac{0.1}{0.3} = \frac{1}{3}$$

$$P\{X = 1 \mid Y = 1\} = \frac{P\{X = 1, \ Y = 1\}}{P\{Y = 1\}} = \frac{0.2}{0.3} = \frac{2}{3}$$

所以，在 $Y = 1$ 的条件下随机变量 X 的条件分布律如表4.3.2所示：

表4.3.2

X	0	1
$P\{X = k \mid Y = 1\}$	1/3	2/3

例4.3.2 把两封信随机地投入已经编好号的 3 个邮筒内，设随机变量 X，Y 分别表示投入第 1、第 2 号邮筒内信的数目．试求：在 $Y = 0$ 条件下随机变量 X 的条件分布律．

解：由题意可知，随机变量 X 的所有可能取值为 0，1，2.

又 $P\{Y = 0\} = \dfrac{4}{9}$ ，于是

$$P\{X = 0 \mid Y = 0\} = \frac{P\{X = 0, \ Y = 0\}}{P\{Y = 0\}} = \frac{1/9}{4/9} = \frac{1}{4} = 0.25$$

$$P\{X = 1 \mid Y = 0\} = \frac{P\{X = 1, \ Y = 0\}}{P\{Y = 0\}} = \frac{2/9}{4/9} = \frac{1}{2} = 0.5$$

$$P\{X = 2 \mid Y = 0\} = \frac{P\{X = 2, \ Y = 0\}}{P\{Y = 0\}} = \frac{1/9}{4/9} = \frac{1}{4} = 0.25$$

所以，在 $Y = 0$ 的条件下 X 的条件分布律如表4.3.3所示：

表4.3.3

X	0	1	2
$P\{X = i \mid Y = 0\}$	0.25	0.5	0.25

（二）SPOC 自主测试习题

1. 令随机变量 X 表示某一数控机器在某一天中失灵的次数：1 次、2 次或 3 次．随机变量 Y 表示一名技术工人接到紧急维修电话的次数．假设 X 和 Y 的联合分布律如表4.3.4所示：

表 4.3.4

X	Y		
	1	2	3
1	0.05	0.05	0.1
2	0.05	0.1	0.35
3	0	0.2	0.1

则 $P\{Y = 2 \mid X = 3\} = \underline{0.6364}$.

2. 设二维随机变量 (X, Y) 的分布律如表 4.3.5 所示:

表 4.3.5

X	Y		
	1	2	3
1	0.04	0.24	0.12
2	0.06	0.36	0.18

试求:(1) 在 $Y = 3$ 的条件下随机变量 X 的条件分布律;

(2) $P\{Y = 2 \mid X = 1\}$.

解:(1) 因为

$$P\{Y = 3\} = P\{X = 1, Y = 3\} + P\{X = 2, Y = 3\} = 0.12 + 0.18 = 0.3$$

又随机变量 X 的所有可能取值为 1,2,且

$$P\{X = 1 \mid Y = 3\} = \frac{P\{X = 1, Y = 3\}}{P\{Y = 3\}} = \frac{0.12}{0.3} = 0.4$$

$$P\{X = 2 \mid Y = 3\} = \frac{P\{X = 2, Y = 3\}}{P\{Y = 3\}} = \frac{0.18}{0.3} = 0.6$$

所以,在 $Y = 3$ 的条件下,随机变量 X 的条件分布律如表 4.3.6 所示:

表 4.3.6

X	1	2
$P\{X = k \mid Y = 3\}$	0.4	0.6

(2) $P\{Y = 2 \mid X = 1\} = \dfrac{P\{X = 1, Y = 2\}}{P\{X = 1\}} = \dfrac{0.24}{0.4} = 0.6$

二、课堂探究

(一) 教师精讲

1. 二维连续型随机变量的条件概率密度

当 (X, Y) 为二维连续型随机变量时，条件概率分布包括条件分布函数和条件概率密度，常用条件概率密度. 给出以下的定义：

定义 4.3.2 设二维随机变量 (X, Y) 的概率密度为 $f(x, y)$，(X, Y) 关于 Y 的边缘概率密度为 $f_Y(y)$. 若对于固定的 y，$f_Y(y) > 0$，则称 $\dfrac{f(x, y)}{f_Y(y)}$ 为在 $Y = y$ 的条件下 X 的条件概率密度，记为

$$f_{X|Y}(x \mid y) = \frac{f(x, y)}{f_Y(y)} \text{❶} \qquad (4.3.2)$$

称 $\displaystyle\int_{-\infty}^{x} f_{X|Y}(x \mid y)\,\mathrm{d}x = \int_{-\infty}^{x} \frac{f(x, y)}{f_Y(y)}\mathrm{d}x$ 为在 $Y = y$ 的条件下 X 的条件分布函数，记为 $P\{X \leqslant x \mid Y = y\}$ 或 $F_{X|Y}(x \mid y)$，即

$$F_{X|Y}(x \mid y) = P\{X \leqslant x \mid Y = y\} = \int_{-\infty}^{x} \frac{f(x, y)}{f_Y(y)}\mathrm{d}x$$

类似地，可以定义在 $Y = y$ 的条件下 X 的条件概率密度和条件分布函数

$$f_{Y|X}(y \mid x) = \frac{f(x, y)}{f_X(x)}, \quad F_{Y|X}(y \mid x) = \int_{-\infty}^{y} \frac{f(x, y)}{f_X(x)}\mathrm{d}y$$

2. 区域 D 上的均匀分布

设 D 是平面上的有界区域，其面积为 A. 如果二维随机变量 (X, Y) 的概率密度为

$$f(x, y) = \begin{cases} \dfrac{1}{A}, & (x, y) \in D \\ 0, & \text{其他} \end{cases}$$

则称二维随机变量 (X, Y) 服从区域 D 上的均匀分布.

---

❶ 条件概率密度满足条件：$f_{X|Y}(x \mid y) = \dfrac{f(x, y)}{f_Y(y)} \geqslant 0$；

$\displaystyle\int_{-\infty}^{\infty} f_{X|Y}(x \mid y)\,\mathrm{d}x = \int_{-\infty}^{+\infty} \frac{f(x, y)}{f_Y(y)}\mathrm{d}x = \frac{1}{f_Y(y)}\int_{-\infty}^{+\infty} f(x, y)\,\mathrm{d}x = 1$

例 4.3.3 设二维随机变量 (X, Y) 在圆域 $D = \{(x, y) \mid x^2 + y^2 \leq 1\}$ 上服从均匀分布，求 $f_{X|Y}(x \mid y)$.

解：由题意可知，随机变量 X 和 Y 的联合概率密度为

$$f(x, y) = \begin{cases} \dfrac{1}{\pi}, & x^2 + y^2 \leq 1 \\ 0, & \text{其他} \end{cases}$$

于是 (X, Y) 关于 Y 的边缘概率密度为

$$f_Y(y) = \int_{-\infty}^{+\infty} f(x, y)\,\mathrm{d}x = \begin{cases} \displaystyle\int_{-\sqrt{1-y^2}}^{\sqrt{1-y^2}} \dfrac{1}{\pi}\,\mathrm{d}x = \dfrac{2}{\pi}\sqrt{1-y^2}, & |y| \leq 1 \\ 0, & \text{其他} \end{cases}$$

于是当 $|y| < 1$ 时有

$$f_{X|Y}(x \mid y) = \frac{f(x, y)}{f_Y(y)} = \begin{cases} \dfrac{\dfrac{1}{\pi}}{\dfrac{2}{\pi}\sqrt{1-y^2}} = \dfrac{1}{2\sqrt{1-y^2}}, & |x| \leq \sqrt{1-y^2} \\ 0, & \text{其他} \end{cases}$$

当 $y = 0$ 和 $y = \dfrac{1}{2}$ 时 $f_{X|Y}(x \mid y)$ 的图形分别如图 4.3.1 和图 4.3.2 所示.

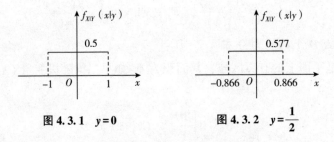

图 4.3.1　$y = 0$　　　　　图 4.3.2　$y = \dfrac{1}{2}$

例 4.3.4 设数 X 在区间 $(0, 1)$ 上随机地取值，当观察到 $X = x\,(0 < x < 1)$ 时，数 Y 在区间 $(x, 1)$ 上随机地取值. 求 Y 的概率密度 $f_Y(y)$.

解：由题意可知，X 的概率密度为

$$f_X(x) = \begin{cases} 1, & 0 < x < 1 \\ 0, & \text{其他} \end{cases}$$

对于任意给定的值 $x\,(0 < x < 1)$，在 $X = x$ 的条件下 Y 的条件概率密度为

$$f_{Y|X}(y \mid x) = \begin{cases} \dfrac{1}{1-x}, & x < y < 1 \\ 0, & \text{其他} \end{cases}$$

由式（4.3.2）得 X 和 Y 的联合概率密度为

$$f(x, y) = f_{Y|X}(y \mid x)f_X(x) = \begin{cases} \dfrac{1}{1-x}, & 0 < x < y < 1 \\ 0, & \text{其他} \end{cases}$$

从而得到 Y 的概率密度为

$$f_Y(y) = \int_{-\infty}^{+\infty} f(x, y)\,\mathrm{d}x = \begin{cases} \displaystyle\int_0^y \dfrac{1}{1-x}\,\mathrm{d}x = -\ln(1-y), & 0 < y < 1 \\ 0, & \text{其他} \end{cases}$$

（二）学生内化

设二维随机变量 (X, Y) 在区域 $D = \{(x, y) \mid x \geqslant 0,\ y \geqslant 0,\ x + y \leqslant 1\}$ 上服从均匀分布. 则

（1）二维随机变量 (X, Y) 的概率密度为

$$f(x, y) = \begin{cases} 2, & (x, y) \in D \\ 0, & \text{其他} \end{cases};$$

（2）二维随机变量 (X, Y) 关于 X 的边缘概率密度为

$$f_X(x) = \begin{cases} 2(1-x), & 0 < x < 1 \\ 0, & \text{其他} \end{cases};$$

（3）在 $X = x$ 的条件下 Y 的条件概率密度：

当 $0 < x < 1$ 时，$f_{Y|X}(y|x) = \begin{cases} \dfrac{1}{1-x}, & 0 < y < 1-x \\ 0, & \text{其他} \end{cases}.$

三、课业延伸

二维连续型随机变量 (X, Y) 的概率密度为

$$f(x, y) = \begin{cases} 10xy^2, & 0 < x < y < 1 \\ 0, & \text{其他} \end{cases}$$

其中 X 为单位温度变化，Y 为产生一个原子粒子光谱改变的比例. 试求：

(1) 在 $X = x$ 的条件下，Y 的条件概率密度为 $f_{Y|X}(y|x) = \dfrac{f(x, y)}{f_X(x)}$;

(2) 已知温度增加 0.25 个单位时，光谱改变比例超过总观察的 50% 的概率.

解：(1) 因为 (X, Y) 关于 X 的边缘概率密度为

$$f_X(x) = \int_{-\infty}^{+\infty} f(x, y)\mathrm{d}y \begin{cases} = \int_x^1 10xy^2\mathrm{d}y = \dfrac{10}{3}xy^3 \Big|_x^1 = \dfrac{10}{3}x(1 - x^3), & 0 < x < 1 \\ 0, & \text{其他} \end{cases}$$

所以，当 $0 < x < 1$ 时，Y 的条件概率密度为

$$f_{Y|X}(y|x) = \dfrac{f(x, y)}{f_X(x)} = \begin{cases} \dfrac{10xy^2}{\dfrac{10}{3}x(1 - x^3)} = \dfrac{3y^2}{1 - x^3}, & x < y < 1 \\ 0, & \text{其他} \end{cases}$$

(2) $P\left\{Y > \dfrac{1}{2} \mid X = 0.25\right\} = \int_{\frac{1}{2}}^1 f_{Y|X}(y \mid x = 0.25)\mathrm{d}y$

$$= \int_{\frac{1}{2}}^1 \dfrac{3y^2}{1 - 0.25^3}\mathrm{d}y = \dfrac{64}{63}y^3 \Big|_{\frac{1}{2}}^1 = \dfrac{64}{63}\left(1^3 - \dfrac{1}{2}^3\right) = \dfrac{8}{9}$$

四、拓展升华

(一) 广度拓展习题

（美）Ronald E. Walpole 等著，周勇等译的《理工科概率统计》：第 70 页第 3.41、3.51、3.55 题.

(二) 深度拓展习题

1. 设二维随机变量 (X, Y) 在曲线 $y = \sin x (0 \leqslant x \leqslant \pi)$ 和 x 轴围成的区域 D 上服从均匀分布，则 $P\left\{X \leqslant \dfrac{\pi}{3}\right\} = \underline{0.25}$.

2. 设二维随机变量 (X, Y) 的概率密度为 $f(x, y) = \begin{cases} \dfrac{21}{4}x^2y, & x^2 \leqslant y \leqslant 1 \\ 0, & \text{其他} \end{cases}$

试求：(1) 在 $X = x$ 的条件下 Y 的条件概率密度；(2) $P\left\{Y \geqslant \dfrac{1}{4} \Big| X = \dfrac{1}{2}\right\}$.

答案: (1) 当 $-1 < x < 1$ 时,随机变量 Y 的条件概率密度为

$$f_{Y|X}(y \mid x) = \begin{cases} = \dfrac{2y}{1 - x^4}, & x^2 \le y \le 1 \\ 0, & \text{其他} \end{cases};$$

(2) $P\left\{Y \ge \dfrac{1}{4} \mid X = \dfrac{1}{2}\right\} = 1.$

第四节 随机变量的独立性

 学习目标 ——————————————————

1. 会判断一般场合随机变量的独立性、离散型随机变量的独立性和连续型随机变量的独立性;

2. 理解随机向量的独立性;

3. 当随机变量相互独立时,会用边缘概率分布确定联合概率分布;

4. 由事件独立性到随机变量独立性学习体会数学类比思想.

一、前置研修

(一) MOOC 自主研学内容

事件的独立性告诉我们在一次试验中,若事件 A 发生与否对事件 B 发生的概率没有影响,那么这两个事件就是独立的. 我们由此受到启发,如果随机变量 X 表示的每一个事件与随机变量 Y 表示的每一个事件都相互独立的话,就称随机变量 X 与 Y 相互独立.

1. 一般随机变量的独立性

(1) 二维随机变量的独立性

定义 4.4.1 设 $F(x, y)$ 及 $F_X(x)$,$F_Y(y)$ 分别是二维随机变量 (X, Y) 的分布函数及边缘分布函数,若对任意实数 x,y 都有

$$P\{X \le x, Y \le y\} = P\{X \le x\}P\{Y \le y\}$$

即

$$F(x, y) = F_X(x)F_Y(y)$$

则称随机变量 X 和 Y 相互独立.

例4.4.1 已知随机变量 (X, Y) 的分布函数为

$$F(x, y) = \begin{cases} (1 - e^{-\alpha x})y, & x \geq 0, \ 0 \leq y \leq 1 \\ 1 - e^{-\alpha x}, & x \geq 0, \ y > 1 \\ 0, & \text{其他} \end{cases} \quad (\alpha > 0)$$

试问：随机变量 X 与 Y 是否相互独立?

解：因为

$$F_X(x) = \lim_{y \to \infty} F(x, y) = \begin{cases} 1 - e^{-\alpha x}, & x \geq 0, \ \alpha > 0 \\ 0, & \text{其他} \end{cases}$$

$$F_Y(y) = \lim_{x \to \infty} F(x, y) = \begin{cases} y, & 0 \leq y \leq 1 \\ 1, & y > 1 \\ 0, & \text{其他} \end{cases}$$

于是，对于任意实数 x, y 都有

$$F(x, y) = F_X(x) \cdot F_Y(y)$$

所以随机变量 X 与 Y 相互独立.

(2) n 维随机变量的独立性

定义4.4.2 设 $F(x_1, x_2, \cdots, x_n)$，$F_{xi}(x_i)$ $(i = 1, 2, \cdots, n)$ 分别是 n 维随机变量 $(X_1, X_2, \cdots, X_n)$ 的分布函数和边缘分布函数. 若对任意实数 $x_1, x_2, \cdots, x_n$ 都有

$$F(x_1, x_2, \cdots, x_n) = F_{X_1}(x_1) F_{X_2}(x_2) \cdots F_{X_n}(x_n)$$

则称随机变量 $X_1, X_2, \cdots, X_n$ 相互独立.

2. 离散型随机变量的独立性

(1) 二维离散型随机变量的独立性

设二维离散型随机变量 (X, Y) 的联合分布律如表4.4.1所示：

$$p_{ij} \triangleq P\{X = x_i, Y = y_j\}, \ i, j = 1, 2, \cdots$$

(X, Y) 关于 X 和 Y 的边缘分布律分别为

$$p_{i.} = P\{X = x_i\} = \sum_{j=1}^{+\infty} p_{ij}, \ i = 1, 2, \cdots$$

$$p_{.j} = P\{Y = y_j\} = \sum_{i=1}^{+\infty} p_{ij}, \ j = 1, 2, \cdots$$

则 X 与 Y 相互独立等价于

$$P\{X = x_i, Y = y_j\} = P\{X = x_i\} P\{Y = y_j\}, \ i, j = 1, 2, \cdots$$

即

$$p_{ij} = p_{i.} p_{.j} \quad i, j = 1, 2, \cdots$$

例 4.4.2 已知二维离散型随机变量 X 和 Y 的联合分布律如表 4.4.1 所示:

表 4.4.1

X	Y	
	1	2
1	1/3	1/6
2	a	1/9
3	b	1/18

试确定常数 a, b, 使 X 与 Y 相互独立.

解: 由题意可知, 若 X 与 Y 相互独立, 则

$$P\{X = 2, Y = 2\} = P\{X = 2\} \cdot P\{Y = 2\}$$
$$P\{X = 3, Y = 2\} = P\{X = 3\} \cdot P\{Y = 2\}$$

又

$$P\{X = 2\} = P\{X = 2, Y = 1\} + P\{X = 2, Y = 2\} = a + 1/9$$
$$P\{X = 3\} = P\{X = 3, Y = 1\} + P\{X = 3, Y = 2\} = b + 1/18$$
$$P\{Y = 2\} = P\{X = 1, Y = 2\} + P\{X = 2, Y = 2\} + P\{X = 3, Y = 2\} = 1/3$$

从而

$$\begin{cases} \dfrac{1}{9} = \left(a + \dfrac{1}{9}\right) \cdot \dfrac{1}{3} \\ \dfrac{1}{18} = \left(b + \dfrac{1}{18}\right) \cdot \dfrac{1}{3} \end{cases}$$

解得 $a = \dfrac{2}{9}$, $b = \dfrac{1}{9}$.

此时对于任意的 $i = 1, 2, 3$ 和 $j = 1, 2$, $p_{ij} = p_{i.} p_{.j}$ 均成立.

所以当 $a = \dfrac{2}{9}$, $b = \dfrac{1}{9}$ 时, 随机变量 X 与 Y 相互独立.

(2) n 维离散型随机变量的独立性

设 n 维离散型随机变量 X_1, X_2, $\cdots$, X_n 的联合分布律和边缘分布律分

别为

$$p(x_1, x_2, \cdots, x_n) \triangleq P\{X_1 = x_1, X_2 = x_2, \cdots, X_n = x_n\}$$
$$p(x_i) \triangleq P\{X_i = x_i\}, \ i = 1, 2, \cdots$$

则 $X_1, X_2, \cdots, X_n$ 相互独立等价于

$$P\{X_1 = x_1, X_2 = x_2, \cdots, X_n = x_n\} = P\{X_1 = x_1\} P\{X_2 = x_2\} \cdots P\{X_n = x_n\}$$

即

$$p(x_1, x_2, \cdots, x_n) = p(x_1)p(x_2)\cdots p(x_n)$$

这里 x_i 可以取遍 X_i 所有可能取值 $(i = 1, 2, \cdots, n)$.

(二) SPOC 自主测试习题

1. 设两个随机变量 X 与 Y 独立同分布, 且 $P\{X = -1\} = P\{Y = -1\} = 0.5$, $P\{X = 1\} = P\{Y = 1\} = 0.5$, 则 $P\{X = Y\} = \underline{\quad 0.5 \quad}$, $P\{X + Y = 0\} = \underline{\quad 0.5 \quad}$, $P\{XY = 1\} = \underline{\quad 0.5 \quad}$.

2. 设随机变量 X, Y 的的联合分布律如表 4.4.2 所示:

表 4.4.2

X	Y		
	1	3	5
2	0.1	0.2	0.1
4	0.15	0.3	0.15

试求: (1) (X, Y) 分别关于 X 和 Y 的边缘分布律; (2) 判断 X 与 Y 是否相互独立.

解: (1) 由题意可知, 随机变量 X 的所有可能取值为 2, 4

$$P\{X = 2\} = P\{X = 2, Y = 1\} + P\{X = 2, Y = 3\} + P\{X = 2, Y = 5\}$$
$$= 0.1 + 0.2 + 0.1 = 0.4$$
$$P\{X = 4\} = P\{X = 4, Y = 1\} + P\{X = 4, Y = 3\} + P\{X = 4, Y = 5\}$$
$$= 0.15 + 0.3 + 0.15 = 0.6$$

所以, 二维随机变量 (X, Y) 关于 X 的边缘分布律如表 4.4.3 所示:

表 4.4.3

X	2	4
p_k	0.4	0.6

同理，二维随机变量 (X, Y) 关于 Y 的边缘分布律如表 4.4.4 所示

表 4.4.4

Y	1	3	5
p_k	0.25	0.5	0.25

（2）因为对于任意的 i，j $(i=1,2, j=1,2,3)$ 都有

$$P\{X=i, Y=j\} = P\{X=i\} \cdot P\{Y=j\}$$

所以，随机变量 X 与 Y 相互独立.

二、课堂探究

（一）教师精讲

1. 连续型随机变量的独立性

（1）二维连续型随机变量的独立性

设 $f(x, y)$，$f_X(x)$，$f_Y(y)$ 分别为连续型随机变量 X 和 Y 的联合概率密度和边缘概率密度. 则 X 与 Y 相互独立等价于

$$f(x, y) = f_X(x)f_Y(y)$$

在 $f(x, y)$，$f_X(x)$，$f_Y(y)$ 的一切公共连续点上成立.

例 4.4.3 设 (X, Y) 的概率密度为

$$f(x, y) = \begin{cases} x\mathrm{e}^{-(x+y)}, & x>0, y>0 \\ 0, & \text{其他} \end{cases}$$

请判断 X 与 Y 是否相互独立？

解：因为 (X, Y) 的关于 X 和 Y 的边缘概率密度分别为

$$f_X(x) = \int_{-\infty}^{+\infty} f(x, y)\mathrm{d}y = \begin{cases} \int_0^{+\infty} x\mathrm{e}^{-(x+y)}\mathrm{d}y = x\mathrm{e}^{-x}, & x>0 \\ 0, & x \leqslant 0 \end{cases}$$

$$f_Y(y) = \int_{-\infty}^{+\infty} f(x,\ y)\mathrm{d}x = \begin{cases} \int_0^{+\infty} xe^{-(x+y)}\mathrm{d}x = e^{-y}, & y > 0 \\ \\ 0, & y \leqslant 0 \end{cases}$$

故对于任意的 x，y 都有 $f(x,\ y) = f_X(x)f_Y(y)$，所以 X 与 Y 相互独立．

（2）n 维连续型随机变量的独立性

设连续型随机变量 X_1，X_2，$\cdots$，X_n 的联合概率密度和边缘概率密度分别为 $f(x_1,\ x_2,\ \cdots,\ x_n)$ 和 $f_{X_i}(x_i)(i = 1,\ 2,\ \cdots,\ n)$．则 X_1，X_2，$\cdots$，X_n 相互独立等价于

$$f(x_1,\ x_2,\ \cdots,\ x_n) = f_{X_1}(x_1)f_{X_2}(x_2)\cdots f_{X_n}(x_n)$$

在 $f(x_1,\ x_2,\ \cdots,\ x_n)$ 和 $f_{X_i}(x_i)$ $(i = 1,\ 2,\ \cdots,\ n)$ 一切公共连续点上成立．

2. 随机向量的独立性

设 n 维随机向量 $(X_1,\ X_2,\ \cdots,\ X_n)$ 和 m 维随机向量 $(Y_1,\ Y_2,\ \cdots,\ Y_m)$ 的分布函数为分别为 $F_X(x_1,\ x_2,\ \cdots,\ x_n)$ 和 $F_Y(y_1,\ y_2,\ \cdots,\ y_m)$，$n + m$ 维随机向量 $(X_1,\ X_2,\ \cdots,\ X_n,\ Y_1,\ Y_2,\ \cdots,\ Y_m)$ 的分布函数为 $F(x_1,\ x_2,\ \cdots,\ x_n,\ y_1,\ y_2,\ \cdots,\ y_m)$．若对于任意的实数 x_1，x_2，$\cdots$，x_n；y_1，y_2，$\cdots$，y_m 都有

$$F(x_1,\ x_2,\ \cdots,\ x_n,\ y_1,\ y_2,\ \cdots,\ y_m) = F_X(x_1,\ x_2,\ \cdots,\ x_n) \cdot F_Y(y_1,\ y_2,\ \cdots,\ y_m)$$

则称 n 维随机向量 $(X_1,\ X_2,\ \cdots,\ X_n)$ 与 m 维随机向量 $(Y_1,\ Y_2,\ \cdots,\ Y_m)$ 相互独立．

定理 4.4.1 若随机向量 $(X_1,\ X_2,\ \cdots,\ X_n)$ 与 $(Y_1,\ Y_2,\ \cdots,\ Y_m)$ 相互独立，则 $X_i(i = 1,\ 2,\ \cdots,\ n)$ 与 $Y_j(j = 1,\ 2,\ \cdots,\ m)$ 也相互独立．

定理 4.4.2 若随机向量 $(X_1,\ X_2,\ \cdots,\ X_n)$ 与 $(Y_1,\ Y_2,\ \cdots,\ Y_m)$ 相互独立，且 h，g 都是连续函数，则 $h(X_1,\ X_2,\ \cdots,\ X_n)$ 与 $g(Y_1,\ Y_2,\ \cdots,\ Y_m)$ 也相互独立．

特别地，当 $n = m = 1$ 时，定理 3.4.2 可简化为

定理 4.4.3 设随机变量 X 与 Y 相互独立，且 h，g 都是连续函数，则 $h(X)$ 与 $g(Y)$ 也相互独立．

（二）学生内化

一家私营酒店有两台设备，一台是机器操作的，另一台是人工操作的．

随机的选取一天，令 X，Y 分别表示使用机器操作的设备和人工操作的设备的工作时间的比例，假设 X 和 Y 的联合概率密度为

$$f(x, y) = \begin{cases} \dfrac{2}{3}(x + 2y), & 0 \le x \le 1, \ 0 \le y \le 1 \\ 0, & 其他 \end{cases}$$

请问：X 与 Y 是否独立．

解：因为 $f_X(x) = \displaystyle\int_{-\infty}^{+\infty} f(x, y)\mathrm{d}y = \begin{cases} \dfrac{2}{3}(x + 1), & 0 \le x \le 1 \\ 0, & 其他 \end{cases}$

同理，$f_Y(y) = \begin{cases} \dfrac{1}{3}(1 + 4y), & 0 \le y \le 1 \\ 0, & 其他 \end{cases}$

故 $f(x, y) \ne f_X(x)f_Y(y)$，

所以 X 与 Y 不独立．

三、课业延伸

1. 设 X 与 Y 相互独立，且都服从 $p = 0.5$ 的两点分布，则以下正确的是（C）.

A. $X = Y$　　　　　　　　B. $P\{X = Y\} = 0$

C. $P\{X = Y\} = 0.5$　　　　D. $P\{X = Y\} = 1$

2. 设随机变量 X，Y 的的联合概率密度为 $f(x, y) = \begin{cases} 1/\pi, & x^2 + y^2 < 1 \\ 0, & 其他 \end{cases}$，则 X 与 Y 为（C）.

A. 独立同分布的随机变量　　　B. 独立不同分布的随机变量

C. 不独立同分布的随机变量　　D. 不独立也不同分布的随机变量

3. 若二维随机变量 (X, Y) 的联合概率密度为 $f(x, y) = \begin{cases} 2, & 0<y<x<1 \\ 0, & 其他 \end{cases}$，则 X 与 Y 相互独立．（×）

4. 某电子仪器由两个部件构成，其寿命（单位：千小时）X 与 Y 的联合分布函数为

$$F(x, y) = \begin{cases} 1 - e^{-0.5x} + e^{-0.5(x+y)} - e^{-0.5y}, & x \geqslant 0, \ y \geqslant 0 \\ 0, & \text{其他} \end{cases}$$

请问：

(1) 随机变量 X 与 Y 是否独立？

(2) 两部件的寿命都超过 100 小时的概率.

解：(1)

$$F_X(x) = \lim_{y \to +\infty} F(x, y) = \begin{cases} \lim\limits_{y \to +\infty} (1 - e^{-0.5x} + e^{-0.5(x+y)} - e^{-0.5y}), & x \geqslant 0 \\ 0, & x < 0 \end{cases}$$

$$= \begin{cases} 1 - e^{-0.5x}, & x \geqslant 0 \\ 0, & x < 0 \end{cases}$$

同理，$F_Y(y) = \begin{cases} 1 - e^{-0.5y}, & y \geqslant 0 \\ 0, & y < 0 \end{cases}$

于是，对于任意的 $x, y \in R$，都有 $F(x, y) = F_X(x) \cdot F_Y(y)$

所以随机变量 X 与 Y 相互独立.

$(2) P\{X > 100, Y > 100\} = P\{X > 100\} P\{Y > 100\}$

$$= [1 - F_X(100)][1 - F_Y(100)]$$

$$= [1 - (1 - e^{-0.5 \times 100})][1 - (1 - e^{-0.5 \times 100})] = e^{-100}$$

5. 假定某种纸盒包装易腐食品的保质期（单位：年）是一个随机变量，其概率密度为 $f(x) = \begin{cases} e^{-x}, & x > 0 \\ 0, & \text{其他} \end{cases}$. 用 X_1, X_2, X_3 分别表示独立选出的三盒食品的保质期，试求：$P\{X_1 < 2, \ 1 < X_2 < 3, \ X_3 > 2\}$.

解：因为食品是独立选出的，故随机变量 X_1, X_2, X_3 是相互独立的，所以

$$P\{X_1 < 2, \ 1 < X_2 < 3, \ X_3 > 2\} = P\{X_1 < 2\} \cdot P\{1 < X_2 < 3\} \cdot P\{X_3 > 2\}$$

$$= \int_0^2 e^{-x_1} dx_1 \int_1^3 e^{-x_2} dx_2 \int_2^{+\infty} e^{-x_3} dx_3 = (1 - e^{-2})(e^{-1} - e^{-3}) e^{-2} \approx 0.0372$$

四、拓展升华

深度拓展习题

1. 甲、乙两人独立地各进行两次射击，甲、乙的命中率分别为 0.2、0.5，以 X 和 Y 分别表示甲、乙的命中次数，则 $P\{X = Y\}$ = ___0.33___，$P\{X > Y\}$ = ___0.11___.

2. 设 X_1 和 X_2 是两个相互独立的连续型随机变量，它们的概率密度函数分别为 $f_1(x)$ 和 $f_2(x)$，则 $f_1(x) \cdot f_2(x)$ 必为某一随机变量的概率密度函数.（×）

3. 设 X_1 和 X_2 是两个相互独立的连续型随机变量，它们的分布函数分别为 $F_1(x)$ 和 $F_2(x)$，则 $F_1(x) \cdot F_2(x)$ 必为某一随机变量的分布函数.（√）

4. 设 (X, Y) 取值 $(0, 0)$，$(0, 1)$，$(1, 0)$，$(1, 1)$ 的概率分别为 0.4，a，b，0.1，且两事件 $\{X = 0\}$ 与 $\{X + Y = 1\}$ 相互独立，则 a，b 的值分别为（B）.

　A. 0.2；0.3　　　B. 0.4；0.1　　　C. 0.3；0.2　　　D. 0.1；0.4

5. 设随机变量 X，Y 的联合概率密度为 $f(x, y) = \begin{cases} Ax^2y, & 0 \leqslant x \leqslant 1,\ 0 \leqslant y \leqslant 1 \\ 0, & \text{其他} \end{cases}$.

试求：（1）常数 A；（2）$P\{X + Y \leqslant 1\}$；（3）判断 X 与 Y 是否相互独立.

答案：（1）6；（2）$\dfrac{1}{10}$；（3）随机变量 X 与 Y 相互独立.

第五节　两个随机变量的函数的分布

 学习目标 ─────────────────────

1. 会计算二维离散型随机变量的函数的分布律；

2. 会用分布函数法和卷积公式计算二维连续型随机变量的函数的概率密度；

3. 会计算极大、极小随机变量的分布.

一、前置研修

（一）MOOC 自主研学内容

在第三章第五节中学习了一维随机变量的函数的分布，本节课学习两个随机变量的函数的分布．

设 (X, Y) 是二维随机变量，$z = g(x, y)$ 是连续函数，则 $Z = g(X, Y)$ 是二维随机变量 (X, Y) 的函数，它是一个一维随机变量．本节课的任务是已知 (X, Y) 的概率分布，求 $Z = g(X, Y)$ 的概率分布，即二维离散型随机变量的函数分布.

1. 计算步骤

设二维离散型随机变量 (X, Y) 的分布律如表 4.5.1 所示：

$$p_{ij} \triangleq P\{X = x_i, Y = y_j\}, \ i, j = 1, 2, \cdots$$

此时 $Z = g(X, Y)$ 是一维离散型随机变量，求 Z 的分布律有三个步骤：第一步，确定 Z 的所有可能取值；第二步，计算 Z 取每一个值的概率；第三步，写出 Z 的分布律．

例 4.5.1　设二维离散型随机变量 (X, Y) 的分布律如表 4.5.1 所示：

表 4.5.1

X	Y		
	-1	0	1
0	0.1	0.2	0.1
1	0.3	0.1	0.2

试求：（1）$Z = X + Y$ 的分布律；（2）$W = XY$ 的分布律．

解：（1）由题意可知，$Z = X + Y$ 的所有可能值为 $-1, 0, 1, 2$. 且有

$P\{Z = -1\} = P\{X + Y = -1\} = P\{X = 0, Y = -1\} = 0.1$

$P\{Z = 0\} = P\{X + Y = 0\} = P\{X = 0, Y = 0\} + P\{X = 1, Y = -1\} = 0.5$

$P\{Z = 1\} = P\{X + Y = 1\} = P\{X = 0, Y = 1\} + P\{X = 1, Y = 0\} = 0.2$

$P\{Z = 2\} = P\{X + Y = 2\} = P\{X = 1, Y = 1\} = 0.2$

所以 Z 的分布律如表 4.5.2 所示：

表 4.5.2

Z	-1	0	1	2
p_k	0.1	0.5	0.2	0.2

（2）由题意，$W = XY$ 的所有可能值为 -1，0，1. 且有

$P\{W = -1\} = P\{XY = -1\} = P\{X = 1, Y = -1\} = 0.3$

$P\{W = 0\} = P\{XY = 0\} = P\{X = 0, Y = -1\} + P\{X = 0, Y = 0\} +$

$\qquad P\{X = 0, Y = 1\} + P\{X = 1, Y = 0\} = 0.5$

$P\{W = 1\} = P\{XY = 1\} = P\{X = 1, Y = 1\} = 0.2$

所以 W 的分布律如表 4.5.3 所示：

表 4.5.3

W	-1	0	1
p_k	0.3	0.5	0.2

2. 重要结论

设随机变量 X 和 Y 相互独立，$Z = X + Y$，则

① $X \sim b(n_1, p)$，$Y \sim b(n_2, p)$，则 $Z \sim b(n_1 + n_2, p)$；

② $X \sim \pi(\lambda_1)$，$Y \sim \pi(\lambda_2)$，则 $Z \sim \pi(\lambda_1 + \lambda_2)$.

（二）SPOC 自主测试习题

1. 设 X 与 Y 相互独立，分别服从参数为 1 和 2 的泊松分布，则 $P\{X + Y = 1\} = $（D）.

A. e^{-1} B. $2e^{-2}$ C. $4e^{-3}$ D. $3e^{-3}$

2. 设 $X \sim b(1, 0.3)$，Y 与 X 独立同分布，令 $Z = X + Y$，则 Z 服从的分布为（C）.

A. $b(1, 0.3)$ B. $b(1, 0.6)$

C. $b(2, 0.3)$ D. $b(2, 0.6)$

3. 设二维随机变量 (X, Y) 取值 $(0, 0)$，$(-1, 1)$，$(-1, 1/3)$，$(2, 0)$ 的概率分别为 $1/6$，$1/3$，$1/12$，$5/12$，设 $Z = X - Y$，则 $P\{Z = -4/3\} = $ __1/12__.

二、课堂探究

(一) 教师精讲

1. 二维连续型随机变量的函数的分布

(1) 分布函数法

设 (X, Y) 是二维连续型随机变量的概率密度为 $f(x, y)$, 则 $Z = g(X, Y)$ 是一个一维连续型随机变量, 要求 Z 的概率密度 $f_Z(z)$ 有三个步骤:

第一步, 确定 Z 的取值范围;

第二步, 求 Z 分布函数: $F_Z(z) = P\{Z \le z\} = P\{g(X, Y) \le z\}$;

第三步, 对 Z 的分布函数求导, 得到 Z 的概率密度 $f_Z(z) = F'_Z(z)$.

例 4.5.2 设 (X, Y) 在 $G = \{x, y \mid 0 \le x \le 2, 0 \le y \le 1\}$ 上服从均匀分布, 试求: $Z = XY$ 的概率密度.

解: 由题意, (X, Y) 的概率密度为 $f(x, y) = \begin{cases} \dfrac{1}{2}, & (x, y) \in G \\ 0, & \text{其他} \end{cases}$

因为当 $0 \le x \le 2$, $0 \le y \le 1$ 时 $f(x, y)$ 不为 0, 且 $z = xy$, 所以当 $0 \le z \le 2$ 时, 概率密度 $f_Z(z)$ 不为 0. 于是

当 $z < 0$ 时, $F_Z(z) = 0$; 当 $z \ge 2$ 时, $F_Z(z) = 1$;

当 $0 \le z < 2$ 时, $F_Z(z) = P\{Z \le z\} = P\{XY \le z\} = \iint\limits_{xy \le z} f(x, y) \mathrm{d}x\mathrm{d}y$

这里积分区域为图 4.5.1 中的阴影部分. 将二重积分化成累次积分, 得

$$F_Z(z) = \int_0^z \int_0^1 \frac{1}{2} \mathrm{d}y\mathrm{d}x + \int_z^2 \int_0^{\frac{z}{x}} \frac{1}{2} \mathrm{d}y\mathrm{d}x$$

$$= \frac{1}{2}z + \frac{z}{2}(\ln 2 - \ln z) = \frac{z}{2}(1 + \ln 2 - \ln z)$$

综上, Z 的分布函数为

$$F_Z(z) = \begin{cases} 0, & z < 0 \\ \dfrac{z}{2}(1 + \ln 2 - \ln z), & 0 \le z < 2 \\ 1, & z \ge 2 \end{cases}$$

求导得 Z 的概率密度为

$$f_Z(z) = F'_Z(z) = \begin{cases} \dfrac{1}{2}(\ln 2 - \ln z), & 0 < z < 2 \\ 0, & \text{其他} \end{cases}$$

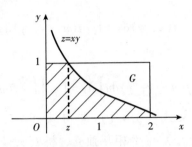

图 4.5.1 $z = xy$

(2) 和的分布

设二维连续型随机变量 (X, Y) 的概率密度为 $f(x, y)$. 若函数 $z = g(x, y) = x + y$, 则 $Z = X + Y$ 仍为连续型随机变量, 其概率密度为

$$f_{X+Y}(z) = \int_{-\infty}^{+\infty} f(z - y, y)\,\mathrm{d}y \tag{4.5.1}$$

或

$$f_{X+Y}(z) = \int_{-\infty}^{+\infty} f(x, z - x)\,\mathrm{d}x \tag{4.5.2}$$

又若 X 与 Y 相互独立, 设 (X, Y) 关于 X 和 Y 的边缘概率密度分别为 $f_X(x)$, $f_Y(y)$, 则式 (4.5.1), 式 (4.5.2) 分别化为

$$f_{X+Y}(z) = \int_{-\infty}^{\infty} f_X(z - y) f_Y(y)\,\mathrm{d}y \tag{4.5.3}$$

和

$$f_{X+Y}(z) = \int_{-\infty}^{\infty} f_X(x) f_Y(z - x)\,\mathrm{d}x \tag{4.5.4}$$

这两个公式称为 f_X 和 f_Y 的卷积公式, 记为 $f_X \times f_Y$, 即

$$f_X \times f_Y = \int_{-\infty}^{+\infty} f_X(z - y) f_Y(y)\,\mathrm{d}y = \int_{-\infty}^{+\infty} f_X(x) f_Y(z - x)\,\mathrm{d}x$$

运用分布函数可证得以上结论.

证明: 先求 $Z = X + Y$ 的分布函数 $F_Z(z)$, 即有

$$F_Z(z) = P\{Z \leqslant z\} = \iint\limits_{x+y \leqslant z} f(x, y)\,\mathrm{d}x\mathrm{d}y$$

这里积分区域是直线 $x + y = z$ 及其左下方的半平面, 即图 4.5.2 中阴影部

分. 将二重积分化成累次积分,得

$$F_Z(z) = \int_{-\infty}^{+\infty} \left[\int_{-\infty}^{z-y} f(x, y) \, \mathrm{d}x \right] \mathrm{d}y$$

固定 z 和 y 对积分 $\int_{-\infty}^{z-y} f(x, y) \, \mathrm{d}x$ 作变量变换,令 $x = u - y$,得

$$\int_{-\infty}^{z-y} f(x, y) \, \mathrm{d}x = \int_{-\infty}^{z} f(u - y, y) \, \mathrm{d}u$$

于是

$$F_Z(z) = \int_{-\infty}^{+\infty} \left[\int_{-\infty}^{z} f(u - y, y) \, \mathrm{d}u \right] \mathrm{d}y = \int_{-\infty}^{z} \left[\int_{-\infty}^{+\infty} f(u - y, y) \, \mathrm{d}y \right] \mathrm{d}u$$

对照概率密度定义式(3.4.1)即得式(4.5.1). 类似可证得式(4.5.2). 当随机变量若 X 与 Y 相互独立,将 $f(x, y) = f_X(x) f_Y(y)$ 带入式(4.5.1)和式(4.5.2)中即得式(4.5.3)和式(4.5.4).

例 4.5.3 设随机变量 X 和 Y 相互独立,且都服从正态分布 $N(0, 1)$,其概率密度分别为

$$f_X(x) = \frac{1}{\sqrt{2\pi}} e^{-\frac{x^2}{2}}, \quad -\infty < x < +\infty, \quad f_Y(y) = \frac{1}{\sqrt{2\pi}} e^{-\frac{y^2}{2}}, \quad -\infty < y < +\infty.$$

试求:$Z = X + Y$ 的概率密度.

解: 由卷积公式

$$f_Z(z) = \int_{-\infty}^{+\infty} f_X(x) f_Y(z - x) \, \mathrm{d}x = \frac{1}{2\pi} \int_{-\infty}^{+\infty} e^{-\frac{x^2}{2}} \cdot e^{-\frac{(z-x)^2}{2}} \, \mathrm{d}x = \frac{1}{2\pi} e^{-\frac{z^2}{4}} \int_{-\infty}^{+\infty} e^{-\left(x - \frac{z}{2}\right)^2} \, \mathrm{d}x$$

令 $t = x - \dfrac{z}{2}$,则 $f_Z(z) = \dfrac{1}{2\pi} e^{-\frac{z^2}{4}} \int_{-\infty}^{+\infty} e^{-t^2} \, \mathrm{d}t = \dfrac{1}{\pi} e^{-\frac{z^2}{4}} \int_{0}^{+\infty} e^{-t^2} \, \mathrm{d}t$

令 $u = t^2$,则 $\mathrm{d}t = \dfrac{1}{2} u^{-\frac{1}{2}} \mathrm{d}u$,于是

$$f_Z(z) = \frac{1}{\pi} e^{-\frac{z^2}{4}} \int_{0}^{+\infty} e^{-u} \frac{1}{2} u^{-\frac{1}{2}} \, \mathrm{d}u = \frac{1}{2\pi} e^{-\frac{z^2}{4}} \Gamma\left(\frac{1}{2}\right) = \frac{1}{2\sqrt{\pi}} e^{-\frac{z^2}{4}}, \quad -\infty < z < +\infty$$

即 $Z \sim N(0, 2)$.

因此 $Z = X + Y$ 的概率密度为 $\dfrac{1}{2\sqrt{\pi}} e^{-\frac{z^2}{4}}$.

(3)重要结论

相互独立的正态随机变量的线性组合仍是正态随机变量. 即设随机变量 $X_i \sim N(\mu_i, \sigma_i^2)$,$\alpha_i$ 为不全为零的正数,$i = 1, 2, \cdots, n$. 则

$$Z = \sum_{i=1}^{n} \alpha_i X_i \sim N\Big(\sum_{i=1}^{n} \alpha_i \mu_i, \ \sum_{i=1}^{n} \alpha_i^2 \sigma_i^2 \Big).$$

2. 极大、极小分布

设 X，Y 是两个相互独立的随机变量，它们的分布函数分别为 $F_X(x)$ 和 $F_Y(y)$．现在来求 $M = \max\{X, Y\}$ 及 $N = \min\{X, Y\}$ 的分布函数．

由于 $M = \max\{X, Y\}$ 不大于 z 等价于 X，Y 都不大于 z，故有
$$P\{M \le z\} = P\{X \le z, Y \le z\}$$

又由于 X，Y 相互独立，得到 $M = \max\{X, Y\}$ 的分布函数为
$$F_{\max}(z) = P\{M \le z\} = P\{X \le z, Y \le z\} = P\{X \le z\}P\{Y \le z\}$$
即有
$$F_{\max}(z) = F_X(z) F_Y(z) \tag{4.5.5}$$

类似地，可得 $N = \min\{X, Y\}$ 的分布函数为
$$F_{\min}(z) = P\{N \le z\} = 1 - P\{N > z\} = 1 - P\{X > z, Y > z\} = 1 - P\{X > z\}$$
即
$$F_{\min}(z) = 1 - [1 - F_X(z)][1 - F_Y(z)] \tag{4.5.6}$$

以上结果容易推广到 n 个相互独立的随机变量的情况．设 X_1，X_2，$\cdots$，X_n 是 n 个相互独立的随机变量，它们的分布函数分别为 $F_{X_i}(x_i)(i = 1, 2, \cdots, n)$，则 $M = \max\{X_1, X_2, \cdots, X_n\}$ 及 $N = \min\{X_1, X_2, \cdots, X_n\}$ 的分布函数分别为
$$F_{\max}(z) = F_{X_1}(z) F_{X_2}(z) \cdots F_{X_n}(z) \tag{4.5.7}$$
$$F_{\min}(z) = 1 - [1 - F_{X_1}(z)][1 - F_{X_2}(z)] \cdots [1 - F_{X_n}(z)] \tag{4.5.8}$$

特别地，当 X_1，X_2，$\cdots$，X_n 相互独立且具有相同分布函数 $F(x)$ 时，有
$$F_{\max}(z) = [F(z)]^n \tag{4.5.9}$$
$$F_{\min}(z) = 1 - [1 - F(z)]^n \tag{4.5.10}$$

例 4.5.4　设有两个系统，每个系统都由同型号的三个元件组成，系统 Ⅰ 由元件 S_1，S_2，S_3 串联组成，如图 4.5.2 所示；系统 Ⅱ 由元件 S_1，S_2，S_3 并联组成，如图 4.5.3 所示．设随机变量 X_1，X_2，X_3 分别表示元件 S_1，S_2，S_3 的寿命，已知它们相互独立，且具有相同的分布函数
$$F(x) = \begin{cases} 1 - e^{-x}, & x > 0 \\ 0, & x \le 0 \end{cases}$$

请分别求两个系统的寿命的分布函数．

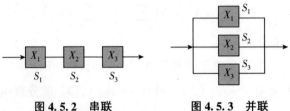

图 4.5.2 串联   图 4.5.3 并联

解：设随机变量 Y，Z 分别表示系统 Ⅰ 和系统 Ⅱ 的寿命.

（1）系统 Ⅰ：当元件 S_1，S_2，S_3 串联时，若它们之中有一个元件损坏，系统就会停止工作，所以系统 Ⅰ 的寿命

$$Y = \min_{1 \leqslant i \leqslant 3} X_i$$

由式（4.5.10）得 Y 的分布函数

$$F_Y(y) = 1 - [1 - F(y)]^3 = \begin{cases} 1 - e^{-3y}, & y > 0 \\ 0, & y \leqslant 0 \end{cases}$$

求导得 Y 的概率密度

$$f_Y(y) = \begin{cases} 3e^{-3y}, & y > 0 \\ 0, & y \leqslant 0 \end{cases}.$$

（2）系统 Ⅱ：当元件 S_1，S_2，S_3 并联时，只有这三个元件都损坏时，系统才会停止工作，所以系统 Ⅱ 的寿命

$$Z = \max_{1 \leqslant i \leqslant 3} X_i$$

由式（4.5.9）得 Z 的分布函数

$$F_Z(z) = [F(z)]^3 = \begin{cases} (1 - e^{-z})^3, & z > 0 \\ 0, & z \leqslant 0 \end{cases}$$

求导得 Z 的概率密度

$$f_z(z) = \begin{cases} 3(1 - e^{-z})^2 e^{-z}, & z > 0 \\ 0, & z \leqslant 0 \end{cases}$$

（二）学生内化

1. 设 $X \sim N(1, 1)$，Y 与 X 独立同分布，令 $Z = 2X - Y$，则 Z 服从的分布为（C）.

A. $N(1, 1)$ B. $N(1, 3)$ C. $N(1, 5)$ D. $N(3, 5)$

2. 设二维随机变量 (X, Y) 在区域 $D = \{(x, y) \mid 0 \leqslant x \leqslant 2, -1 \leqslant y \leqslant 2\}$

上服从均匀分布，则以下不成立的是（D）.

　　A. $P\{X<2,\ Y<0\} = 1/3$　　　　B. $P\{Y<1\} = 2/3$

　　C. $P\{X \leqslant Y\} = 1/3$　　　　　D. $P\{X+Y \geqslant 1\} = 3/4$

　　3. 设 X 和 Y 相互独立，且都服从 $p = 0.5$ 的两点分布，设 $Z = \max\{X,\ Y\}$，则 $P\{Z = 1\} = \underline{\ 0.75\ }$.

　　4. 设二维随机变量 $(X,\ Y)$ 取值 $(0,\ 0)$，$(-1,\ 1)$，$(-1,\ 1/3)$，$(2,\ 0)$ 的概率分别为 $1/6$，$1/3$，$1/12$，$5/12$，设 $Z = X - Y$，$U = \min\{X,\ Y\}$，则 $P\{|Z| = 2\} = \underline{\ 3/4\ }$，$P\{U = 0\} = \underline{\ 7/12\ }$.

三、课业延伸

　　1. 设随机变量 X 和 Y 的联合分布律如表 4.5.4 所示：

表 4.5.4

X	Y		
	0	1	2
0	0.04	0.10	0.12
1	0.06	0.08	0.10
2	0.06	0.09	0.11
3	0.07	0.08	0.09

　　试求：（1）$P\{Y = 3 | X = 0\}$；（2）$W = X + Y$ 的分布律.

　　答案：（1）$\dfrac{7}{23}$；（2）离散型随机变量 W 的分布律如表 4.5.5 所示：

表 4.5.5

W	0	1	2	3	4	5
p_k	0.04	0.16	0.26	0.26	0.19	0.09

　　2. 设二维随机变量 $(X,\ Y)$ 的概率密度为：

$$f(x,\ y) = \begin{cases} x + y, & 0 < x < 1,\ 0 < y < 1 \\ 0, & \text{其他} \end{cases}.$$

　　试求：$Z = X + Y$ 的概率密度.

答案：$f_Z(z) = \begin{cases} z^2, & 0 < z \le 1 \\ 2z - z^2, & 1 < z < 2. \\ 0, & \text{其他} \end{cases}$

3. 设 X 和 Y 是两个相互独立的随机变量，且具有相同的概率密度

$$f(x) = \begin{cases} 1, & 0 \le x \le 1 \\ 0, & \text{其他} \end{cases}$$

试求：$Z = X + Y$ 的概率密度．

答案：$f_Z(z) = \begin{cases} z, & 0 \le z < 1 \\ 2 - z, & 1 \le z < 2. \\ 0, & \text{其他} \end{cases}$

第五章　随机变量的数字特征

第一节　数学期望

 学习目标 ─────────────────────────

　　1. 会计算一维随机变量的数学期望，并结合数学期望的统计意义来解决实际问题，体会理论与实践的辩证统一；

　　2. 会计算二维随机变量的数学期望；

　　3. 会运用数学期望的性质进行计算.

一、前置研修

(一) MOOC 自主研学内容

1. 数学期望的定义

先从例 5.1.1 来看数学期望的定义.

　　例 5.1.1　某车间对工人的生产情况进行考察. 随机变量 X："工人甲每天生产的废品数"，其分布律为

$$p_k = P\{X = k\}, \ k = 0, \ 1, \ 2$$

现观测 N 天，发现有 n_0 天出现 0 个废品，有 n_1 天出现 1 个废品，有 n_2 天出现 2 个废品. 试求：工人甲平均一天生产的废品数.

　　分析：我们关心的问题是"工人甲平均一天生产的废品数". 为了更清晰地表达题目中的信息，首先我们整理出表 5.1.1.

表 5.1.1　工人甲生产废品情况

工人甲每天生产的废品数 X	0	1	2
事件 $\{X=k\}$ 的概率 p_k	p_0	p_1	p_2

事件 $\{X=k\}$ 的频率 $\dfrac{n_k}{N}$	$\dfrac{n_0}{N}$	$\dfrac{n_1}{N}$	$\dfrac{n_2}{N}$

对照表 5.1.1，易得 N 天中工人甲生产的废品总数为 $0\times n_0+1\times n_1+2\times n_2$，从而工人甲平均一天生产的废品数就为 $\dfrac{0\times n_0+1\times n_1+2\times n_2}{N}$，将公式变形得

$$\frac{0\times n_0+1\times n_1+2\times n_2}{N}=\sum_{k=0}^{2}k\times\frac{n_k}{N}$$

在第二章第三节学习概率公理化的定义时，我们曾经用到过"频率稳定于概率"这一结论（第六章第一节大数定律为其提供了理论保障），此处我们再用一次该结论. 当试验次数 N 很大时，频率 $\dfrac{n_k}{N}$ 将稳定于概率 p_k，因而 $\displaystyle\sum_{k=0}^{2}k\times\frac{n_k}{N}$ 将稳定于 $\displaystyle\sum_{k=0}^{2}k\times p_k$，所以用 $\displaystyle\sum_{k=0}^{2}k\times p_k$ 来描述工人甲平均一天生产的废品数很合理. 我们称 $\displaystyle\sum_{k=0}^{2}k\times p_k$ 为随机变量 X 的数学期望或均值.

定义 5.1.1 数学期望简称为期望，又称为均值，记为 $E(X)$.

①设 X 是离散型随机变量，其分布律为

$$p_k\triangleq P\{X=x_k\}，k=1,2,\cdots$$

若级数 $\displaystyle\sum_{k=1}^{+\infty}|x_kp_k|<+\infty$，则称级数 $\displaystyle\sum_{k=1}^{+\infty}x_kp_k$ 的和为 X 的数学期望，即

$$E(X)=\sum_{k=1}^{+\infty}x_kp_k \tag{5.1.1}$$

②设 X 是连续型随机变量，其概率密度为 $f(x)$.

若积分 $\displaystyle\int_{-\infty}^{+\infty}|xf(x)|\mathrm{d}x<+\infty$，则称积分 $\displaystyle\int_{-\infty}^{+\infty}xf(x)\mathrm{d}x$ 的值为 X 的数学期望，即

$$E(X)=\int_{-\infty}^{+\infty}xf(x)\mathrm{d}x \tag{5.1.2}$$

从定义 5.1.1 可以看出，随机变量 X 的数学期望 $E(X)$ 由 X 的概率分布确定，因此若 X 服从某一分布，也称 $E(X)$ 为这一分布的数学期望. 数学期望 $E(X)$ 刻画的是随机变量 X 取值的集中趋势，可以看作是随机变量 X 取值

的"中心".

例 5. 1. 2　某人有一笔资金, 可投入两个项目: 房产和商业, 这两个项目的收益都与市场状态有关. 若把未来市场划分为好、中、差三个等级, 各等级发生的概率分别为 0. 2, 0. 7, 0. 1. 通过调查, 该投资者认为投资于房产的收益 X (万元) 的分布律如表 5. 1. 2 所示:

表 5. 1. 2

X	11	3	−3
p_k	0. 2	0. 7	0. 1

投资于商业的收益 Y (万元) 的分布律如表 5. 1. 3 所示:

表 5. 1. 3

Y	6	4	−1
p_k	0. 2	0. 7	0. 1

请问: 该投资者如何进行投资为好?

解: 由式 (5. 1. 1) 可知

$$E(X) = 11 \times 0.2 + 3 \times 0.7 + (-3) \times 0.1 = 4.0 \text{(万元)}$$

$$E(Y) = 6 \times 0.2 + 4 \times 0.7 + (-1) \times 0.1 = 3.9 \text{(万元)}$$

于是 $E(X) > E(Y)$

所以, 从期望收益的角度来看, 该投资者投资房产时收益大, 比投资商业多受益 0. 1 万元.

例 5. 1. 3　某工程师感兴趣某类电子设备的平均寿命. 令随机变量 X 表示某类电子设备的寿命 (h). X 的概率密度为

$$f(x) = \begin{cases} \dfrac{20000}{x^3}, & x > 100 \\ 0, & \text{其他} \end{cases}$$

试求: 这类电子设备的期望寿命.

解: 由式 (5. 1. 2) 可知,

$$E(X) = \int_{-\infty}^{+\infty} xf(x)\,\mathrm{d}x = \int_{100}^{+\infty} x\,\frac{20000}{x^3}\,\mathrm{d}x = \int_{100}^{+\infty} \frac{20000}{x^2}\,\mathrm{d}x = 200 \text{ (h)}$$

于是, 此类电子设备的期望寿命为 200 小时.

例 5.1.4 某商店对某种家用电器的销售采用先使用后付款的方式，记该种电器的使用寿命为 X（以年计），规定：

$$X \leqslant 1, \quad 一台付款 1500 元$$
$$1 < X \leqslant 2, \quad 一台付款 2000 元$$
$$2 < X \leqslant 3, \quad 一台付款 2500 元$$
$$X > 3, \quad 一台付款 3000 元$$

设 X 的概率密度为

$$f(x) = \begin{cases} \dfrac{1}{10}\mathrm{e}^{-\frac{x}{10}}, & x > 0 \\ 0, & x \leqslant 0 \end{cases}$$

试求：该商店一台这种家用电器收费 Y 的数学期望.

解：由题意可知，随机变量 Y 的所有可能取值为 1500，2000，2500，3000.

$$P\{Y = 1500\} = P\{X \leqslant 1\} = \int_0^1 \frac{1}{10}\mathrm{e}^{-\frac{x}{10}}\mathrm{d}x = 1 - \mathrm{e}^{-0.1} \approx 0.0952$$

$$P\{Y = 2000\} = P\{1 < X \leqslant 2\} = \int_1^2 \frac{1}{10}\mathrm{e}^{-\frac{x}{10}}\mathrm{d}x = \mathrm{e}^{-0.2} - \mathrm{e}^{-0.1} \approx 0.0861$$

$$P\{Y = 2500\} = P\{2 < X \leqslant 3\} = \int_2^3 \frac{1}{10}\mathrm{e}^{-\frac{x}{10}}\mathrm{d}x = \mathrm{e}^{-0.3} - \mathrm{e}^{-0.2} \approx 0.0779$$

$$P\{Y = 3000\} = P\{X > 3\} = \int_3^{+\infty} \frac{1}{10}\mathrm{e}^{-\frac{x}{10}}\mathrm{d}x = \mathrm{e}^{-0.3} \approx 0.7408$$

所以，这种家用电器收费 Y 的分布律如表 5.1.4 所示：

表 5.1.4

Y	1500	2000	2500	3000
p_k	0.0952	0.0861	0.0779	0.7408

于是由式（5.1.1）可知，

$$E(Y) = \sum_{k=1}^{+\infty} y_k p_k$$

$$= 1500 \times 0.0952 + 2000 \times 0.0861 + 2500 \times 0.0779 + 3000 \times 0.7408$$

$$= 2732.15（元）$$

即这种家用电器平均一台收费 Y 的数学期望为 2732.15 元.

2. 一维随机变量函数的数学期望

我们常常需要考虑随机变量函数的数学期望. 设已知随机变量 X 的概率分布为 $Y = g(X)$，我们的目标是求 Y 的数学期望 $E(Y)$. 理论上，我们可以先求出随机变量 Y 的概率分布，再结合定义 5.1.1 计算 $E(Y)$. 事实上，也可以不求出 Y 的概率分布，直接根据 X 的概率分布计算 $E(Y)$.

定理 5.1.1 设 $Y = g(X)$ 是随机变量 X 的函数（其中 g 是已知的连续函数）.

①设 X 是离散型随机变量，其分布律为

$$p_k \triangleq P\{X = x_k\}, \; k = 1, \; 2, \; \cdots$$

若 $\sum\limits_{k=1}^{+\infty} |g(x_k)p_k| < +\infty$，则 Y 的数学期望存在，且

$$E(Y) = E[g(X)] = \sum_{k=1}^{+\infty} g(x_k)p_k \tag{5.1.3}$$

②设 X 是连续型随机变量，其密度函数为 $f(x)$.

若 $\int_{-\infty}^{+\infty} |g(x)f(x)| \mathrm{d}x < +\infty$，则 Y 的数学期望存在，且

$$E(Y) = E[g(X)] = \int_{-\infty}^{+\infty} g(x)f(x)\mathrm{d}x \tag{5.1.4}$$

例 5.1.5 设离散型随机变量 X 的分布律如表 5.1.5 所示：

表 5.1.5

X	-1	0	2	3
p_k	1/8	1/4	3/8	1/4

试求：$E(X)$，$E(X^2)$，$E(-2X+1)$.

解：由式 (5.1.1) 可知，

$$E(X) = (-1) \times \frac{1}{8} + 0 \times \frac{1}{4} + 2 \times \frac{3}{8} + 3 \times \frac{1}{4} = \frac{11}{8}$$

由式 (5.1.3) 可知，

$$E(X^2) = (-1)^2 \times \frac{1}{8} + 0^2 \times \frac{1}{4} + 2^2 \times \frac{3}{8} + 3^2 \times \frac{1}{4} = \frac{31}{8}$$

$$E(-2X+1) = 3 \times \frac{1}{8} + 1 \times \frac{1}{4} + (-3) \times \frac{3}{8} + (-5) \times \frac{1}{4} = -\frac{7}{4}.$$

例 5.1.6 设随机变量 X："国际市场每年对我国某种出口商品的需求量（单位：吨）"，X 的概率密度为

$$f(x) = \begin{cases} \dfrac{1}{2000}, & 2000 \leqslant x \leqslant 4000 \\ 0, & \text{其他}. \end{cases}$$

若每售出 1 吨该商品，可挣得外汇 3 万元，但如果销售不出而囤积于仓库，则每吨需 1 万元保管费. 问：应预备多少吨该商品，才能使国家的收益最大？

解：设应预备这种商品 y（$2000 \leqslant y \leqslant 4000$）吨，则收益（单位：万元）为

$$g(X) = \begin{cases} 3y, & X \geqslant y \\ 3X - (y - X), & X < y \end{cases}$$

于是由式（5.1.4）可知，

$$E[g(X)] = \int_{-\infty}^{+\infty} g(x) f(x) \, dx = \int_{2000}^{4000} g(x) \cdot \frac{1}{2000} dx$$

$$= \frac{1}{2000} \int_{2000}^{y} [3x - (y - x)] \, dx + \frac{1}{2000} \int_{y}^{4000} 3y \, dx$$

$$= \frac{1}{1000} (-y^2 + 7000y - 4 \times 10^6)$$

对期望的两端进行求导，并令 $\dfrac{dE(Y)}{dy} = \dfrac{1}{1000} (7000 - 2y) = 0$

可得 $y = 3500$，$E(3500) = 8250$（万元）

即当 $y = 3500$ 吨时，上式达到最大值. 所以，预备 3500 吨此种商品能使国家的收益最大，最大收益为 8250 万元.

（二）SPOC 自主测试习题

1. 已知 $P\{X = -2\} = 0.4$，$P\{X = 0\} = 0.3$，$P\{X = 2\} = 0.3$，则 $E(X^2) = \underline{\ 2.8\ }$.

2. 设随机变量 X 的概率密度为 $f(x) = \begin{cases} 2(1-x), & 0 \leqslant x \leqslant 1 \\ 0, & \text{其他} \end{cases}$. 则 $E(X) = \underline{\ 0.3333\ }$.

二、课堂探究

(一) 教师精讲

1. 二维随机变量的数学期望

(1) 定义

定义 5.1.2 设 (X, Y) 是二维随机变量，称 $\underline{E(X, Y) = (E(X), E(Y))}$
为二维随机变量 (X, Y) 的数学期望 [假设 $E(X)$，$E(Y)$ 都存在].

(2) 二维随机变量的函数的数学期望

定理 5.1.2 设 $W = g(X, Y)$ 是二维随机变量 (X, Y) 的函数（其中 g
是已知的连续函数）.

①设 (X, Y) 是二维离散型随机变量，其分布律为

$$P_{ij} \triangleq P\{X = x_i, Y = y_j\}, \quad i, j = 1, 2, \cdots$$

若 $\sum\limits_{j=1}^{+\infty} \sum\limits_{i=1}^{+\infty} |g(x_i, y_j)p_{ij}| < +\infty$ ，则 W 的数学期望存在，且

$$E(W) = E[g(X, Y)] = \sum_{j=1}^{+\infty} \sum_{i=1}^{+\infty} g(x_i, y_j)p_{ij} \qquad (5.1.5)$$

特别地，若

$$\sum_{j=1}^{+\infty} \sum_{i=1}^{+\infty} |x_i p_{ij}| < +\infty, \quad 则 \ E(X) = \sum_{j=1}^{+\infty} \sum_{i=1}^{+\infty} x_i p_{ij} \qquad (5.1.6)$$

若

$$\sum_{i=1}^{+\infty} \sum_{j=1}^{+\infty} |y_j p_{ij}| < +\infty, \quad 则 \ E(Y) = \sum_{i=1}^{+\infty} \sum_{j=1}^{+\infty} y_j p_{ij} \qquad (5.1.7)$$

②设 (X, Y) 是二维连续型随机变量，其概率密度为 $f(x, y)$.

若 $\int_{-\infty}^{+\infty} \int_{-\infty}^{+\infty} |g(x, y)f(x, y)| \mathrm{d}x\mathrm{d}y < +\infty$ ，则 W 的数学期望存在，且

$$E(W) = E[g(X, Y)] = \int_{-\infty}^{+\infty} \int_{-\infty}^{+\infty} g(x, y)f(x, y)\mathrm{d}x\mathrm{d}y \qquad (5.1.8)$$

特别地，若 $\int_{-\infty}^{+\infty} \int_{-\infty}^{+\infty} |xf(x, y)| \mathrm{d}x\mathrm{d}y < +\infty$ ，则 $E(X) = \int_{-\infty}^{+\infty} xf(x, y)\mathrm{d}x\mathrm{d}y$ ；

若 $\int_{-\infty}^{+\infty} \int_{-\infty}^{+\infty} |yf(x, y)| \mathrm{d}x\mathrm{d}y < +\infty$ ，则 $E(Y) = \int_{-\infty}^{+\infty} yf(x, y)\mathrm{d}x\mathrm{d}y$.

例 5.1.7 设二维离散型随机变量 (X, Y) 的分布律如表 5.1.6 所示：

表 5.1.6

X	Y		
	1	2	3
-1	0.2	0.1	0
0	0.1	0	0.3
1	0.1	0.1	0.1

试求：（1）$E(X)$；（2）设 $W = Y/X$，求 $E(W)$.

解：（1）由式（5.1.6）可知，

$E(X) = 1×0.2+1×0.1+1×0.1+2×0.1+2×0.1+3×0.3+3×0.1 = 2$

（2）由式（5.1.5）可知，

$$E\left(\frac{Y}{X}\right) = \frac{-1}{1} \times 0.2 + \frac{-1}{2} \times 0.1 + \frac{1}{1} \times 0.1 + \frac{1}{2} \times 0.1 + \frac{1}{3} \times 0.1 = -\frac{1}{15}$$

例 5.1.8 设二维随机变量 (X, Y) 的概率密度为

$$f(x, y) = \begin{cases} \dfrac{3}{2x^3y^2}, & \dfrac{1}{x} < y < x, \ x > 1 \\ \\ 0, & 其他 \end{cases}$$

试求：$E\left(\dfrac{1}{XY}\right)$.

解：由式（5.1.8）可知，

$$E\left(\frac{1}{XY}\right) = \int_{-\infty}^{+\infty}\int_{-\infty}^{+\infty} \frac{1}{xy}f(x, y)\,dxdy = \int_{1}^{+\infty}\int_{\frac{1}{x}}^{x} \frac{1}{xy} \cdot \frac{3}{2x^3y^2}\,dydx$$

$$= \int_{1}^{+\infty}\int_{\frac{1}{x}}^{x} \frac{3}{2x^4y^3}\,dydx = \int_{1}^{+\infty} \frac{3}{2}x^{-4}\left(-\frac{1}{2}y^{-2}\right)\Big|_{\frac{1}{x}}^{x}\,dx$$

$$= \int_{1}^{+\infty}\left(\frac{3}{4}x^{-2} - \frac{3}{4}x^{-6}\right)dx = \left(-\frac{3}{4}x^{-1} + \frac{3}{4}\cdot\frac{1}{5}x^{-5}\right)\Big|_{1}^{+\infty} = \frac{3}{5}.$$

2. 数学期望的性质

①设 C 是常数，则 $E(C) = C$；

②若 a 是常数，则 $E(aX) = aE(X)$；

③ $E(X_1 + X_2) = E(X_1) + E(X_2)$；

③* $E(X_1 + X_2 + \cdots + X_n) = E(X_1) + E(X_2) + \cdots + E(X_n)$；

④设随机变量 X，Y 独立，则 $E(XY) = E(X)E(Y)$；

④* 若随机变量 X_1，X_2，$\cdots$，X_n 相互独立，则有

$$E(X_1 X_2 \cdots X_n) = E(X_1)E(X_2) \cdots E(X_n).$$

例 5.1.9　设一电路中电流 I（单位：mA）与电阻 R（单位：Ω）是两个相互独立的随机变量，其概率密度分别为

$$g(i)\begin{cases} 2i, & 0 \leq i \leq 1 \\ 0, & \text{其他} \end{cases}, \qquad h(r) = \begin{cases} \dfrac{r^2}{9}, & 0 \leq r \leq 3 \\ 0, & \text{其他} \end{cases}.$$

试求：电压 $V = IR$ 的均值.

解：$E(V) = E(IR) = E(I)E(R) = \left(\displaystyle\int_{-\infty}^{+\infty} ig(i)\,\mathrm{d}i \right) \left(\displaystyle\int_{-\infty}^{+\infty} rh(r)\,\mathrm{d}r \right)$

$$= \left(\int_0^1 2i^2\,\mathrm{d}i \right) \left(\int_0^3 \frac{r^3}{9}\,\mathrm{d}r \right) = \frac{3}{2}\ (\mathrm{V})\ .$$

例 5.1.10　一民航送客车载有 20 名旅客自机场开出，旅客有 10 个车站可以下车．如果到达一个车站没有旅客下车就不停车，以 X 表示停车的次数，求 $E(X)$（设每位旅客在各车站下车是等可能的，并设各位旅客是否下车相互独立）.

解：引入随机变量

$$X_i = \begin{cases} 0, & \text{在第 } i \text{ 站无人下车} \\ 1, & \text{在第 } i \text{ 站有人下车} \end{cases}, \quad i = 1,\ 2,\ \cdots,\ 10.$$

显然 $X = X_1 + X_2 + \cdots + X_n$

由题意可知，任一旅客在第 i 站不下车的概率为 $\dfrac{9}{10}$，因此 20 位旅客都不在第 i 站下车的概率为 $\left(\dfrac{9}{10} \right)^{20}$，在第 i 站有人下车的概率是 $1 - \left(\dfrac{9}{10} \right)^{20}$，于是 X_i 的分布律如表 5.1.7 所示：

表 5.1.7

X_i	0	1
p	$\left(\dfrac{9}{10} \right)^{20}$	$1 - \left(\dfrac{9}{10} \right)^{20}$

由此，$E(X_i) = 1 - \left(\dfrac{9}{10}\right)^{20}$，$i = 1, 2, \cdots, 10$

所以，$E(X) = E\left(\displaystyle\sum_{i=1}^{10} X_i\right) = \displaystyle\sum_{i=1}^{10} E(X_i) = 10\left[1 - \left(\dfrac{9}{10}\right)^{20}\right] = 8.784$（次）

即民航班车的平均停车次数的期望 $E(X)$ 为 8.784 次.

本题直接计算 $E(X)$ 并不容易，因此将 X 分解成 n 个相互独立的随机变量的和，然后再利用数学期望的性质③*来计算就简单多了. 这种解决问题的方法具有一定的普遍性，后面我们还会遇到.

3. 常用分布的期望

① $X \sim b(1, p)$，则 $E(X) = \underline{p}$；

② $X \sim b(n, p)$，则 $E(X) = \underline{np}$；

③ $X \sim \pi(\lambda)$，则 $E(X) = \underline{\lambda}$；

④ $X \sim U(a, b)$，则 $E(X) = \underline{\dfrac{a+b}{2}}$；

⑤ $X \sim E(\lambda)$，则 $E(X) = \underline{\dfrac{1}{\lambda}}$；

⑥ 设 $X \sim N(0, 1)$，则 $E(X) = \underline{0}$；

⑦ $X \sim N(\mu, \sigma^2)$，则 $E(X) = \underline{\mu}$.

下节课给出证明.

（二）学生内化

1. 设 $E(X) = 2$，$E(Y) = 3$，则 $E(2X + 3Y - 5) = \underline{\quad 8 \quad}$.

2. 设二维随机变量 (X, Y) 取值 $(-1, 1)$，$(-1, 2)$，$(0, 1)$，$(0, 3)$，$(1, 1)$，$(1, 2)$，$(1, 3)$ 的概率分别为 0.2，0.1，0.1，0.3，0.1，0.1，0.1，则 $E(X) = \underline{\quad 0 \quad}$.

3. 设二维随机变量 (X, Y) 的概率密度为

$$f(x, y) = \begin{cases} \dfrac{1}{8}(x+y), & 0 \leqslant x \leqslant 2, 0 \leqslant y \leqslant 2 \\ 0, & \text{其他} \end{cases}$$，则 $E(X) = \underline{\quad 7/6 \quad}$.

三、课业延伸

1. 设随机变量 X 与 Y 独立，$X \sim N(2, 4)$，$Y \sim N(3, 9)$，设

$Z = 2X - Y + 6$，则 $E(Z) = \underline{\quad 7 \quad}$.

2. 设二维随机变量 (X, Y) 的概率密度为

$$f(x, y) = \begin{cases} \dfrac{1}{8}(x+y), & 0 \leqslant x \leqslant 2,\ 0 \leqslant y \leqslant 2 \\ 0, & \text{其他} \end{cases}，\text{则 } E(Y) = \underline{\quad 7/6 \quad}.$$

3. 若随机变量 X 的期望 $E(X)$ 存在，则 $E[E(X)] = $（C）.

A. 0　　　　　B. X　　　　　C. $E(X)$　　　　　D. $[E(X)]^2$

4. 设随机变量 X 服从区间 $[0，1]$ 上的均匀分布，Y 服从参数为 1 的指数分布，且 X 与 Y 相互独立，则 $E(XY) = $（C）.

A. 0　　　　　B. 1　　　　　C. $\dfrac{1}{2}$　　　　　D. $\dfrac{1}{4}$

5. 某车间生产的圆盘直径在区间 (a, b) 上服从均匀分布，试求：圆盘面积的数学期望.

解：设随机变量 X："圆的直径"，则 $X \sim U(a, b)$

于是　$f(x) = \begin{cases} \dfrac{1}{b-a}, & a < x < b \\ 0, & \text{其他} \end{cases}$

设随机变量 S："圆盘的面积"，且 $S = \dfrac{\pi}{4}X^2$

所以　$E(S) = E\left(\dfrac{\pi}{4}X^2\right) = \dfrac{\pi}{4}E(X^2) = \dfrac{\pi}{4}\displaystyle\int_a^b x^2 \dfrac{1}{b-a}\mathrm{d}x = \dfrac{a^2+ab+b^2}{12}\pi.$

6. 投资某种股票，某人在第一年获取 4000 元利润的概率为 0.3，损失 1000 元的概率为 0.7. 试求：这个人的期望收益.

解：设随机变量 X："这个人的投资收益"，则 X 的分布律如表 5.1.8 所示：

表 5.1.8

X	4000	1000
p_k	0.3	0.7

于是　$E(X) = 4000 \times 0.3 + 1000 \times 0.7 = 1900$

所以这个人的期望收益为 1900 元.

四、拓展升华

（一）广度拓展习题

某产品的次品率为 0.1，检验员每天检验 4 次．每次随机地取 10 件产品进行检验，如果发现其中的次品数多于 1，就去调整设备．设随机变量 X："一天中调整设备的次数"，试求：$E(X)$（设诸产品是否为次品是相互独立的）．

答案： 1.0556.

（二）深度拓展习题

设随机变量 $X \sim \pi(\lambda)$，试求：$E\left(\dfrac{1}{X+1}\right)$．

答案： $\dfrac{1}{\lambda}\left[1 - e^{-\lambda}\right]$．

第二节　方差

 学习目标 ————————————————————————

1. 会用方差简化计算公式并用性质进行计算，理解方差的统计意义并用来解决实际问题；

2. 会计算常用分布的期望和方差；

3. 会用切比雪夫不等式进行估算．

一、理论传授

（一）MOOC 自主研学内容

1. 方差的定义

数学期望虽然反映了随机变量取值的平均情况，但有一定的局限性，我们先来看一个例子．

例 5.2.1　某零件的真实长度为 a，现用甲、乙两台仪器各测量 10 次，测量结果的均值都是 a，将测量结果 X 的示意图用数轴上的点表示，如

图 5.2.1 所示.

图 5.2.1 测量结果

请问：哪台仪器好一些呢？

分析：一台好的仪器，每一次的测量值都应更接近真实值．甲、乙两台仪器 10 次测量结果的均值是相同的，都是真值 a，仅从这一点我们无法判断哪台仪器更好．观察图 5.2.1 不难发现，甲、乙两台仪器的测量值都以均值 a 为中心，而甲仪器的 10 个测量值较乙仪器的 10 个测量值更集中，且在均值 a 附近，这说明甲仪器比乙仪器的测量结果更稳定，因此可以判断甲仪器更好一些．

此结论是从直观上依据测量值与均值之间的偏离程度进行决策的，那么如何从理论上度量这个偏离程度呢？对于任一随机变量 X，称 $X - E(X)$ 为随机变量 X 与其均值的偏差．由于 $E[X - E(X)] = E(X) - E(X) = 0$，因此不能用 $E[X - E(X)]$ 来度量随机变量 X 与其均值 $E(X)$ 之间的偏离程度．故而我们想到了绝对偏差 $E[|X - E(X)|]$，但由于公式中带有绝对值，运算不方便，所以转而考虑用偏差的平方和 $E[X - E(X)]^2$ 来度量随机变量 X 与其均值 $E(X)$ 之间的偏离程度．

定义 5.2.1 设 X 是一个随机变量，若 $E[X - E(X)]^2$ 存在，则称 $E[X - E(X)]^2$ 为 X 的方差，记为 $D(X)$ 或 $Var(X)$，即

$$D(X) = Var(X) = E[X - E(X)]^2$$

$\sqrt{D(X)}$ 称为 X 的标准差或均方差，记为 $\sigma(X)$．

方差 $D(X)$（或标准差 $\sqrt{D(X)}$）是反映随机变量 X 的取值分散程度的数字特征．$D(X)$ 较小，说明随机变量 X 的取值比较集中，且在 $E(X)$ 的附近；反之，$D(X)$ 较大，则随机变量 X 的取值较分散．

2. **方差的计算**

由定义 5.2.1 知，方差实际上就是随机变量 X 的函数 $g(x) = [X - E(X)]^2$ 的数学期望．于是对于离散型随机变量，由式 (5.1.4) 有

$$D(X) = \sum_{k=1}^{+\infty} [x_k - E(X)]^2 p_k$$

其中，$p_k \triangleq P\{X = x_k\}$，$k = 1, 2, \cdots$

对于连续型随机变量，由式（4.1.5）有

$$D(X) = \int_{-\infty}^{+\infty} [X - E(X)]^2 f(x) \mathrm{d}x$$

其中，$f(x)$ 为 X 的概率密度.

在方差的计算中，我们常用以下简化过的计算公式

$$D(X) = E(X^2) - [E(X)]^2 \qquad (5.2.1)$$

证明：由定义 5.2.1 可知 $D(X) = E[X - E(X)]^2$. 又

$$[X - E(X)]^2 = X^2 - 2X \cdot E(X) + [E(X)]^2$$

所以 $D(X) = E[X - E(X)]^2 = E\{X^2 - 2E(X) \cdot X + [E(X)]^2\}$

$$= E(X^2) - 2E(X) \cdot E(X) + [E(X)]^2$$

$$= E(X^2) - [E(X)]^2$$

例 5.2.2 随机变量 X 表示从生产线上抽取的 3 个零件进行检测时的次品数，X 的分布律如表 5.2.1 所示：

表 5.2.1

X	0	1	2	3
p_k	0.51	0.38	0.10	0.01

试求：X 的方差.

解： 因为 $E(X) = 0 \times 0.51 + 1 \times 0.38 + 2 \times 0.1 + 3 \times 0.01 = 0.61$,

$E(X^2) = 0^2 \times 0.51 + 1^2 \times 0.38 + 2^2 \times 0.1 + 3^2 \times 0.01 = 0.87$

所以，由式（5.2.1）可知，

$D(X) = E(X^2) - [E(X)]^2 = 0.87 - 0.61^2 = 0.4979$

例 5.2.3 某地方连锁店每周对百事可乐的需求量（kL）用连续型随机

变量 X 表示，其概率密度为 $f(x) = \begin{cases} 2(x-1), & 1 < x < 2 \\ 0, & 其他 \end{cases}$.

试求：X 的均值和方差.

解： 由题意可知，$E(X) = \int_{-\infty}^{+\infty} xf(x)\mathrm{d}x = \int_1^2 x2(x-1)\mathrm{d}x = \dfrac{5}{3}$

$$E(X^2) = \int_{-\infty}^{+\infty} x^2 f(x) \, dx = \int_1^2 x^2 2(x-1) \, dx = \frac{17}{6}$$

所以，由式（5.2.1）可知，

$$D(X) = E(X^2) - [E(X)]^2 = \frac{17}{6} - \left(\frac{5}{3}\right)^2 = \frac{1}{18}.$$

例 5.2.4 某人有一笔资金，可投入两个项目：房产和商业，这两个项目的收益都与市场状态有关．若把未来市场划分为好、中、差三个等级，各等级发生的概率分别为 0.2，0.7，0.1. 通过调查，该投资者认为投资于房产的收益 X（万元）的分布律如表 5.2.2 所示：

表 5.2.2

X	11	3	−3
p_k	0.2	0.7	0.1

投资于商业的收益 Y（万元）的分布律如表 5.2.3 所示：

表 5.2.3

Y	6	4	−1
p_k	0.2	0.7	0.1

请问：该投资者如何进行投资好？

解：计算可知，$E(X) = 4.0$（万元），$E(Y) = 3.9$（万元），于是 $E(X) > E(Y)$．所以从期望收益的角度来看，该投资者投资房产收益大，比投资商业多受益 0.1 万元．

但 $D(X) = (11-4)^2 \times 0.2 + (3-4)^2 \times 0.7 + (-3-4)^2 \times 0.1 = 15.4$

$D(Y) = (6-3.9)^2 \times 0.2 + (4-3.9)^2 \times 0.7 + (-1-3.9)^2 \times 0.1 = 3.29$

从而 $\sigma(X) = \sqrt{15.4} = 3.92$，$\sigma(Y) = \sqrt{3.29} = 1.81$

故 $\sigma(X) > \sigma(Y)$

因为标准差（方差）越大说明收益的波动越大，从而风险就大．所以从标准差的角度看，投资房产的风险比投资商业的风险大一倍多．若收益与风险综合权衡，该投资者还是应该投资商业为好，虽然平均收益少 0.1 万元，但风险要小一半以上．

（二）SPOC 自主测试习题

1. 已知 $P\{X=-2\}=0.4$，$P\{X=0\}=0.3$，$P\{X=2\}=0.3$，则 $D(X)=$ ___2.76___ 。

2. 设随机变量 X 的概率密度为 $f(x)=\begin{cases}\dfrac{1}{9}x^2, & 0<x<3 \\ 0, & \text{其他}\end{cases}$，则

$E(X)=$ ___9/4___ ，$E(X^2)=$ ___27/5___ 。

3. 设二维随机变量 (X,Y) 的概率分布为：

$P\{X=0,Y=1\}=0.1, P\{X=0,Y=0\}=P\{X=1,Y=0\}=P\{X=1,Y=1\}=0.3$，

则 $D(X)=$ ___0.24___ 。

4. 设二维随机变量 (X,Y) 的概率密度为

$f(x,y)=\begin{cases}\dfrac{1}{8}(x+y), & 0\leqslant x\leqslant 2,\ 0\leqslant y\leqslant 2 \\ 0, & \text{其他}\end{cases}$. 则 $D(X)=$ ___11/36___ 。

二、课堂探究

（一）教师精讲

1. 方差的性质

随机变量的方差具有下列性质（设以下遇到的随机变量的方差都存在）.

①设 C 是常数，则 $D(C)=0$；

②设 X 是随机变量，a 是常数，则 $D(aX)=a^2D(X)$；

③设 X，Y 是两个随机变量，则

$$D(X\pm Y)=D(X)+D(Y)\pm 2E\{[X-E(X)][Y-E(Y)]\};$$

特别地，若 X 与 Y 相互独立，则

$$D(X\pm Y)=D(X)+D(Y)$$

④ $D(X)=0\Leftrightarrow P\{X=E(X)\}=1$；

⑤设随机变量 X 的期望为 $E(X)=\mu$，方差为 $D(X)=\sigma^2(\sigma>0)$，令

$$X^*=\frac{X-\mu}{\sigma}\ (\text{称为 }X\text{ 的标准化随机变量})$$

则 $E(X^*) = 0$，　$D(X^*) = 1$.

下面证明性质③④⑤.

证明性质③：由定义 5.2.1 知

$$D(X \pm Y) = E\left[(X \pm Y) - E(X \pm Y)\right]^2$$
$$= E\left\{[(X - E(X)] \pm [(Y - E(Y)]\right\}^2$$
$$= E\left\{[(X - E(X)]^2 \pm 2[(X - E(X)][(Y - E(Y)] + [(Y - E(Y)]^2\right\}$$
$$= E[(X - E(X)]^2 + E[(Y - E(Y)]^2 \pm 2E\left\{[(X - E(X)][(Y - E(Y)]\right\}$$
$$= D(X) + D(Y) \pm 2E\left\{[X - E(X)][Y - E(Y)]\right\}.$$

当随机变量 X 与 Y 相互独立时，$X - E(X)$ 与 $Y - E(Y)$ 也相互独立，由期望的性质有

$$E\left\{[(X - E(X)][(Y - E(Y)]\right\} = E[(X - E(X)] E[(Y - E(Y)] = 0$$

所以 $D(X \pm Y) = D(X) + D(Y)$.

证明性质④的充分性：

设 $P\{X = E(X)\} = 1$，则 $E(X) = 1$，$E(X^2) = 1$. 于是

$$D(X) = E(X^2) - [E(X)]^2 = 1 - 1 = 0.$$

学习切比雪夫不等式之后将证明性质 4 的必要性.

证明性质⑤：由期望和方差的性质可知

$$E(X^*) = E\left(\frac{X - \mu}{\sigma}\right) = \frac{1}{\sigma}[E(X) - \mu] = 0$$

$$D(X^*) = D\left(\frac{X - \mu}{\sigma}\right) = \frac{1}{\sigma^2}D(X) = 1.$$

例 5.2.5　令随机变量 X 和 Y 分别表示一批化学产品中两种不同杂质的数量，且 X 和 Y 相互独立，方差分别为 $D(X) = 2$，$D(Y) = 3$.

试求：随机变量 $Z = 3X - 2Y + 5$ 的方差.

解：由题意可知，X 和 Y 相互独立，且 $D(X) = 2$，$D(Y) = 3$

故由方差性质可得

$$D(Z) = D(3X - 2Y + 5) = 3^2 D(X) + 2^2 D(Y) = 9 \times 2 + 4 \times 3 = 30.$$

2. 常用分布的期望和方差

① $X \sim b(1, p)$，则 $E(X) = p$，$D(X) = p(1 - p)$；

②$X \sim b(n, p)$，则 $E(X) = np$，$D(X) = np(1-p)$；

③$X \sim \pi(\lambda)$，则 $E(X) = \lambda$，$D(X) = \lambda$；

④$X \sim U(a, b)$，则 $E(X) = \dfrac{a+b}{2}$，$D(X) = \dfrac{(b-a)^2}{12}$；

⑤$X \sim E(\lambda)$，则 $E(X) = \dfrac{1}{\lambda}$，$D(X) = \dfrac{1}{\lambda^2}$；

⑥设 $X \sim N(0, 1)$，则 $E(X) = 0$，$D(X) = 1$；

⑦$X \sim N(\mu, \sigma^2)$，则 $E(X) = \mu$，$D(X) = \sigma^2$.

其中①④比较简单，不予证明，下面证明②③⑤⑥⑦.

证明：②在 n 重伯努利试验中，设 $P(A) = p$，设随机变量

$$X_i = \begin{cases} 1, & \text{第 } i \text{ 次试验中事件 } A \text{ 发生} \\ 0, & \text{第 } i \text{ 次试验中事件 } A \text{ 不发生} \end{cases}$$

则 X_i 与 X_j 相互独立，且 $X_i \sim b(1, p)$，$i, j = 1, 2, \cdots, n$，且 $i \neq j$.

由①知 $E(X_i) = p$，$D(X_i) = p(1-p)$，$i = 1, 2, \cdots, n$.

设随机变量 X："n 重伯努利试验中事件 A 发生的次数"，则 $X \sim b(n, p)$.

显然 $X = X_1 + X_2 + \cdots + X_n$，

所以

$$E(X) = E(X_1 + X_2 + \cdots + X_n) = E(X_1) + E(X_2) + \cdots + E(X_n) = np$$

$$D(X) = D(X_1 + X_2 + \cdots + X_n) = D(X_1) + D(X_2) + \cdots + D(X_n) = np(1-p)$$

③因为随机变量 $X \sim \pi(\lambda)$，故其分布律为

$$P\{X = k\} = \dfrac{\lambda^k}{k!}e^{-\lambda}, \ k = 0, 1, 2, \cdots$$

于是 $E(X) = \displaystyle\sum_{k=0}^{\infty} k \dfrac{\lambda^k}{k!}e^{-\lambda} = \lambda e^{-\lambda} \sum_{k=1}^{\infty} \dfrac{\lambda^{k-1}}{(k-1)!} = \lambda e^{-\lambda}e^{\lambda} = \lambda$

又 $E(X^2) = \displaystyle\sum_{k=0}^{\infty} k^2 \dfrac{\lambda^k}{k!}e^{-\lambda} = \sum_{k=1}^{\infty} k \dfrac{\lambda^k}{(k-1)!}e^{-\lambda}$

$\qquad = \displaystyle\sum_{k=1}^{\infty} (k-1)\dfrac{\lambda^k}{(k-1)!}e^{-\lambda} + \sum_{k=1}^{\infty} \dfrac{\lambda^k}{(k-1)!}e^{-\lambda}$

$\qquad = \lambda^2 e^{-\lambda} \displaystyle\sum_{k=2}^{\infty} \dfrac{\lambda^{k-2}}{(k-2)!} + \lambda e^{-\lambda}e^{\lambda} = \lambda^2 + \lambda$

所以 $D(X) = E(X^2) - [E(X)]^2 = \lambda^2 + \lambda - \lambda^2 = \lambda$

⑤由题意可知，随机变量 X 的概率密度为

$$f(x) = \begin{cases} \lambda e^{-\lambda x}, & x > 0 \\ 0, & x \leqslant 0 \end{cases} (\lambda > 0, \text{ 为常数})$$

于是 $E(X) = \int_{-\infty}^{+\infty} xf(x)\mathrm{d}x = \int_0^{+\infty} x \cdot \lambda e^{-\lambda x}\mathrm{d}x$

$$= \int_0^{+\infty} x \cdot \lambda e^{-\lambda x}\mathrm{d}x = -xe^{-\lambda x}\,|_0^{+\infty} + \int_0^{+\infty} xe^{-\lambda x}\mathrm{d}x = \frac{1}{\lambda}\int_0^{+\infty} \lambda e^{-\lambda x}\mathrm{d}x = \frac{1}{\lambda}$$

$$E(X^2) = \int_{-\infty}^{+\infty} x^2 f(x)\mathrm{d}x = \int_0^{+\infty} x^2 \cdot \lambda e^{-\lambda x}\mathrm{d}x$$

$$= -\int_0^{+\infty} x^2 \mathrm{d}(e^{-\lambda x}) = -x^2 e^{-\lambda x}\,|_0^{+\infty} + 2\int_0^{+\infty} xe^{-\lambda x}\mathrm{d}x = \frac{2}{\lambda^2}$$

所以 $D(X) = E(X^2) - [E(X)]^2 = \dfrac{2}{\lambda^2} - \dfrac{1}{\lambda^2} = \dfrac{1}{\lambda^2}$

⑥由题意可知，随机变量 X 的概率密度为

$$\varphi(x) = \frac{1}{\sqrt{2\pi}}e^{-\frac{x^2}{2}}, \quad -\infty < x < +\infty$$

于是 $E(X) = \int_{-\infty}^{+\infty} xf(x)\mathrm{d}x = \int_{-\infty}^{+\infty} x \cdot \dfrac{1}{\sqrt{2\pi}}e^{-\frac{1}{2}x^2}\mathrm{d}x = 0$

$$E(X^2) = \int_{-\infty}^{+\infty} x^2 f(x)\mathrm{d}x = \int_{-\infty}^{+\infty} x^2 \cdot \frac{1}{\sqrt{2\pi}}e^{-\frac{1}{2}x^2}\mathrm{d}x = -\frac{1}{\sqrt{2\pi}}\int_{-\infty}^{+\infty} x\mathrm{d}(e^{-\frac{x^2}{2}})$$

$$= -\frac{1}{\sqrt{2\pi}}xe^{-\frac{x^2}{2}}\,\Big|_{-\infty}^{+\infty} + \frac{1}{\sqrt{2\pi}}\int_{-\infty}^{+\infty} e^{-\frac{x^2}{2}}\mathrm{d}x = \int_{-\infty}^{+\infty} \frac{1}{\sqrt{2\pi}}e^{-\frac{1}{2}x^2}\mathrm{d}x = 1$$

所以 $D(X) = E(X^2) - [E(X)]^2 = 1 - 0 = 1$

⑦由题意可知，$X \sim N(\mu, \sigma^2)$，令 $Y = \dfrac{X - \mu}{\sigma}$，则 $Y \sim N(0, 1)$

由⑥可知，$E(Y) = 0$，$D(Y) = 1$，而 $X = \sigma Y + \mu$

所以 $E(X) = E(\sigma Y + \mu) = \sigma E(Y) + E(\mu) = \mu$

$$D(X) = D(\sigma Y + \mu) = \sigma^2 D(Y) = \sigma^2$$

(二) 学生内化

1. 设随机变量 $X \sim N(0, 1)$，$Y \sim N(1, 2)$，X，Y 相互独立，令 $Z = Y - 2X$，则 $Z \sim$（C）．

　　A. $N(-2, 5)$　　B. $N(1, 5)$　　　C. $N(1, 6)$　　　D. $N(2, 9)$

2. 设随机变量 X 服从参数为 1 的指数分布, 则以下计算错误的是 (D).

A. $E(X) = 1$ B. $E(2X) = 2$ C. $D(X) = 1$ D. $E(X^2) = 1$

3. 若随机变量 X, Y 相互独立, 且 $E(X) = E(Y) = 0$, $D(X) = D(Y) = 1$, 则 $E[(X+2Y)^2] =$ (B).

A. 3   B. 5   C. 4   D. 6

4. 设随机变量 X 服从 $p = \dfrac{1}{7}$ 的二项分布, 且 $E(X) = 3$, 则 $n = \underline{\quad 21 \quad}$, $D(X) = \underline{\quad 18/7 \quad}$.

5. 设 X 服从泊松分布, 且 $P\{X = 2\} = P\{X = 4\}$, 则 $D(X) = \underline{\quad 2\sqrt{3} \quad}$.

6. 已知随机变量 $X \sim N(-2, 0.4^2)$, 则 $E(X + 3)^2 = \underline{\quad 1.16 \quad}$.

7. 设随机变量 X 的分布函数为 $F(x) = \begin{cases} 0, & x<0 \\ x^2, & 0 \leqslant x < 1 \\ 1, & x \geqslant 1 \end{cases}$, 试求: $D(X)$.

解: 由题意可知, 随机变量 X 的概率密度 $f(x) = F'(x) = \begin{cases} 2x, & 0 \leqslant x < 1 \\ 0, & \text{其他} \end{cases}$,

于是
$$E(X) = \int_{-\infty}^{+\infty} x f(x) \, dx = \int_0^1 x \cdot 2x \, dx = \frac{2}{3} x^3 \Big|_0^1 = \frac{2}{3}$$

$$E(X^2) = \int_{-\infty}^{+\infty} x^2 f(x) \, dx = \int_0^1 x^2 \cdot 2x \, dx = \frac{2}{4} x^4 \Big|_0^1 = \frac{1}{2}$$

所以
$$D(X) = E(X^2) - [E(X)]^2 = \frac{1}{2} - \left(\frac{2}{3}\right)^2 = \frac{1}{18}.$$

8. 设随机变量 X: "每 100 行软件代码的错误数", 其分布律如表 5.2.4 所示:

表 5.2.4

X	2	3	4	5	6
p_k	0.01	0.25	0.4	0.3	0.04

试求: $D(X)$.

解: 因为 $E(X) = 2 \times 0.01 + 3 \times 0.25 + 4 \times 0.4 + 5 \times 0.3 + 6 \times 0.04 = 4.11$

$E(X^2) = 2^2 \times 0.01 + 3^2 \times 0.25 + 4^2 \times 0.4 + 5^2 \times 0.3 + 6^2 \times 0.04 = 17.63$

所以 $D(X) = E(X^2) - [E(X)]^2 = 17.63 - (4.11)^2 = 0.7379.$

9. 设随机变量 X, Y 分别表示甲、乙两种棉花的纤维长度（单位：mm）. X 和 Y 的分布律分别如表 5.2.5、表 5.2.6 所示：

表 5.2.5

X	28	29	30	31	32
p_k	0.1	0.15	0.5	0.15	0.1

表 5.2.6

Y	28	29	30	31	32
p_k	0.13	0.17	0.4	0.17	0.13

试求：$D(X)$，$D(Y)$，且评定它们的质量.

解：由于

$$E(X) = 28 \times 0.1 + 29 \times 0.15 + 30 \times 0.5 + 31 \times 0.15 + 32 \times 0.1 = 30$$
$$E(Y) = 28 \times 0.13 + 29 \times 0.17 + 30 \times 0.4 + 31 \times 0.17 + 32 \times 0.13 = 30$$

故得

$$\begin{aligned} D(X) &= (28 - 30)^2 \times 0.1 + (29 - 30)^2 \times 0.15 + (30 - 30)^2 \times 0.5 + \\ &\quad (31 - 30)^2 \times 0.15 + (32 - 30)^2 \times 0.1 \\ &= 4 \times 0.1 + 1 \times 0.15 + 0 \times 0.5 + 1 \times 0.15 + 4 \times 0.1 = 1.1 \end{aligned}$$

$$\begin{aligned} D(Y) &= (28 - 30)^2 \times 0.13 + (29 - 30)^2 \times 0.17 + (30 - 30)^2 \times 0.4 + \\ &\quad (31 - 30)^2 \times 0.17 + (32 - 30)^2 \times 0.13 \\ &= 4 \times 0.13 + 1 \times 0.17 + 0 \times 0.4 + 1 \times 0.17 + 4 \times 0.13 = 1.38 \end{aligned}$$

因为 $D(X) < D(Y)$，说明甲种棉花纤维长度的方差小些，即其纤维比较均匀，故甲种棉花的质量比较好.

三、拓展升华

1. 设 n 个随机变量 $X_i(i = 1, 2, 3, \cdots, n)$ 相互独立且同分布，又 $E(X_i) = a$，$D(X_i) = b$，则 $\overline{X} = \dfrac{1}{n} \sum\limits_{i=1}^{n} X_i$ 的数学期望和方差分别为（A）.

A. a, $\dfrac{b}{n}$　　　　B. a, $\dfrac{b}{n^2}$　　　　C. $\dfrac{a}{n}$, b　　　　D. a, $\dfrac{b^2}{n}$

2. （美）Ronald E. Walpole 等著，周勇等译的《理工科概率统计》：第 86 页第 4.36、4.37、4.38、4.39、4.43 题.

第三节　协方差和相关系数矩

 学习目标 ─────────────────────

1. 会计算已知分布的协方差和相关系数；
2. 会用协方差和相关系数的性质计算；
3. 能说出协方差与相关系数的区别和联系；
4. 能写出矩的定义.

一、前置研修

（一）MOOC 自主研学内容

对于二维随机变量 (X, Y)，数学期望 $E(X)$、$E(Y)$ 只能描述分量 X 与 Y 各自的集中趋势，方差 $D(X)$、$D(Y)$ 只能反映分量 X 与 Y 各自偏离数学期望的程度. 在一些实际问题中，往往还需要考虑 X 与 Y 之间的关联程度，如身高与体重、温度与湿度等. 本节课我们将学习描述 X 与 Y 之间线性相关关系的数字特征，即协方差和相关系数.

协方差

（1）协方差的定义

由上一节中方差的性质③可知，若随机变量 X 与 Y 相互独立，则

$$E\{[X - E(Y)][Y - E(Y)]\} = 0$$

这表明若 $E\{[X - E(Y)][Y - E(Y)]\} \neq 0$，则随机变量 X 与 Y 不相互独立，而是存在一定关系的，因此我们考虑用这个量作为描述 X 与 Y 之间有相互关系的数字特征.

定义 5.3.1　设 (X, Y) 是二维随机变量，称

$$E\{[X - E(Y)][Y - E(Y)]\}$$

为随机变量 X 与 Y 的协方差，记为 $\mathrm{Cov}(X, Y)$，即

$$\mathrm{Cov}(X, Y) = E\{[X - E(X)][Y - E(Y)]\} \tag{5.3.1}$$

由协方差的定义和方差的性质③可知

$$D(X \pm Y) = D(X) + D(Y) \pm 2\mathrm{Cov}(X, Y) \qquad (5.3.2)$$

（2）协方差的定义计算公式

若 (X, Y) 是二维离散型随机变量，其联合分布律为

$$P\{X = x_i, Y = y_j\} \triangleq p_{ij}, i, j = 1, 2, \cdots$$

则有

$$\mathrm{Cov}(X, Y) = \sum_i \sum_j [x_i - E(X)] [y_j - E(Y)] p_{ij}.$$

若 (X, Y) 是二维连续型随机变量，其联合概率密度为 $f(x, y)$，
则有

$$\mathrm{Cov}(X, Y) = \int_{-\infty}^{+\infty} \int_{-\infty}^{+\infty} [x - E(X)] [y - E(Y)] f(x, y) \mathrm{d}x \mathrm{d}y.$$

（3）协方差的简化计算公式

因为

$$
\begin{aligned}
\mathrm{Cov}(X, Y) &= E\{[X - E(X)][Y - E(Y)]\} \\
&= E\{[XY - XE(Y) - E(X)Y + E(X)E(Y)]\} \\
&= E(XY) - E(X)E(Y) - E(X)E(Y) + E(X)E(Y) \\
&= E(XY) - E(X)E(Y)
\end{aligned}
$$

故而得到协方差的简化计算公式

$$\mathrm{Cov}(X, Y) = E(XY) - E(X)E(Y) \qquad (5.3.3)$$

例 5.3.1 从装有 3 支蓝色、2 支红色和 3 支绿色圆珠笔笔芯的盒子中随机地挑选 2 支. 令 X 表示选出蓝色笔芯的数目，Y 表示选出红色笔芯的数目. 试求：X 与 Y 的协方差.

解： 由题意，X 与 Y 的联合分布律和边缘分布律如表 5.3.1 所示：

表 5.3.1

X	Y			
	0	1	2	$p_{\cdot j}$
0	$\dfrac{3}{28}$	$\dfrac{9}{28}$	$\dfrac{3}{28}$	$\dfrac{15}{28}$
1	$\dfrac{3}{14}$	$\dfrac{3}{14}$	0	$\dfrac{3}{7}$

X	Y			
	0	1	2	$p_{\cdot j}$
2	$\dfrac{1}{28}$	0	0	$\dfrac{1}{28}$
$p_{i\cdot}$	$\dfrac{5}{14}$	$\dfrac{15}{28}$	$\dfrac{3}{28}$	1

于是 $E(XY) = 1 \times 1 \times \dfrac{3}{14} = \dfrac{3}{14}$

$$E(X) = 1 \times \dfrac{15}{28} + 2 \times \dfrac{3}{28} = \dfrac{3}{4}$$

$$E(Y) = 1 \times \dfrac{3}{7} + 2 \times \dfrac{1}{28} = \dfrac{1}{2}$$

所以 $\mathrm{Cov}(X, Y) = E(XY) - E(X)E(Y) = \dfrac{3}{14} - \dfrac{3}{4} \times \dfrac{1}{2} = -\dfrac{9}{56}$

例 5.3.2 完成马拉松赛跑的男性参赛者的比例 X 和女性参赛者比例 Y 的联合概率密度为

$$f(x, y) = \begin{cases} 8xy, & 0 \leqslant y \leqslant x \leqslant 1 \\ 0, & \text{其他} \end{cases}$$

试求：X 与 Y 的协方差.

解： 由题意 $E(XY) = \displaystyle\int_{-\infty}^{+\infty} \int_{-\infty}^{+\infty} xy f(x, y)\,\mathrm{d}x\mathrm{d}y = \int_0^1 \int_y^1 8x^2 y^2\,\mathrm{d}x\mathrm{d}y = \dfrac{4}{9}$

又 $\qquad\qquad f_X(x) = \begin{cases} 4x^3, & 0 \leqslant x \leqslant 1 \\ 0, & \text{其他} \end{cases}$

于是 $\qquad\qquad E(X) = \displaystyle\int_{-\infty}^{+\infty} xf(x)\,\mathrm{d}x = \int_0^1 4x^4\,\mathrm{d}x = \dfrac{4}{5}$

同理，因为 $\qquad f_Y(y) = \begin{cases} 4y(1 - y^2), & 0 \leqslant y \leqslant 1 \\ 0, & \text{其他} \end{cases}$

故 $\qquad\qquad E(Y) = \displaystyle\int_{-\infty}^{+\infty} yf(y)\,\mathrm{d}y = \int_0^1 4y^2(1 - y^2)\,\mathrm{d}y = \dfrac{8}{15}$

所以 $\mathrm{Cov}(X, Y) = E(XY) - E(X)E(Y) = \dfrac{4}{9} - \dfrac{4}{5} \times \dfrac{8}{15} = \dfrac{4}{225}$.

（4）协方差的性质

① $\text{Cov}(X, Y) = D(X)$；

② $\text{Cov}(X, Y) = \text{Cov}(Y, X)$；

③ $\text{Cov}(aX, bY) = ab\text{Cov}(X, Y)$（$a, b$ 为任意常数）；

④ $\text{Cov}(C, X) = 0$（C 为任意常数）；

⑤ $\text{Cov}(X_1 + X_2, Y) = \text{Cov}(X_1, Y) + \text{Cov}(X_2, Y)$；

⑥ 如果 X 与 Y 相互独立，则 $\text{Cov}(X, Y) = 0$．．

例 5.3.3　在例 5.3.1 中已知 X 和 Y 的协方差，试求：$D(X - 3Y)$．

解：由例 5.3.1 可知 $\text{Cov}(X, Y) = -\dfrac{9}{56}$

$$E(X) = 1 \times \frac{15}{28} + 2 \times \frac{3}{28} = \frac{3}{4}$$

$$E(Y) = 1 \times \frac{3}{7} + 2 \times \frac{1}{28} = \frac{1}{2}$$

计算得

$$E(X^2) = 1^2 \times \frac{15}{28} + 2^2 \times \frac{3}{28} = \frac{27}{28}$$

于是

$$D(X) = E(X^2) - [E(X)]^2 = \frac{27}{28} - \left(\frac{3}{4}\right)^2 = \frac{45}{112}$$

同理可得

$$E(Y^2) = \frac{4}{7}, \quad D(Y) = \frac{4}{7} - \left(\frac{1}{2}\right)^2 = \frac{9}{28}$$

所以

$$D(X - 3Y) = D(X) + 9D(Y) - 6\text{Cov}(X, Y)$$

$$= \frac{45}{112} + 9 \times \frac{9}{28} - 6 \times \left(-\frac{9}{56}\right) = \frac{477}{112} \approx 4.2589.$$

（二）SPOC 自主测试习题

1. 如果随机变量 X, Y 满足 $D(X + Y) = D(X - Y)$，则必有（B）．

A. X 与 Y 独立　　　　　　B. X 与 Y 不相关

C. $D(Y) = 0$　　　　　　D. $D(X) = 0$

2. 设随机变量 X, Y 的联合分布律为：

$P\{X = 0, Y = 1\} = 0.1$，$P\{X = 0, Y = 0\} = P\{X = 1, Y = 0\} = P\{X = 1, Y = 1\} = 0.3$，则 $\text{Cov}(X, Y) = \underline{\ 0.06\ }$．

3. 设 $D(X) = 2$，$D(Y) = 4$，$\text{Cov}(X, Y) = 0$，则 $D(3X - 2Y) = \underline{\ 34\ }$．

二、课堂探究

(一) 教师精讲

1. 相关系数

(1) 相关系数的定义

注意协方差 $\mathrm{Cov}(X, Y)$ 的单位是随机变量 X 与 Y 的单位的乘积，当 X，Y 使用不同的量纲时，其意义不甚明确. 为了更明确地描述 X 与 Y 之间的相互关系，我们将 X 与 Y 进行标准化处理，得到

$$X^* = \frac{X - E(X)}{\sqrt{D(X)}}, \quad Y^* = \frac{Y - E(Y)}{\sqrt{D(Y)}}$$

此时 X^* 与 Y^* 都是无量纲的纯量，且 $E(X^*) = 0$，$E(Y^*) = 0$. 由协方差的简化计算公式 (5.3.3) 可知

$$\mathrm{Cov}(X^*, Y^*) = E(X^* Y^*) - E(X^*) E(Y^*)$$

$$= E\left\{ \left[\frac{X - E(X)}{\sqrt{D(X)}} \right] \left[\frac{Y - E(Y)}{\sqrt{D(Y)}} \right] \right\} = \frac{\mathrm{Cov}(X, Y)}{\sqrt{D(X)} \sqrt{D(Y)}}$$

由此得到相关系数的定义.

定义 5.3.2 设 (X, Y) 是二维随机变量，且 X，Y 的数学期望和方差都存在，则称 $\dfrac{\mathrm{Cov}(X, Y)}{\sqrt{D(X) D(Y)}}$ 为随机变量 X 与 Y 的相关系数，记为 ρ_{XY}.

即

$$\rho_{XY} = \frac{\mathrm{Cov}(X, Y)}{\sqrt{D(X) D(Y)}} \tag{5.3.4}$$

(2) 相关系数的性质

① $|\rho_{XY}| \leqslant 1$；

② $|\rho_{XY}| = 1$ 的充要条件是 $P\{Y = aX + b\} = 1 (a, b \in R, a \neq 0)$.

ρ_{XY} 是一个可以用来描述 X，Y 之间的线性关系紧密程度的量，当 $|\rho_{XY}|$ 较大时，我们通常说 X，Y **线性相关的程度较好**；当 $|\rho_{XY}|$ 较小时，我们说 X，Y **线性相关的程度较差**；当 $\rho_{XY} = 0$ 时，称 X **和** Y **不相关**. 特别当 $|\rho_{XY}| = 1$ 时，X，Y 之间以概率 1 存在着线性关系.

事实上，当 X 和 Y 相互独立时，有 $\mathrm{Cov}(X, Y) = 0$，从而 $\rho_{XY} = 0$，即

X, Y不相关；反之，当X和Y不相关时却不一定相互独立（见例5.3.4）. 这是因为不相关只是就线性关系而言，而相互独立则是就一般关系来说的.

例5.3.4 设随机变量X和Y的联合分布律和边缘分布律分别如表5.3.2所示。

表5.3.2

X	Y				
	− 2	− 1	1	2	$p_{.j}$
1	0	0.25	0.25	0	0.5
4	0.25	0	0	0.25	0.5
$p_{i.}$	0.25	0.25	0.25	0.25	1

请判断：（1）X和Y是否相关；（2）X和Y是否相互独立.

解：（1）由题意可知，$E(X) = 0$，$E(Y) = 2.5$，$E(XY) = 0$，于是$\rho_{XY} = 0$.

所以X和Y不相关.

（2）因为

$$P\{X = -2, Y = 1\} = 0 \neq P\{X = -2\}P\{Y = 1\}$$

所以X和Y不是相互独立的.

事实上X和Y具有关系：$Y = X^2$，Y的值完全可由X的值确定.

例5.3.5 在例5.3.2中，已知随机变量X和Y的联合概率密度为

$$f(x, y) = \begin{cases} 8xy, & 0 \leqslant y \leqslant x \leqslant 1 \\ 0, & 其他 \end{cases}$$

试求：X和Y的相关系数.

解：由例5.3.2可知，

$$\mathrm{Cov}(X, Y) = \frac{4}{225}, \quad E(X) = \frac{4}{5}, \quad E(Y) = \frac{8}{15}$$

又

$$f_X(x) = \begin{cases} 4x^3, & 0 \leqslant x \leqslant 1 \\ 0, & 其他 \end{cases}$$

于是

$$E(X^2) = \int_{-\infty}^{+\infty} x^2 f(x) \, \mathrm{d}x = \int_0^1 4x^5 \, \mathrm{d}x = \frac{2}{3}$$

故 $\quad D(X) = E(X^2) - [E(X)]^2 = \dfrac{2}{3} - \left(\dfrac{4}{5}\right)^2 = \dfrac{2}{75}$

同理可知 $\quad f_Y(y) = \begin{cases} 4y(1-y^2), & 0 \leqslant y \leqslant 1 \\ \\ 0, & 其他 \end{cases}$

于是

$$E(Y^2) = \int_{-\infty}^{+\infty} y^2 f(y)\,\mathrm{d}y = \int_0^1 4x^3(1-y^2)\,\mathrm{d}y = \dfrac{1}{3}$$

从而 $D(Y) = E(Y^2) - [E(Y)]^2 = \dfrac{1}{3} - \left(\dfrac{8}{15}\right)^2 = \dfrac{11}{225}$

所以 $\rho_{XY} = \dfrac{\mathrm{Cov}(X,\,Y)}{\sqrt{D(X)D(Y)}} = \dfrac{\dfrac{4}{225}}{\sqrt{\dfrac{11}{225} \times \dfrac{2}{75}}} = \sqrt{\dfrac{8}{33}} \approx -0.4924.$

2. 矩

定义 5.3.3 设 X 和 Y 是随机变量，若

$$\mu_k = E(X^k),\ k = 1,\ 2,\ \cdots$$

存在，则称其为 X 的 k 阶原点矩.

若

$$\nu_k = E\{[X - E(X)]^k\},\quad k = 2,\ 3,\ \cdots$$

存在，则称其为 X 的 k 阶中心矩.

若

$$E(X^k Y^l),\quad k,\ l = 1,\ 2,\ \cdots$$

存在，则称其为 X 和 Y 的 $k+l$ 阶混合原点矩.

若

$$E\{[X - E(X)]^k [Y - E(Y)]^l\},\quad k,\ l = 1,\ 2,\ \cdots$$

存在，则称其为 X 和 Y 的 $k+l$ 阶混合中心矩.

显然 X 的期望 $E(X)$ 是 X 的一阶原点矩，方差 $D(X)$ 是 X 的二阶中心矩，协方差 $\mathrm{Cov}(X,\,Y)$ 是 X 和 Y 的二阶混合中心矩.

（二）学生内化

1. 设 $(X,\,Y)$ 为二维随机变量，则（A）.

A. 若 X 与 Y 独立, X 与 Y 必定不相关

B. 若 X 与 Y 不独立, X 与 Y 必定相关

C. 若 X 与 Y 独立, X 与 Y 必定相关

D. 若 X 与 Y 不独立, X 与 Y 必定不相关

2. 将长度为 1m 的木棒随机地截成两段, 则两段长度的相关系数为（D）.

A. 1　　　　　B. $\dfrac{1}{2}$　　　　　C. $-\dfrac{1}{2}$　　　　　D. -1

3. 设随机变量 X, Y 的联合分布律见表 5.3.3、表 5.3.4。

$P\{X=0, Y=1\}=0.1$, $P\{X=0, Y=0\}=P\{X=1, Y=0\}=P\{X=1, Y=1\}=0.3$, 则 $\rho_{XY}=$ __1/4__ .

解析：由题意 (X, Y) 关于 X, Y 的边缘分布律分别为

表 5.3.3

X	0	1
p_k	0.4	0.6

表 5.3.4

Y	0	1
p_k	0.6	0.4

所以 $E(X)=0.6$, $E(X^2)=0.6\Rightarrow D(X)=E(X^2)-[E(X)]^2=0.24$

$E(Y)=0.4$, $E(Y^2)=0.4\Rightarrow D(Y)=E(Y^2)-[E(Y)]^2=0.24$

又 $E(XY)=1\times1\times0.3=0.3$, 于是

$\text{Cov}(X, Y)=E(XY)-E(X)E(Y)=0.3-0.6\times0.4=0.06$

$\rho_{XY}=\dfrac{\text{Cov}(X, Y)}{\sqrt{D(X)}\sqrt{D(Y)}}=\dfrac{0.06}{\sqrt{0.24}\sqrt{0.24}}=\dfrac{1}{4}$.

三、课业延伸

1. 设随机变量 X, Y 不相关, 且 $E(X)=2$, $E(Y)=1$, $D(X)=3$, 则 $E[X(X+Y-2)]=$（D）.

A. -3　　　　　B. 3　　　　　C. -5　　　　　D. 5

2. 设随机变量 X 与 Y，已知 $D(X) = 25$，　$D(Y) = 36$，　$\rho_{XY} = 0.4$，则 $D(X - Y) = \underline{\quad 37 \quad}$．

3. 设随机变量 X 与 Y 的相关系数 $\rho = 1$，且 $X \sim N(0, 1)$，$Y \sim N(1, 4)$，则 $P\{Y = 2X + 1\} = \underline{\quad 1 \quad}$．

4. 设二维随机变量 (X, Y) 的概率密度为

$$f(x, y) = \begin{cases} \dfrac{1}{8}(x + y), & 0 \leqslant x \leqslant 2, \ 0 \leqslant y \leqslant 2 \\ 0, & \text{其他} \end{cases}$$

试求：$E(X)$，$E(Y)$，$\mathrm{Cov}(X, Y)$，ρ_{XY}，$D(X + Y)$．

解：由题意

$$f_X(x) = \int_{-\infty}^{+\infty} f(x, y)\mathrm{d}y = \begin{cases} \displaystyle\int_0^2 \frac{1}{8}(x + y)\mathrm{d}y = \frac{1}{4}(x + 1), & 0 \leqslant x \leqslant 2 \\ 0, & \text{其他} \end{cases}$$

于是　$E(X) = \displaystyle\int_{-\infty}^{+\infty} xf(x)\mathrm{d}x = \int_0^2 x\,\frac{1}{4}(x + 1)\mathrm{d}x = \frac{7}{6}$

$E(X^2) = \displaystyle\int_{-\infty}^{+\infty} x^2 \cdot f(x)\mathrm{d}x = \int_0^2 x^2 \cdot \frac{1}{4}(x + 1)\mathrm{d}x = \frac{5}{3}$

故　$D(X) = E(X^2) - [E(X)]^2 = \dfrac{5}{3} - \left(\dfrac{7}{6}\right)^2 = \dfrac{11}{36}$

由 x, y 的对称性可知，$E(Y) = \dfrac{7}{6}$，$D(Y) = \dfrac{11}{36}$

又 $E(XY) = \displaystyle\int_{-\infty}^{+\infty}\int_{-\infty}^{+\infty} xyf(x, y)\mathrm{d}x\mathrm{d}y = \int_0^2\int_0^2 xy\,\frac{1}{8}(x + y)\mathrm{d}x\mathrm{d}y = \frac{4}{3}$

所以 $\mathrm{Cov}(X, Y) = E(XY) - E(X)E(Y) = \dfrac{4}{3} - \dfrac{7}{6} \times \dfrac{7}{6} = -\dfrac{1}{36}$

$$\rho_{XY} = \frac{\mathrm{Cov}(X, Y)}{\sqrt{D(X)}\,\sqrt{D(Y)}} = -\frac{1}{11}$$

$$D(X + Y) = D(X) + D(Y) + 2\mathrm{Cov}(X, Y) = \frac{11}{36} + \frac{11}{36} + 2 \times \left(-\frac{1}{36}\right) = \frac{5}{9}.$$

第六章 大数定律和中心极限定理

第一节 大数定律

 学习目标 ——————————————————————————————

1. 会用切比雪夫不等式进行估算；
2. 能说出依概率收敛的定义及性质；
3. 能说出辛钦大数定律；
4. 理解伯努利大数定律，体会频率稳定性的真正含义．

一、前置研修

（一）MOOC 自主研学内容

切比雪夫不等式

设随机变量 X 的期望为 $E(X) = \mu$，方差为 $D(X) = \sigma^2$. 则对任意正数 ε，都有

$$P\{\,|X - \mu| \geqslant \varepsilon\} \leqslant \frac{\sigma^2}{\varepsilon^2} \tag{6.1.1}$$

这一不等式称为**切比雪夫不等式**，也可以写成如下形式：

$$P\{\,|X - \mu| < \varepsilon\} \geqslant 1 - \frac{\sigma^2}{\varepsilon^2}$$

当随机变量的概率分布未知，而 $E(X)$ 和 $D(X)$ 已知时，切比雪夫不等式给出了估计概率 $P\{\,|X - \mu| < \varepsilon\}$ 的界限．这个估计是比较粗糙的，如果已知随机变量的分布，所求的概率就可以被确切地计算出来，没有必要利用这一不等式来作估算．

例 6.1.1 在式 (6.1.1) 中分别取 $\varepsilon = 3\sqrt{D(X)}$, $4\sqrt{D(X)}$ 得到

$$P\{|X - E(X)| < 3\sqrt{D(X)}\} \geqslant 0.8889$$

$$P\{|X - E(X)| < 4\sqrt{D(X)}\} \geqslant 0.9375.$$

例 6.1.2 设电站供电网有 10000 盏点灯, 夜晚每一盏灯开灯的概率都是 0.7. 假定开、关时间彼此独立, 请用切比雪夫不等式估算夜晚同时开着的灯的盏数在 6800 与 7200 之间的概率.

解: 设随机变量 X: "夜晚同时开着的灯的盏数", 则 $X \sim b(n, p)$.

于是

$$E(X) = np = 10000 \times 0.7 = 7000$$

$$D(X) = np(1 - p) = 10000 \times 0.7 \times 0.3 = 2100$$

所以, 由切比雪夫不等式知

$$P\{6800 < X < 7200\} = P\{|X - 7000| < 200\} \geqslant 1 - \frac{2100}{200^2} \approx 0.95$$

证明第五章第二节中方差性质④的必要性:

设 $D(X) = 0$, 要证 $P\{X = E(X)\} = 1$, 用反证法.

假设 $P\{X = E(X)\} < 1$, 则存在某一个数 $\varepsilon > 0$, 使得

$$P\{|X - E(X)| \geqslant \varepsilon\} > 0$$

又因为 $D(X) = 0$, 故由切比雪夫不等式知, 对于任意 $\varepsilon > 0$ 都有

$$P\{|X - E(X)| \geqslant \varepsilon\} \leqslant \frac{D(X)}{\varepsilon^2} = 0$$

与假设矛盾, 于是 $P\{X = E(x)\} = 1$.

(二) SPOC 自主测试习题

1. 设随机变量 X 的 $E(X) = 10$, $D(X) = 0.05$, 由切比雪夫不等式, $P\{|X - 10| \geqslant 0.4\} \leqslant \underline{5/16}$.

2. 某元件的寿命 X (以小时计) 是随机变量, $E(X) = 1000$, $D(X) = 2500$, 则切比雪夫不等式, $P\{900 < X < 1100\}$ 至少是 $\underline{0.75}$.

二、课堂探究

(一) 教师精讲

在前文介绍概率的公理化定义时, 我们通过抛硬币试验直观地演示了大

量重复试验中频率的稳定值即是概率这一统计规律性，本节课我们将介绍这一统计规律性的理论基础．首先来学习依概率收敛．

1. 依概率收敛

定义 6.1.1 设 Y_1，Y_2，$\cdots$，Y_n，$\cdots$ 是一个随机变量序列，a 是一个常数．若对于任意正数 ε，有

$$\lim_{n \to \infty} P\{|Y_n - a| < \varepsilon\} = 1$$

则称序列 Y_1，Y_2，$\cdots$，Y_n，$\cdots$ 依概率收敛于 a，记为 $Y_n \xrightarrow{P} a$．

$Y_n \xrightarrow{P} a$ 的直观解释是：对于任意正数 ε，当 n 充分大时，"Y_n 与 a 的偏差大于或等于 ε" 这件事，即 $\{|Y_n - a| \geqslant \varepsilon\}$ 发生的概率很小，小到收敛于 0．这里的收敛性是概率意义上的收敛性，也就是说，无论给定怎样小的正数 ε，Y_n 与 a 的偏差大于等于 ε 是可能的，但是当 n 很大时，出现这种偏差的可能性很小．因此，当 n 很大时，事件 $\{|Y_n - a| < \varepsilon\}$ 几乎是必然发生的．依概率收敛序列有如下性质：

性质 6.1.1 设 $X_n \xrightarrow{P} a$，$Y_n \xrightarrow{P} b$，又设函数 $g(x, y)$ 在点 (a, b) 连续，则

$$g(X_n, Y_n) \xrightarrow{P} g(a, b) \tag{6.1.2}$$

2. 辛钦大数定律

定理 6.1.1（辛钦大数定律） 设 X_1，X_2，$\cdots$，X_n，$\cdots$ 是相互独立，服从同一分布的随机变量序列，且 $E(X_i) = \mu$（$i = 1, 2, \cdots$）．作前 n 个随机变量的算术平均 $\dfrac{1}{n} \sum_{i=1}^{n} X_i$，记为 $\overline{X}$，即 $\overline{X} = \dfrac{1}{n} \sum_{i=1}^{n} X_i$．则

$$\lim_{n \to \infty} P\left\{ \left| \frac{1}{n} \sum_{i=1}^{n} X_i - \mu \right| < \varepsilon \right\} = 1,$$

即 $$\overline{X} \xrightarrow{P} \mu \tag{6.1.3}$$

证明： 只在随机变量的方差 $D(X_i) = \sigma^2$（$i = 1, 2, \cdots$）存在这一条件下证明上述结果．因为

$$E\left(\frac{1}{n} \sum_{i=1}^{n} X_i \right) = \frac{1}{n} \sum_{i=1}^{n} E(X_i) = \frac{1}{n} \sum_{i=1}^{n} \mu$$

又因为随机变量 X_1，X_2，$\cdots$，X_n 相互独立，故

$$D\left(\frac{1}{n}\sum_{i=1}^{n}X_i\right)=\frac{1}{n^2}\sum_{i=1}^{n}D(X_i)=\frac{1}{n^2}\sum_{i=1}^{n}\sigma^2=\frac{\sigma^2}{n}$$

由切比雪夫不等式可得

$$1\geqslant P\left\{\left|\frac{1}{n}\sum_{i=1}^{n}X_i-\mu\right|<\varepsilon\right\}\geqslant 1-\frac{\sigma^2/n}{\varepsilon^2}$$

在上式中令 $n\rightarrow\infty$，得

$$\lim_{n\rightarrow\infty}P\left\{\left|\frac{1}{n}\sum_{i=1}^{n}X_i-\mu\right|<\varepsilon\right\}=1$$

由定义 6.1.2 即得 $\overline{X}\xrightarrow{P}\mu$.

辛钦大数定律表明，独立同分布且具有均值 μ 的随机变量 X_1，X_2，$\cdots$，X_n 的算术平均 $\overline{X}=\dfrac{1}{n}\sum_{i=1}^{n}X_i$ 构成了一个随机变量序列，无论 X_1，X_2，$\cdots$，X_n 的精确分布为何种分布，都有 $\overline{X}$ 依概率收敛于 μ. 这就是说，当 n 很大时，无论给定怎样小的正数 ε，$\overline{X}$ 与均值 μ 有偏差，即事件 $\{|\overline{X}-\mu|\geqslant\varepsilon\}$ 是有可能的，但概率很小，于是根据实际推断原理，事件 $\{|\overline{X}-\mu|<\varepsilon\}$ 几乎是必然发生的，因此说 $\overline{X}$ 稳定于均值 μ.

我们再进一步讨论，第四章的学习告诉我们均值 μ 描述的是随机现象结果的集中趋势，如果我们想探索一个未知的随机现象，只进行一次随机试验是无法确定其结果的集中情况的，但如果我们将这个试验独立地重复进行 $n(n$ 充分大$)$ 次，并用随机变量 X_1，X_2，$\cdots$，X_n 分别来描述每一次试验的结果，那么 X_1，X_2，$\cdots$，X_n 就是一组独立同分布的随机变量，它们的算术平均 $\overline{X}=\dfrac{1}{n}\sum_{i=1}^{n}X_i$ 稳定于均值 μ. 当试验进行之后，我们会得到 X_1，X_2，$\cdots$，X_n 的一组数值，这些数值的算术平均值可以看作均值 μ. 由此可见，辛钦大数定律为我们探索随机现象结果的集中趋势提供了理论依据.

下面介绍伯努利大数定律，它是辛钦大数定律的一个重要推论.

3. 伯努利大数定律

定理 6.1.2（伯努利大数定律）　设 n_A 是 n 重伯努利试验中事件 A 发生的次数，p 是事件 A 在每次试验中发生的概率，则

$$\frac{n_{A^*}}{n} \xrightarrow{P} p \qquad\qquad (6.1.4)$$

证明： 在 n 重伯努利试验中，设随机变量

$$X_i = \begin{cases} 1, & \text{第 } i \text{ 次试验中事件 } A \text{ 发生} \\ 0, & \text{第 } i \text{ 次试验中事件 } A \text{ 不发生} \end{cases} \quad (i = 1, 2, \cdots, n)$$

因为各次试验互不影响，故 X_1，X_2，$\cdots$，X_n 相互独立，且都服从（0—1）分布．于是 $E(X_i) = p$，$i = 1, 2, \cdots, n$．

又因为 $n_A = X_1 + X_2 + \cdots + X_n$，故而 $\dfrac{n_A}{n} = \overline{X} = \dfrac{1}{n}\sum_{i=1}^{n} X_i$

由辛钦大数定律可知 $\overline{X} \xrightarrow{P} p$，即 $\dfrac{n_A}{n} \xrightarrow{P} p$．

伯努利大数定律表明事件 A 在 n 重伯努利试验中发生的频率依概率收敛于事件 A 在一次试验中发生的概率．这个定理以严格的数学形式表达了频率的稳定性，即当试验次数 n 很大时，事件发生的频率 $\dfrac{n_A}{n}$ 与事件发生的概率 p 偏差很大的可能性很小．因此，在实际应用中，当试验次数很大时，便可以用事件发生的频率替换事件的概率．

第二节　中心极限定理

 学习目标

1. 会用独立同分布中心极限定理解决实际问题；
2. 会用棣莫弗–拉普拉斯中心极限定理解决实际问题．

一、前置研修

（一）MOOC 自主研学内容

中心极限定理，是研究随机变量序列部分和的分布渐近于正态分布的一类定理．这些定理是数理统计和误差分析的理论基础，指出了大量随机变量的和近似服从正态分布的条件．它是概率论中最重要的一类定理，有广泛的

实际应用背景. 在自然界与生产中, 一些现象受到许多相互独立的随机因素的影响, 如果每个因素产生的影响都很微小时, 总的影响可以看作是服从正态分布的.

独立同分布下的中心极限定理分定理内容和定理应用两部分来学习, 首先来看定理内容.

定理 6.2.1 (独立同分布中心极限定理)

设随机变量 X_1, X_2, $\cdots$, X_n, $\cdots$ 相互独立, 服从同一分布, 且 $E(X_i) = \mu$, $D(X_i) = \sigma^2 > 0$ $(i = 1, 2, \cdots)$, 则随机变量之和 $\sum\limits_{i=1}^{n} X_i$ 的标准化变量

$$\frac{\sum\limits_{i=1}^{n} X_i - E\left(\sum\limits_{i=1}^{n} X_i\right)}{D\left(\sum\limits_{i=1}^{n} X_i\right)} = \frac{\sum\limits_{i=1}^{n} X_i - n\mu}{\sigma\sqrt{n}}$$

的分布函数 $F_n(x)$ 对于任意 x 满足:

$$\lim_{n \to \infty} F_n(x) = \lim_{n \to \infty} P\left(\frac{\sum\limits_{i=1}^{n} X_i - n\mu}{\sigma\sqrt{n}} \leqslant x\right) = \int_{-\infty}^{x} \frac{1}{\sqrt{2\pi}} e^{-t^2/2} \mathrm{d}t = \Phi(x)$$

下面介绍该定理在解决实际问题中的具体应用.

定理 6.2.1 表明, 当 n 充分大时, 独立同分布且均值为 μ, 方差为 σ^2 的随机变量 X_1, X_2, $\cdots$, X_n 的和 $\sum\limits_{i=1}^{n} X_i$ 的标准化变量近似服从标准正态分布, 即

$$\frac{\sum\limits_{i=1}^{n} X_i - n\mu}{\sqrt{n}\,\sigma} \overset{\text{近似}}{\sim} N(0, 1) \tag{6.2.1}$$

由此可知, 当 n 充分大时,

$$\sum\limits_{i=1}^{n} X_i \overset{\text{近似}}{\sim} N(n\mu, n\sigma^2) \tag{6.2.2}$$

更进一步有

$$\overline{X} = \frac{1}{n} \sum\limits_{i=1}^{n} X_i \overset{\text{近似}}{\sim} N\left(\mu, \frac{\sigma^2}{n}\right) \tag{6.2.3}$$

例 6.2.1 一加法器同时收到 20 个噪声电压 $V_k(k = 1, 2, \cdots, 20)$，设它们是互相独立的随机变量，且都在区间（0，10）上服从均匀分布．记 $V = \sum_{k=1}^{20} V_k$，试求：$P\{V > 105\}$ 近似值．

解： 由题意可知 V_1，V_2，$\cdots$，V_{20} 相互独立，且

$$E(V_k) = 5, \quad D(V_k) = \frac{10^2}{12} \ (k = 1, 2, \cdots, 20)$$

于是

$$E(V) = 20 \times 5 = 100, \quad D(V) = 20 \times \frac{100}{12} = 2000/12$$

故由独立同分布中心极限定理可知 $V \overset{近似}{\sim} N(100, 2000/12)$．
所以

$$P\{V > 105\} = P\left\{\frac{V - 100}{\sqrt{2000/12}} > \frac{105 - 100}{\sqrt{2000/12}}\right\}$$

$$= P\left\{\frac{V - 100}{\sqrt{2000/12}} > 0.387\right\} = 1 - P\left\{\frac{V - 100}{\sqrt{2000/12}} \leqslant 0.387\right\}$$

$$\approx 1 - \Phi(0.387) = 0.348$$

（二）SPOC 自主测试习题

根据以往经验，某种电器元件的寿命服从均值为 100h 的指数分布，现随机地取 16 只，设它们的寿命是相互独立的，求这 16 只元件的寿命的总和大于 1920h 的概率．

解： 设随机变量 X_i："第 i 个元件的寿命"，$i = 1, 2, \cdots, 16$.

则 $E(X_i) = 100$，$D(X_i) = 100^2$，$i = 1, 2, \cdots, 16$.

于是 $E\left(\sum_{i=1}^{16} X_i\right) = 1600$，$D\left(\sum_{i=1}^{16} X_i\right) = 160000 = 400^2$

故由独立同分布的中心极限定理可知，$\sum_{i=1}^{16} X_i$ 近似服从 $N(1600, 400^2)$．
所以

$$P\{X > 1920\} = 1 - P\{X \leqslant 1920\} = 1 - P\left\{\frac{X - 1600}{400} \leqslant \frac{1920 - 1600}{400}\right\}$$

$$\approx 1 - \Phi(0.8) = 1 - 0.7881 = 0.2119$$

即这 16 只元件的寿命的总和大于 1920h 的概率为 0.2119.

二、课堂探究

（一）教师精讲

棣莫弗–拉普拉斯中心极限定理是独立同分布下的中心极限定理的特例. 将定理 6.2.1 应用到 n 重伯努利试验中，设随机变量

$$X_i = \begin{cases} 1, & \text{第 } i \text{ 次试验中事件 } A \text{ 发生} \\ 0, & \text{第 } i \text{ 次试验中事件 } A \text{ 不发生} \end{cases},$$

且 $P\{X_i = 1\} = p(0 < p < 1)$，$i = 1, 2, \cdots, n$. 则 $X_1, X_2, \cdots, X_n$ 的和

$$\eta_n = \sum_{i=1}^{n} X_i \sim b(n, p)$$

于是我们得到下面的定理：

定理 6.2.2（棣莫弗–拉普拉斯中心极限定理）

设随机变量 $\eta_n(n = 1, 2, \cdots)$ 服从参数为 $n, p(0 < p < 1)$ 的二项分布，则对于任意的 x，有

$$\lim_{n \to \infty} P\left\{ \frac{\eta_n - np}{\sqrt{np(1-p)}} \leqslant x \right\} = \int_{-\infty}^{x} \frac{1}{\sqrt{2\pi}} e^{-\frac{t^2}{2}} \mathrm{d}t = \Phi(x)$$

定理 6.2.2 表明当 n 充分大时，二项分布随机变量 η_n 的标准化近似服从标准正态分布，即

$$\frac{\eta_n - np}{\sqrt{np(1-p)}} \overset{\text{近似}}{\sim} N(0, 1) \tag{6.2.4}$$

由此可知，当 n 充分大时，

$$\eta_n \overset{\text{近似}}{\sim} N[np, np(1-p)] \tag{6.2.5}$$

此时，对任意 $a < b$，有

$$P\{a \leqslant \eta_n \leqslant b\} = P\left[\frac{a - np}{\sqrt{np(1-p)}} \leqslant \frac{\eta_n - np}{\sqrt{np(1-p)}} \leqslant \frac{b - np}{\sqrt{np(1-p)}} \right]$$

$$\approx \Phi\left[\frac{b - np}{\sqrt{np(1-p)}} \right] - \Phi\left[\frac{a - np}{\sqrt{np(1-p)}} \right] \tag{6.2.6}$$

例 6.2.2 患某一种罕见疾病并恢复的概率是 0.4. 如果有 100 个人已经患有这种疾病，试求：恢复人数少于 30 人的概率.

解：设随机变量 X："已经患该种罕见疾病的 100 名患者中恢复的人数"，则 $X \sim b(100, 0.4)$．于是

$$E(X) = np = 100 \times 0.4 = 40$$

$$D(X) = np(1-p) = 100 \times 0.4 \times 0.6 = 24 = 4.90^2$$

由棣莫弗－拉普拉斯中心极限定理知 $X \overset{近似}{\sim} N(40, 4.90^2)$．

所以 $P\ \{X<30\} = P\left\{\dfrac{X-40}{4.90} < \dfrac{30-40}{4.90}\right\}$

$$\approx 1 - \Phi\ (-2.04) = 1 - \Phi\ (2.04) \approx 1 - 0.9793 = 0.0207$$

即恢复人数少于 30 人概率为 0.0207.

例 6.2.3 在一家保险公司有一万人参加保险，每年每人付 12 元保险费．在一年内，这些人死亡的概率都为 0.006，死亡后家属可向保险公司领取 1000 元．试求：

（1）保险公司一年的利润不少于 6 万元的概率；

（2）保险公司亏本的概率．

解：设随机变量 X："参保的一万人中一年内的死亡的人数"，则 $X \sim b(10000, 0.006)$．于是

$$E(X) = 10000 \times 0.006 = 60$$

$$D(X) = 10000 \times 0.006 \times 0.994 = 59.64 \approx 7.72^2$$

由棣莫弗－拉普拉斯中心极限定理可知，$X \overset{近似}{\sim} N(60, 7.72^2)$．

由题意可知，保险公司一年收入保费 12 万元，付给死者家属 $1000X$ 元，因此保险公司的利润为

$$120000 - 1000X = 1000(120 - X)$$

所以

（1）保险公司一年的利润不少于 6 万元的概率为

$$P\{1000(120-X) \geqslant 60000\} = P\{X \leqslant 60\}$$

$$\approx \Phi\left(\frac{60-60}{7.72}\right) = \Phi(0) = 0.5$$

（2）保险公司亏本的概率为

$$P\{1000(120-X) < 0\} = P\{X > 120\} = P\left\{\frac{X-60}{7.72} > \frac{120-60}{7.72}\right\}$$

$$\approx 1 - \Phi(7.77) \approx 1 - 1 = 0$$

例 6.2.4 某单位有 200 台电话分机，每台分机有 5% 的时间要使用外线通话. 假定每台分机是否使用外线是相互独立的，试求：该单位总机要安装多少条外线，才能以 90% 以上的概率保证分机用外线时不等待.

解：设随机变量 X：" 200 台电话分机中同时使用外线的台数 "，则 $X \sim b(200, 0.05)$. 于是

$$E(X) = np = 200 \times 0.05 = 10$$

$$D(X) = np(1-p) = 200 \times 0.05 \times 0.95 = 9.5 = 3.08^2$$

由棣莫弗-拉普拉斯中心极限定理可知，$X \overset{近似}{\sim} N(10, 3.08^2)$.

设需要安装 N 条外线. 由题意可知，$P\{X \leq N\} \geq 0.9$，

故 $\quad P\{X \leq N\} = P\left\{\dfrac{X-10}{3.08} \leq \dfrac{N-10}{3.08}\right\} \approx \Phi\left(\dfrac{N-10}{3.08}\right) \geq 0.9$

查表得 $\Phi(1.28) = 0.90$，故 N 应满足条件 $\dfrac{N-10}{3.08} \geq 1.28$

解得 $N \geq 13.94$，取 $N = 14$.

即至少要安装 14 条外线，才能以 90% 以上的概率保证分机用外线时不等待.

(二) 学生内化

某城市有 20% 的居民喜欢白色超过其他任何可选择的颜色. 该城市未来将有 1000 户居民安装电话，试求：至少有 210 户但不超过 225 户居民选择白色的概率. $[\Phi(1.98) = 0.9761, \Phi(0.79) = 0.7852]$

解：设随机变量 X：" 未来 1000 户安装电话的居民中选择白色的户数 "，则 $X \sim b(1000, 0.2)$.

于是

$$E(X) = 200, \quad D(X) = 160 = 12.65^2$$

由棣莫弗-拉普拉斯中心极限定理知 X 近似服从 $N(200, 160)$.

所以

$$P\{210 \leq X \leq 225\} = = P\left\{\frac{210-200}{12.65} \leq \frac{X-200}{12.65} \leq \frac{225-200}{12.65}\right\}$$

$$\approx \Phi(1.98) - \Phi(0.79) = 0.9761 - 0.7852$$

$$= 0.1909$$

即至少有 210 户但不超过 225 户居民选择白色的概率为 0.1909.

三、课业延伸

1. 假设病人从一次精密的心脏手术中恢复的概率是 0.9. 若随后有 100 名患者进行了该型手术, 试求: 恢复人数为 (1) 84~95 的概率; (2) 少于 86 人的概率.

解: 设随机变量 X: "进行该心脏手术的 100 名患者中恢复的人数", 则 $X \sim b(100, 0.9)$.

于是

$$E(X) = 90, \quad D(X) = 9 = 3^2$$

由棣莫弗-拉普拉斯中心极限定理知 X 近似服从 $N(90, 3^2)$.

所以

(1) $P\{84 \leqslant X \leqslant 95\} = P\left\{\dfrac{84 - 90}{3} \leqslant \dfrac{X - 90}{3} < \dfrac{95 - 90}{3}\right\}$

$\approx \Phi(1.67) - \Phi(-2) = \Phi(1.67) + \Phi(2) - 1$

$= 0.9525 + 0.9772 - 1 = 0.9297$

即恢复人数为 84~95 的概率为 0.9297.

(2) $P\{X < 86\} = P\{0 \leqslant X < 86\} = P\left\{\dfrac{0 - 90}{3} \leqslant \dfrac{X - 90}{3} < \dfrac{86 - 90}{3}\right\}$

$\approx \Phi(-1.33) = 1 - \Phi(1.33) = 1 - 0.9082 = 0.0918$

即恢复人数少于 86 人概率为 0.0918.

2. 全国公路交通安全管理和国家安全局发布的统计数据表明, 在周末的夜晚, 平均每 10 人中有 1 人是酒后驾驶, 若下周六晚上随机地检查 400 人, 则酒后驾车的司机人数 (1) 少于 32 人的概率是多少? (2) 超过 49 人的概率是多少?

解: 设随机变量 X: "抽查的 400 人中酒后驾驶的司机人数", 则 $X \sim b(400, 0.1)$.

于是

$$E(X) = 40, \quad D(X) = 36 = 6^2$$

由棣莫弗-拉普拉斯中心极限定理知 X 近似服从 $N(40, 6^2)$.

所以

$$(1)\ P\{X < 32\} = P\{0 \leqslant X < 32\} = P\left\{\frac{0-40}{6} \leqslant \frac{X-40}{6} < \frac{32-40}{6}\right\}$$

$$\approx \Phi(-1.33) - \Phi(-6.67) = 1 - \Phi(1.33)$$

$$\approx 1 - 0.9082 = 0.0918$$

即酒后驾车的司机人数少于 32 人的概率为 0.0918.

$$(2)\ P\{X > 49\} = 1 - P\{X \leqslant 49\} = 1 - P\left\{\frac{X-40}{6} \leqslant \frac{49-40}{6}\right\}$$

$$\approx 1 - \Phi(1.5) = 1 - 0.9332 = 0.0668$$

即酒后驾车的司机人数超过 49 人的概率为 0.0668.

四、拓展升华

（一）广度拓展习题

1. 某公司生产一种发动机零部件，部件规格显示 95% 的产品符合规格. 假设以 100 个部件为一批被运往客户，试求：一批部件中至少有 2 个部件为废品的概率是多少？

答案：0.9272.

2. 航空公司的一个常用做法是出售超过实际座位数的机票，因为购买机票的消费者并不总是会登机. 假设飞行时间未上飞机的占 2%. 若某次航班有 197 个座位，总共出售了 200 张机票，试求：一次航班实际售票过多的概率是多少？

答案：0.2833.

3. 假设某生产过程中有 10% 的残次品. 若从该过程中随机的抽取 100 件产品，试求：残次品数（1）超过 13 的概事是多少？（2）少于 8 的概率是多少？

答案：（1）0.159；（2）0.2511.

（二）深度拓展习题

1. 设 $X_1, X_2, \cdots, X_n$ 独立同分布，$E(X_i) = \mu$，$D(X_i) = \sigma^2$，$i = 1$，$2, \cdots, n$，当 $n \geqslant 30$ 时，下列结论中错误的是（C）.

A. $\sum\limits_{i=1}^{n} X_i$ 近似服从 $N(n\mu, n\sigma^2)$ 分布

B. $\dfrac{\sum\limits_{i=1}^{n} X_i - n\mu}{\sqrt{n}\,\sigma}$ 近似服从 $N(0, 1)$ 分布

C. $X_1 + X_2$ 服从 $N(2\mu, 2\sigma^2)$ 分布

D. $\sum\limits_{i=1}^{n} X_i$ 不近似服从 $N(0, 1)$ 分布

2. 设 X_1, X_2, $\cdots$, $X_n\cdots$ 为独立同分布的随机变量序列，且均服从参数为 $\lambda(\lambda > 1)$ 的泊松分布，记 $\Phi(x)$ 为标准正态分布函数，则（B）.

A. $\lim\limits_{n\to\infty} P\left\{ \dfrac{\sum\limits_{i=1}^{n} X_i - n\lambda}{\lambda\sqrt{n}} \leqslant x \right\} = \Phi(x)$

B. $\lim\limits_{n\to\infty} P\left\{ \dfrac{\sum\limits_{i=1}^{n} X_i - n\lambda}{\sqrt{n\lambda}} \leqslant x \right\} = \Phi(x)$

C. $\lim\limits_{n\to\infty} P\left\{ \dfrac{\lambda\sum\limits_{i=1}^{n} X_i - n}{\sqrt{n}} \leqslant x \right\} = \Phi(x)$

D. $\lim\limits_{n\to\infty} P\left\{ \dfrac{\sum\limits_{i=1}^{n} X_i - \lambda}{\sqrt{n\lambda}} \leqslant x \right\} = \Phi(x)$

3. 某工厂有 200 台机器，各台机器工作与否相互独立，每台机器的开工率为 0.6，工作时各需 1kW 电力，请问：供电局至少要供应多少 kW 电力才能以 99.9% 的把握保证工厂不会因供电不足而影响生产？[Φ (3.1)= 0.999]

　　答案：142.

第七章　样本及抽样分布

第一节　总体与样本

 学习目标 ——————————————————————————

1. 能说出总体定义；
2. 能说出样本的定义和样本二重性；
3. 已知总体的概率分布，能写出样本联合概率分布；
4. 通过数理统计的学习领悟如何透过数据探索挖掘随机现象的本质特征.

一、前置研修

（一）MOOC 自主研学内容

1. 总体

我们知道，随机试验的结果很多是可以用数字来表示的，另有一些试验的结果虽是定性的，但总可以将它数量化. 例如，检验某个学校学生的血型这一试验，其可能结果有 O 型、A 型、B 型、AB 型 4 种，是定性的. 如果分别以 1，2，3，4 依次表示这 4 种血型，那么试验的结果就能用数字来表示了. 在数理统计中，我们往往研究有关对象的某一项数量指标（如研究某种型号灯泡的寿命这一数量指标）. 为此，考虑与这一数量指标相联系的随机试验，对这一数量指标进行试验或观察. 由此得到总体的相关定义：

定义 7.1.1　将试验的全部可能的观察值称为**总体**，每一个可能观察值称为**个体**，总体中包含的个体的个数称为总体的容量. 容量为有限的称为**有限总体**，容量为无限的称为**无限总体**.

例如，在考察某大学一年级男生的身高这一试验中，若一年级男生共

2000 人，每个男生的身高是一个可能观察值，其所形成的总体中共含 2000 个可能观察值，是一个有限总体．又如，考察某一湖泊中某种鱼的含汞量，所得总体也是有限总体．观察并记录某一地点每天（包括以往、现在和将来）的最高气温，或者测量一湖泊任一地点的深度，所得总体是无限总体．有些有限总体，它的容量很大，我们可以认为它是一个无限总体．例如，考察全国正在使用的某种型号灯泡的寿命所形成的总体，由于可能观察值的个数很多，就可以认为是无限总体．

总体中的每一个个体都是随机试验的一个观察值，因此它是某一随机变量 X 的值，这样，一个总体对应一个随机变量 X．我们**对总体的研究**就是对一个随机变量 X 的研究，X 的分布函数和数字特征就称为总体的分布函数和数字特征．今后将不区分**总体与相应的随机变量，将其统称为总体 X．**

例如，我们检验自生产线出来的零件是次品还是正品，以"0"表示产品为正品，以"1"表示产品为次品，设出现次品的概率为 p（常数），那么总体是由一些"1"和一些"0"组成，这一总体对应一个具有参数为 p 的 (0-1) 分布：

$$p\{X = x\} = p^x(1-p)^{1-x}$$

$x = 0$，1 的随机变量．我们就将它说成是 (0-1) 分布总体，意指总体中的观察值是 (0-1) 分布随机变量的值．又如，上述灯泡寿命这一总体是指数分布总体，意指总体中的观察值是指数分布随机变量的值．

2. 样本

在实际中，总体的分布一般是未知的，或只知道它具有某种形式且其中包含着未知参数．通常人们都是通过从总体中抽取一部分个体，根据获得的数据来对总体分布作出推断的．

(1) **简单随机样本**

从总体中抽出的部分个体叫作**总体的一个样本**．所谓从**总体抽取一个个体，就是对总体 X 进行一次观察并记录其结果**．我们在相同的条件下对总体 X 进行 n 次重复的、独立的观察．将 n 次观察结果按试验的次序记为 X_1，X_2，$\cdots$，X_n．这样得到的 X_1，X_2，$\cdots$，X_n 称为来自总体 X 的一个简单随机样本，n 称为这个样本的容量．当 n 次观察一经完成，我们就得到一组实数 x_1，x_2，$\cdots$，x_n，它们依次是随机变量 X_1，X_2，$\cdots$，X_n 的观察值，称为样本值．综上，我们给出以下定义：

定义 7.1.2 设 X 是具有分布函数 F 的随机变量，若 X_1，X_2，$\cdots$，X_n 是具有同分布函数 F 的、相互独立的随机变量，则称 X_1，X_2，$\cdots$，X_n 为从分布函数 F（或总体 F、总体 X）得到的**容量为 n 的简单随机样本**，**简称样本**，它们的观察值 x_1，x_2，$\cdots$，x_n 称为**样本值**，又称为 X 的 n 个独立的观察值.

（2）样本的二重性

以后如无特别说明，所提到的样本都是指简单随机样本. 样本具有二重性：**抽取前，是一组随机变量**，即 X_1，X_2，$\cdots$，X_n；**抽取后，是一组数值**，即 x_1，x_2，$\cdots$，x_n.

也可以将样本看成是一个随机向量，写成（X_1，X_2，$\cdots$，X_n），此时样本值相应地应写成（x_1，x_2，$\cdots$，x_n）. 若（x_1，x_2，$\cdots$，x_n）与（y_1，y_2，$\cdots$，y_n）都是对应样本 X_1，X_2，$\cdots$，X_n 的样本值，一般来说，它们是不相同的.

3. 样本联合分布

由定义 7.1.2 可知，若 X_1，X_2，$\cdots$，X_n 为 F 的一个样本，则 X_1，X_2，$\cdots$，X_n 相互独立，且它们的分布函数都是 F，所以 X_1，X_2，$\cdots$，X_n 的联合分布函数为

$$F^*(x_1, x_2, \cdots, x_n) = \prod_{i=1}^{n} F(x_i) \tag{7.1.1}$$

若 X 具有概率密度 f，则 X_1，X_2，$\cdots$，X_n 的联合概率密度为

$$f^*(x_1, x_2, \cdots, x_n) = \prod_{i=1}^{n} f(x_i) \tag{7.1.2}$$

若总体 X 的分布律为 $p(x) = P\{X = x\}$，则 X_1，$\cdots$，X_n 的联合分布律为

$$p^*(x_1, x_2, \cdots, x_n) = \prod_{i=1}^{n} p(x_i) \tag{7.1.3}$$

例 7.1.1 设有 N 个产品，其中有 M 个次品，$N-M$ 个正品. 进行放回抽样，定义 X_i 如下：

$$X_i = \begin{cases} 1, & \text{第 } i \text{ 次取到次品} \\ 0, & \text{第 } i \text{ 次取到正品} \end{cases},$$

试求：样本 X_1，$\cdots$，X_n 的联合分布律.

解： 由题意可知，总体 X 的分布律为

$$p(x) = p\{X = x\} = \left(\frac{M}{N}\right)^x \left(1 - \frac{M}{N}\right)^{1-x}, \quad x = 0, \ 1$$

令 $x_1, \ x_2, \ \cdots, \ x_n$ 为样本 $X_1, \ X_2, \ \cdots, \ X_n$ 的一组观察值. 则

$$p(x_i) = P\{X_i = x_i\} = \left(\frac{M}{N}\right)^{x_i} \left(1 - \frac{M}{N}\right)^{1-x_i} \quad x_i = 0, \ 1; \ i = 1, \ 2, \ \cdots, \ n$$

所以 $X_1, \ \cdots, \ X_n$ 的联合分布律为

$$p^*(x_1, \ x_2, \ \cdots, \ x_n) = \prod_{i=1}^{n} p(x_i) = \prod_{i=1}^{n} \left(\frac{M}{N}\right)^{x_i} \left(1 - \frac{M}{N}\right)^{1-x_i} = \left(\frac{M}{N}\right)^{\sum_{i=1}^{n} x_i} \left(1 - \frac{M}{N}\right)^{n - \sum_{i=1}^{n} x_i}$$

（二）SPOC 自主测试习题

1. 若 $X_i \sim N(\mu_i, \ \sigma^2)$, $i = 1, \ 2, \ L, \ n$, 其中 $\mu_1, \ \mu_2, \ \cdots, \ \mu_n$ 不全相等, 则 $X_1, \ X_2, \ \cdots, \ X_n$ 为简单随机样本. （×）

2. 若 $X_1, \ X_2, \ \cdots, \ X_n$ 为简单随机样本, 则 $X_1, \ X_2, \ \cdots, \ X_n$ 独立同分布. （√）

二、课业延伸

1. 设总体 $X \sim \pi(\lambda)(\lambda > 0)$, $X_1, \ X_2, \ \cdots, \ X_n$ 是来自 X 的简单随机样本, 则 $X_1, \ X_2, \ \cdots, \ X_n$ 的联合分布律为

$$p^*(x_1, \ x_2, \ \cdots, \ x_n) = \frac{\lambda^{\sum_{i=1}^{n} x_i}}{x_1! \ x_2! \ L x_n!} e^{-n\lambda} (\lambda > 0)$$

2. 设总体 X 的概率密度为 $f(x) = \begin{cases} \lambda e^{-\lambda x}, & x \geq 0 \\ 0, & x < 0 \end{cases}$ $(\lambda > 0)$,

$X_1, \ X_2, \ \cdots, \ X_n$ 是来自 X 的简单随机样本, 则 $X_1, \ X_2, \ \cdots, \ X_n$ 的联合概率密度为

$$f^*(x_1, \ x_2, \ \cdots, \ x_n) = \begin{cases} \lambda^n e^{-\lambda \sum_{i=1}^{n} x_i}, & x_1, \ x_2, \ \cdots, \ x_n \geq 0 (\lambda > 0) \\ 0, & \text{其他} \end{cases}$$

3. 设总体 $X \sim U(\theta_1, \ \theta_2)$, $X_1, \ X_2, \ \cdots, \ X_n$ 是来自 X 的简单随机样本, 则 $X_1, \ X_2, \ \cdots, \ X_n$ 的联合概率密度为

$$f^*(x_1, x_2, \cdots, x_n) = \begin{cases} \dfrac{1}{(\theta_2 - \theta_1)^n}, & \theta_1 < x_1, x_2, \cdots, x_n < \theta_2 \\ 0, & 其他 \end{cases}$$

4. 设总体 $X \sim N(\mu, \sigma^2)(\sigma > 0)$，$X_1, X_2, \cdots, X_n$ 是来自 X 的简单随机样本，则 $X_1, X_2, \cdots, X_n$ 的联合概率密度为

$$f^*(x_1, x_2, \cdots, x_n) = \begin{cases} (2\pi\sigma^2)^{-\frac{n}{2}} e^{-\frac{1}{2\sigma^2}\sum\limits_{i=1}^{n}(x_i-\mu)^2}, & -\infty < x_1, x_2, \cdots, x_n < +\infty \quad (\sigma > 0) \\ 0, & 其他 \end{cases}$$

5. 设总体 $X \sim b(1, p)$，$X_1, X_2, \cdots, X_n$ 是来自 X 的样本，试求：$X_1, X_2, \cdots, X_n$ 的联合分布律.

解： 由题意 $X \sim b(1, p)$，于是 $P\{X = x\} = p^x(1-p)^{1-x}$，$x = 0, 1$.

因为 $X_1, X_2, \cdots, X_n$ 是来自总体 X 的随机简单样本. 故

$$P\{X_i = x_i\} = p^{x_i}(1-p)^{1-x_i}, \quad x_i = 0, 1; \ i = 1, 2, \cdots, n$$

所以 $X_1, X_2, \cdots, X_n$ 的联合分布律为

$$P^*\{x_1, x_2, \cdots, x_n\} = \prod_{i=1}^{n} P\{X_i = x_i\} = \prod_{i=1}^{n} p^{x_i}(1-p)^{1-x_i} = p^{\sum\limits_{i=1}^{n} x_i}(1-p)^{n-\sum\limits_{i=1}^{n} x_i}$$

第二节　数据整理与图形描述

 学习目标

1. 能说出统计量的定义；
2. 能写出常用统计量；
3. 会画直方图和箱线图，能说出直方图和箱线图的统计意义.

一、前置研修

(一) MOOC 自主研学内容

1. 统计量

我们从数据出发挖掘随机现象的本质特征，即对总体进行统计推断，通

常需要先根据具体问题场景构造适当的样本函数.

（1）统计量的定义

定义 7.2.1 设 $X_1, X_2, \cdots, X_n$ 是来自总体 X 的一个样本，$g(X_1, X_2, \cdots, X_n)$ 是 $X_1, X_2, \cdots, X_n$ 的函数，若样本函数 $g(X_1, X_2, \cdots, X_n)$ 中不含有任何未知参数，则称这类样本函数为**统计量**.

因为样本 $X_1, X_2, \cdots, X_n$ 是一组 n 维随机变量，所以统计量 $g(X_1, X_2, \cdots, X_n)$ 也是一个随机变量. 设 $x_1, x_2, \cdots, x_n$ 是对应样本 $X_1, X_2, \cdots, X_n$ 的样本值，则称 $g(x_1, x_2, \cdots, x_n)$ 是 $g(X_1, X_2, \cdots, X_n)$ 的观察值.

下面列出几个常用的统计量及其观察值.

（2）常用统计量及其观察值

样本均值　　$\bar{X} = \dfrac{1}{n} \sum_{i=1}^{n} X_i$　　　　观察值记为　　$\bar{x} = \dfrac{1}{n} \sum_{i=1}^{n} x_i$

样本方差 $S^2 = \dfrac{1}{n-1} \sum_{i=1}^{n} (X_i - \bar{X})^2$

观察值记为　　$s^2 = \dfrac{1}{n-1} \sum_{i=1}^{n} (x_i - \bar{x})^2$

样本标准差 $S = \sqrt{S^2} = \sqrt{\dfrac{1}{n-1} \sum_{i=1}^{n} (X_i - \bar{X})^2}$

观察值记为 $s = \sqrt{s^2} = \sqrt{\dfrac{1}{n-1} \sum_{i=1}^{n} (x_i - \bar{x})^2}$

样本 k 阶原点矩 $A_k = \dfrac{1}{n} \sum_{i=1}^{n} X_i^k$，$k = 1, 2, \cdots$

观察值记为　　$a_k = \dfrac{1}{n} \sum_{i=1}^{n} x_i^k$，$k = 1, 2, \cdots$

样本 k 阶中心矩 $B_k = \dfrac{1}{n} \sum_{i=1}^{n} (X_i - \bar{X})^k$，$k = 1, 2, \cdots$

观测值记为 $b_k = \dfrac{1}{n} \sum_{i=1}^{n} (x_i - \bar{x})^k$，$k = 1, 2, \cdots$

（3）两个重要公式

$$S^2 = \frac{n}{n-1} B_2 \qquad B_2 = A_2 - A_1^2$$

这两个公式在计算过程中经常用到.

（4）总体矩和样本矩的关系

假设总体 X 的 k 阶矩 $E(X^k) \triangleq \mu_k$ 存在. 因为 X_1, X_2, $\cdots$, X_n 相互独立且与 X 同分布, 于是 X_1^k, X_2^k, $\cdots$, X_n^k 相互独立且与 X^k 同分布. 所以, $E(X_1^k) = E(X_2^k) = \cdots = E(X_n^k) = \mu_k$, 由第六章的辛钦大数定律可知, 当 $n \to \infty$ 时, $A_k \xrightarrow{P} \mu_k$, $k = 1$, 2, $\cdots$. 再由第六章依概率收敛的性质可知, 当 g 为连续函数, 则 $g(A_1, A_2, \cdots, A^k) \xrightarrow{P} g(\mu_1, \mu_2, \cdots, \mu^k)$. 这为我们进行统计推断提供了理论依据.

2. 经验分布函数

经验分布函数是一个与总体分布函数对应的统计量.

（1）经验分布函数的定义

设 X_1, X_2, $\cdots$, X_n 是来自总体 $F(x)$ 的一个样本, 用 $S(x)$ 表示 X_1, X_2, $\cdots$, X_n 中不大于 x 的随机变量的个数, $-\infty < x < +\infty$.

定义经验分布函数 $F_n(x)$ 为

$$F_n(x) = \frac{1}{n} S(x), \quad -\infty < x < +\infty$$

（2）经验分布函数的观察值

设 x_1, x_2, $\cdots$, x_n 是来自总体 $F(x)$ 的一个样本值, 将 x_1, x_2, $\cdots$, x_n 按从小到大的次序排列, 并重新编号, 设为 $x_{(1)} \leq x_{(2)} \leq \cdots \leq x_{(n)}$. 则经验分布函数的观察值为

$$F_n(x) = \begin{cases} 0, & x < x_{(1)} \\ \dfrac{k}{n}, & x_{(k)} \leq x < x^{(k+1)}, \quad k = 1, 2, \cdots, n-1 \\ 1, & x \geq x_{(n)} \end{cases}$$

（3）经验分布函数 $F_n(x)$ 的性质

① $0 \leq F_n(x) \leq 1$;

② $F_n(x)$ 单调不减;

③ $F_n(-\infty) = 0$, $F_n(+\infty) = 1$;

④ $F_n(x)$ 是右连续的跳跃函数.

（4）经验分布函数 $F_n(x)$ 的图形

经验分布函数 $F_n(x)$ 的图形如图 7.2.1 所示.

对于任意的实数 x，总体分布函数 $F(x)$ 是事件 $\{X \leqslant x\}$ 的概率，经验分布函数 $F_n(x)$ 是事件 $\{X \leqslant x\}$ 的频率. 由第六章伯努利大数定律可知，当 $n \to \infty$ 时，对任意正数 ε，有

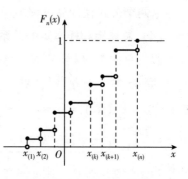

图 7.2.1　F_n (x) 图形

$$\lim_{n \to +\infty} P\{|F_n(x) - F(x)| < \varepsilon\} = 1$$

格里汶科（Glivenko）于 1933 年进一步证明了：对于任意的实数 x，当 $n \to \infty$ 时，$F_n(x)$ 以概率 1 一致收敛于分布函数 $F(x)$，即

$$P\{\lim_{n \to +\infty} \sup_{-\infty < x < +\infty} |F_n(x) - F(x)| < \varepsilon\} = 1$$

因此，对于任意的实数 x，当 n 充分大时，经验分布函数的任意一个观察值 $F_n(x)$ 与总体分布 $F(x)$ 只有微小的差别. 所以在实际问题中可以将 $F_n(x)$ 当作 $F(x)$ 来用.

例 7.2.1　设总体 $F(x)$ 具有样本值 1，1，2，试求：经验分布函数 $F_3(x)$ 的观察值.

解：由题意可知，将样本值由小到大排序得 $x_{(1)} = 1$，$x_{(2)} = 1$，$x_{(3)} = 2$.

所以，经验分布函数 $F_3(x)$ 的观察值为 $F_3(x) = \begin{cases} 0, & x < 1 \\ \dfrac{2}{3}, & 1 \leqslant x < 2 \\ 1, & x \geqslant 2 \end{cases}$

（二）SPOC 自主测试习题

1. 设 $\overline{X}$ 为样本均值，S^2 为样本方差，A_2 为样本二阶原点矩，B_2 为样本二阶中心矩，则以下不成立的是（C）.

A. $A_2 = \dfrac{1}{n} \sum_{i=1}^{n} X_i^2$　　　　　B. $B_2 = \dfrac{1}{n} \sum_{i=1}^{n} (X_i - \overline{X})^2$

C. $S^2 = \dfrac{n-1}{n} B_2$　　　　　D. $B_2 = A_2 - (\overline{X})^2$

2. 设一组容量为 10 的样本值为：4，6，4，3，5，4，5，8，4，7。则

样本均值的值 $\bar{x} = $ ___5___ ，样本方差的值 $s^2 = $ ___2.44___ ．

3. 如果一个样本的样本方差 $s^2 = 0.7$，样本二阶中心矩 $b_2 = 0.63$，则样本容量 $1 - \alpha = $ ___10___ ．

4. 某射手进行 20 次独立、重复的射击，击中靶子的环数如表 7.2.1 所示。

表 7.2.1

环数	4	5	6	7	8	9	10
频数	2	0	4	9	0	3	2

试求：经验分布函数 $F_{20}(x)$．

解：$F_{20}(x) = \begin{cases} 0, & x < 4 \\ 0.1, & 4 \leqslant x < 6 \\ 0.3, & 6 \leqslant x < 7 \\ 0.75, & 7 \leqslant x < 9 \\ 0.9, & 9 \leqslant x < 10 \\ 1, & x \geqslant 10 \end{cases}$

二、课堂探究

（一）教师精讲

1. 直方图

通过计算样本均值、样本方差和经验分布函数，我们初步可以推断随机现象的集中趋势、结果的分散程度和总体分布的大致形式．除此之外，我们还可以通过画直方图、箱线图来描述随机试验的特征．本节将通过例子对连续型随机变量 X 引入频率直方图，接着介绍箱线图．它们使人们对总体 X 的分布有了一个粗略的了解．

作直方图时，先取一个区间，其下限比最小的数据稍小，其上限比最大的数据稍大，然后将这一区间分为 k 个小区间，通常当 n 较大时，k 取 10~20，当 $n < 50$ 时，则 k 取 5~6．若 k 取得过大，则会出现某些小区间内频数为零的情况．

例 7.2.2 下面是 84 个伊特斯坎（Etruscan）人男子的头颅的最大宽度

（mm），请根据数据画出直方图.

141	148	132	138	154	142	150	146	155	158
150	140	147	148	144	150	149	145	149	158
143	141	144	144	126	140	144	142	141	140
145	135	147	146	141	136	140	146	142	137
148	154	137	139	143	140	131	143	141	149
149	135	148	152	143	144	141	143	147	146
150	132	142	142	143	153	149	146	149	138
142	149	142	137	134	144	146	147	140	142
140	137	152	145						

解：这些数据的最小值、最大值分别为 126、158，即所有数据落在区间 [126, 158] 上，现取区间 [125, 160]，它能覆盖区间 [126, 158]. 将区间 [125, 160] 等分为 7 个小区间，小区间的长度记为 Δ，$\Delta = (160-125)/7 = 5$，Δ 称为组距. 小区间的端点称为组限. 数出落在每个小区间内的数据的频数 f_i，算出频率 $f_i/n(n = 84, i = 1, 2, \cdots, 7)$ 如表 7.2.2 所示：

表 7.2.2

组限	频数 f_i	频率 f_i/n	累积频率
125~130	1	0.0119	0.0119
130~135	4	0.0476	0.0595
135~140	10	0.1191	0.1786
1340~145	33	0.3929	0.5715
145~150	24	0.2857	0.8572
150~155	9	0.1071	0.9524
155~160	3	0.0357	1

现在自左至右依次在各个小区间上作以 $\dfrac{f_i}{n}/\Delta$ 为高的小矩形. 如图 7.2.2 所示，这样的图形叫作**频率直方图**. 显然这种小矩形的面积就等于数据落在该小区间的频率 f_i/n. 由于当 n 很大时，频率接近概率，因而一般来说，每个小区间上的小矩形的面积接近概率密度曲线之下该小区间之上的曲边梯形

的面积.

 概率密度

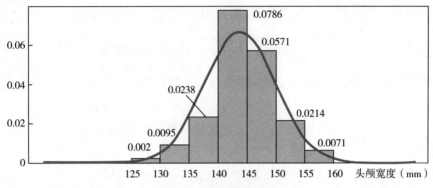

图 7.2.2 频率直方图

一般来说，直方图的外廓曲线接近总体 X 的概率密度曲线. 从图 7.2.2 可以看出，它有一个峰，中间高，两头低，比较对称. 看起来样本很像来自某一正态总体 X. 从直方图上还可以估计 X 落在某一区间的概率，如从图 7.2.2 上看到有 51.2% 的人最大头颅宽度落在区间（135，145），最大头颅宽度小于 130mm 的仅占 1.1% 等.

2. 箱线图

（1）样本分位数

定义 7.2.2 设有容量为 n 的样本观察值 x_1，x_2，$\cdots$，x_n，样本 p 分位数（$0<p<1$）记为 x_p，它具有以下的性质：①至少有 np 个观察值小于或等于 x_p；②至少有 $n(1-p)$ 个观察值大于或等于 x_p.

样本 p 分位数可按以下法则求得. 将 x_1，x_2，$\cdots$，x_n 按自小到大的次序排列成 $x_{(1)} \leqslant x_{(2)} \leqslant \cdots \leqslant x_{(n)}$.

若 np 不是整数，则只有一个数据满足定义中的两点要求，这一数据位于大于 np 的最小整数处，即为位于 $[np]+1$ 处的数值. 例如，$n=12$，$p=0.9$，$np=10.8$，$n(1-p)=1$，2. 则 x_p 的位置应满足至少有 10.8 个数据 $\leqslant x_p$（x_p，应位于第 11 或大于第 11 处）；且至少有 1.2 个数据 $\geqslant x_p$（x_p 应位于第 11 或小于第 11 处），故应位于第 11 处.

若 np 是整数，例如，在 $n=20$，$p=0.5$ 时，x_p 的位置应满足至少有 19 个数据 小于或等于 x_p，（x_p 应位于第 19 或第 19 处之后）且至少有 1 个数据 大

于或等于 x_p（x_p 应位于第 20 或第 20 处之前），故第 19 或第 20 的数据均符合要求，就取这两个数的平均值作为 x_p．综上，

$$x_p = \begin{cases} x_{([np]+1)}, & \text{当 } np \text{ 不是整数} \\ \dfrac{1}{2}\left[x_{(np)} + x_{([np]+1)}\right], & \text{当 } np \text{ 是整数} \end{cases}$$

特别地，当 $p = 0.5$ 时，0.5 分位数 $x_{0.5}$ 也记为 Q_2 或 M，称为样本中位数，即有

$$x_{0.5} = \begin{cases} x_{([\frac{n}{2}]+1)}, & \text{当 } n \text{ 是奇数} \\ \dfrac{1}{2}\left[x_{(\frac{n}{2})} + x_{(\frac{n}{2}+1)}\right], & \text{当 } n \text{ 是偶数} \end{cases}$$

易知，当 n 是奇数时，中位数 $x_{0.5}$ 就是 $x_{(1)} \leqslant x_{(2)} \leqslant \cdots \leqslant x_{(n)}$ 这一数组最中间的一个数；而当 n 是偶数时，中位数 $x_{0.5}$ 就是 $x_{(1)} \leqslant x_{(2)} \leqslant \cdots \leqslant x_{(n)}$ 这一数组中最中间的两个数的平均值．

0.25 分位数 $x_{0.5}$ 称为第一四分位数，又记为 Q_1；0.75 分位数 $x_{0.75}$ 称为第三四分位数，又记为 Q_3；$x_{0.25}$，$x_{0.5}$，$x_{0.75}$ 在统计中是很有用的．

例 7.2.3 设有一组容量为 18 的样本值如表 7.2.3（已经过排序）．

表 7.2.3

122	126	133	140	145	145	149	150	157
162	166	175	177	177	183	188	199	212

求样本分位数：$x_{0.2}$，$x_{0.25}$，$x_{0.5}$．

解 （1）因为 $np = 18 \times 0.2 = 3.6$，$x_{0.2}$ 位于第 $[3.6] + 1 = 4$ 处，即有 $x_{0.2} = x_4 = 140$

（2）因为 $np = 18 \times 0.25 = 4.5$，$x_{0.25}$ 位于第 $[4.5] + 1 = 5$ 处，即有 $x_{0.25} = 145$

（3）因为 $np = 18 \times 0.5 = 9$，$x_{0.5}$ 是这组数中间两个数的平均值，即有

$$x_{0.5} = \frac{1}{2}(157 + 162) = 159.5$$

（2）箱线图

数据集的箱线图是由箱子和直线组成的图形，它是基于以下 5 个数的图

形概括：最小值 min、第一四分位数 Q_1、中位数 M、第三四分位数 Q_3 和最大值 max.

箱线图的做法：

第一步，画一水平数轴，在轴上标上 min，Q_1，M，Q_3，max. 在数轴上方画一个上、下侧平行于数轴的矩形箱子，箱子的左右两侧分别位于 Q_1，Q_3 的上方. 在 M 点的上方画一条垂直线段. 线段位于箱子内部.

第二步，自箱子左侧引一条水平线直至最小值 min；在同一水平高度自箱子右侧引一条水平线直至最大值. 这样就将箱线图做好了，如图 7.2.3 所示.

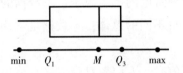

min Q_1 M Q_3 max

图 7.2.3　箱线图

箱线图也可以沿垂直数轴来作. 箱线图可以形象地看出数据集的以下重要性质：

①中心位置：中位数所在的位置就是数据集的中心.

②散布程度：全部数据都落在 [min, max] 之内，在区间 [min, Q_1]，[Q_1, M]，[M, Q_3]，[Q_3, max] 的数据各占 1/4. 当区间较短时，表示落在该区间的点较集中，反之，较为分散.

③关于对称性：若中位数位于箱子的中间位置，则数据分布较为对称. 又若 min 离 M 的距离较 max 离 M 的距离大，则表示数据分布向左倾斜，反之，表示数据向右倾斜，且能看出分布尾部的长短.

例 7.2.2 续　来作 84 个伊特斯坎（Etruscan）人男子的头颅的最大宽度（mm）数据的箱线图，如图 7.2.4 所示.

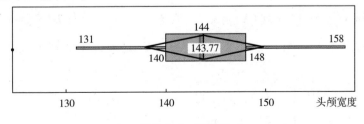

131　　144　　158

140　143.77　148

130　　140　　150　　头颅宽度

图 7.2.4　箱线图

从图 7.2.4 可以看出 min = 131，$Q_1 = 140$，$M = 144$，$Q_3 = 148$，max = 158.

在数据集中，某一个观察值不寻常地大于或小于该数据集中的其他数据，称为疑似异常值. 疑似异常值的存在，会对随后的计算结果产生不适当的影响. 检查疑似异常值并加以适当的处理是十分重要的. 第一四分位数 Q_1 与第三四分位数 Q_3 之间的距离：$Q_3 - Q_1$ 记为 IQR，称为四分位数间距. 若数据小于 $Q_1 - 1.5IQR$ 或大于 $Q_3 + 1.5IQR$，就认为它是疑似异常值. 图 7.2.4 中的小黑点代表数值 126，小于 $Q_1 - 1.5IQR = 140 - 1.5 \times (148 - 140) = 128$，因此可以判定这一点为疑似异常值.

在数据集中，疑似异常值的产生源于：①数据的测量、记录或输入计算机时的错误；②数据来自不同的总体；③数据是正确的，但它只体现小概率事件.

当检测出疑似异常值时，人们需对疑似异常值出现的原因加以分析，如果是由于测量或记录的错误，或某些其他明显的原因造成的，将这些疑似异常值从数据集中丢弃就可以了. 然而当出现的原因无法解释时，要作出丢弃或保留这些值的决策无疑是困难的，此时我们在对数据集作分析时要尽量选用稳健的方法，使得疑似异常值对我们得到的结论的影响较小. 例如，我们采用中位数来描述数据集的中心趋势，而不使用数据集的平均值，因为后者受疑似异常值的影响较大.

图 7.2.4 中的数据 143.77 表示样本均值，因受疑似异常值 126 影响，故而相较于中位数略微偏左. 样本均值和样本中位数刻画的都是数据的位置中心，当数据有异常值时，样本中位数更稳健.

三、课业延伸

1. 设 $X_1, X_2, \cdots, X_n$ 为总体 X 的样本，则必有（A）.

A. $E(\overline{X}) = E(X)$ B. $E(X) = \overline{X}$ C. $E(X) = n\overline{X}$ D. $D(X) = \overline{X}$.

2. 设总体 $X \sim b(1, p)$，$X_1, X_2, \cdots, X_n$ 是来自 X 的样本，求 $E(\overline{X})$，$D(\overline{X})$.

解： 由于总体 $X \sim b(1, p)$，故 $E(X) = p$，$D(X) = p(1 - p)$

所以 $E(\overline{X}) = E\left(\dfrac{1}{n} \sum\limits_{i=1}^{n} X_i\right) = \dfrac{1}{n} \sum\limits_{i=1}^{n} E(X_i) = \dfrac{1}{n} \sum\limits_{i=1}^{n} E(X) = p$

$$D(\overline{X}) = D\left(\frac{1}{n}\sum_{i=1}^{n}X_i\right) = \frac{1}{n^2}\sum_{i=1}^{n}D(X_i) = \frac{p(1-p)}{n}$$

3. 下面列出了 30 个美国 NBA 球员的体重（以磅计，1 磅 = 0.454kg）数据，这些数据是在美国 NBA 球队 1990—1991 赛季的花名册中抽样得到的．

225　232　232　245　235　245　270　225　240　240

217　195　225　185　200　220　200　210　271　240

220　230　215　252　225　220　206　185　227　236

（1）求这些数据的样本均值；

（2）求这些数据的样本标准差；

（3）求这些数据的中位数；

（4）请画出这些数据的频率直方图；

（5）请画出这些数据的箱线图．

答案：略．

四、拓展升华

（一）广度拓展习题

1. 在研究吸烟对睡眠的影响实验中，我们观察人们的入睡时间（min），得到了以下数据：

吸烟组：

69.3　　56.0　　22.1　　47.6　　53.2　　48.1

52.7　　34.4　　60.2　　43.8　　23.2　　13.8

不吸烟组：

28.6　　25.1　　26.4　　34.9　　29.8　　28.4

38.5　　30.2　　30.6　　31.8　　41.6　　21.1

36.0　　37.9　　13.9

（1）求每一组数据的样本均值；

（2）求每一组数据的样本标准差；

（3）求每一组数据的中位数；

（4）请画出每一组数据的频率直方图；

（5）请画出每一组数据的箱线图．

答案：略.

2. 下列数据是初级统计学期期末考试的成绩：

23	60	79	32	57	74	52	70	82
36	80	77	81	95	41	65	92	85
55	76	52	10	64	75	78	25	80
98	81	67	41	71	83	54	64	72
88	62	74	43	60	78	89	76	84
48	84	90	15	79	34	67	17	82
69	74	63	80	85	61			

（1）求这些数据的样本均值；

（2）求这些数据的样本标准差；

（3）求这些数据的中位数；

（4）请画出这些数据的频率直方图；

（5）请画出这些数据的箱线图.

答案：略.

3. 下列数据表示 30 个相似的燃料泵的使用寿命（年）：

2.0	3.0	0.3	3.3	1.3	0.4	0.2	6.0
5.5	6.5	0.2	2.3	1.5	4.0	5.9	1.8
4.7	0.7	4.5	0.3	1.5	0.5	2.5	5.0
1.0	6.0	5.6	6.0	1.2	0.2		

（1）求这些数据的样本均值；

（2）求这些数据的样本标准差；

（3）求这些数据的中位数；

（4）请画出这些数据的频率直方图；

（5）请画出这些数据的箱线图.

答案：略.

第三节　抽样分布

 学习目标

1. 会用 χ^2 分布、t 分布、F 分布的定义推导正态总体的抽样分布；

2. 会查 χ^2 分布、t 分布、F 分布的上分位点；

3. 会用正态总体的抽样分布计算概率.

一、前置研修

(一) MOOC 自主研学内容

统计量的分布称为抽样分布. 为了讨论正态总体下的抽样分布，先引入由正态分布导出的统计学中的三个重要分布，即 χ^2 分布、t 分布、F 分布.

1. χ^2 分布

(1) χ^2 分布的定义

设 X_1，X_2，$\cdots X_n$ 是来自总体 $N(0，1)$ 的样本，则称统计量

$$\chi^2 = X_1{}^2 + X_2{}^2 + \cdots + X_n{}^2$$

服从自由度为 n 的 χ^2 分布，记为 $\chi^2 \sim \chi^2(n)$.

(2) χ^2 分布的概率密度

$$f(y) = \begin{cases} \dfrac{1}{2^{n/2}\Gamma(n/2)} y^{\frac{n}{2}-1} e^{-\frac{y}{2}}, & y > 0 \\ 0, & \text{其他} \end{cases}$$

(3) χ^2 分布的图形

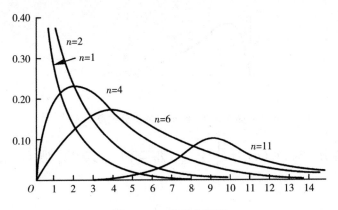

图 7.3.1　χ^2 分布图形

(4) χ^2 分布的可加性

设 $\chi_1{}^2 : \chi_2\ (n_1)$，$\chi_2{}^2 \sim \chi^2(n_2)$，并且 $\chi_1{}^2$，$\chi_2{}^2$ 独立，则 $\chi_1{}^2 + \chi_2{}^2 : \chi^2(n_1+n_2)$.

推广： 设 $X_i \sim \chi^2(n_i)(i = 1, 2, \cdots k,)$ 且相互独立，则 $\sum\limits_{i=1}^{k} X_i \sim \chi^2\left(\sum\limits_{i=1}^{k} n_i\right).$

(5) χ^2 分布的期望和方差

若 $\chi^2 \sim \chi^2(n)$，则有 $E(\chi^2) = n,\ D(\chi^2) = 2n.$

证明： 因为 $X_i \sim N(0, 1)$，故

$$E(X_i^2) = D(X_i) = 1 \quad E(X_i^4) = 3\ (i = 1, 2, \cdots, n)$$

因此

$$E(\chi^2) = E\left(\sum\limits_{i=1}^{n} X_i^2\right) = \sum\limits_{i=1}^{n} E(X_i^2) = n$$

$$D(X_i^2) = E(X_i^4) - [E(X_i^2)]^2 = 3 - 1 = 2$$

又 $X_1, X_2, \cdots, X_n$ 相互独立，于是 $X_1^2, X_2^2, \cdots, X_n^2$ 也相互独立，所以

$$D(\chi^2) = D\left(\sum\limits_{i=1}^{n} X_i^2\right) = \sum\limits_{i=1}^{n} D(X_i^2) = 2n.$$

(6) χ^2 分布的上分位点

对于给定的 $\alpha(0 < \alpha < 1)$，称满足条件 $P\{\chi^2 > \chi_\alpha^2(n)\} = \int_{\chi_\alpha^2(n)}^{+\infty} f(y)\,\mathrm{d}y = \alpha$ 的点 $\chi_\alpha^2(n)$ 为 $\chi^2(n)$ 分布的上 α 分位点，如图 7.3.2 所示.

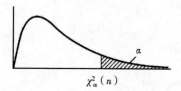

$$\chi_\alpha^2(n)$$

图 7.3.2 χ^2 分布的上分位点

当 n 充分大时，$\chi_\alpha^2(n) \approx \dfrac{1}{2}\left(z_\alpha + \sqrt{2n-1}\right)^2$，其中 z_α 是标准正态分布的上 α 分位点. 例

$$\chi_{0.05}^2(9) = 16.919,\ \chi_{0.05}^2(50) \approx \frac{1}{2}\left(1.645 + \sqrt{99}\right)^2 = 6.211$$

2. t 分布

(1) t 分布的定义

设随机变量 $X \sim N(0, 1)$，$Y \sim \chi^2(n)$，且 X，Y 独立，则称随机变量

$t = \dfrac{X}{\sqrt{Y/n}}$ 服从自由度为 n 的 t 分布，记为 $t \sim t(n)$．

(2) t 分布的概率密度

$$h(t) = \frac{\Gamma[(n+1)/2]}{\sqrt{\pi n}\,\Gamma(n/2)}\left(1 + \frac{t^2}{n}\right)^{-(n+1)/2}, \quad -\infty < x < +\infty .$$

(3) t 分布的图形

t 分布的图形如图 7.3.3 所示．

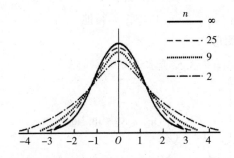

	n
——	∞
- - -	25
······	9
-·-·-	2

图 7.3.3　t 分布图形

(4) t 分布的上分位点

对于给定的 α，$0 < \alpha < 1$，称满足条件 $P(t > t_\alpha(n)) = \displaystyle\int_{t_\alpha(n)}^{\infty} h(t)\,\mathrm{d}t = \alpha$ 的

点 $t_\alpha(n)$ 为 $t(n)$ 分布的上 α 分位点，如图 7.3.4 所示．

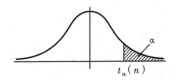

图 7.3.4　t 分布的上分位点

特别地，$t_{1-\alpha}(n) = -t_\alpha(n)$，当 $n > 45$ 时，$t_\alpha(n) \approx z_\alpha$．

例

$t_{0.05}(9) = 1.8331$

$$t_{0.995}\ (9)\ = -t_{0.005}\ (9)\ = -3.2498$$

$$t_{0.05}\ (50)\ \approx z_{0.05} = 1.645$$

3. F 分布

(1) F 分布的定义

设 $U \sim \chi^2(n_1)$，$V \sim \chi^2(n_2)$，且 U，V 独立，则称随机变量 $F = \dfrac{U/n_1}{V/n_2}$ 服从自由度为 $(n_1,\ n_2)$ 的 F 分布，记为 $F \sim F(n_1,\ n_2)$.

(2) F 分布的概率密度

$$\psi(y) = \begin{cases} \dfrac{\Gamma[(n_1 + n_2)/2]\,(n_1/n_2)^{n_1/2}\,y^{(n_1/2)-1}}{\Gamma(n_1/2)\Gamma(n_2/2)\,[1 + (n_1 y/n_2)]^{(n_1+n_2)/2}}, & y > 0 \\ 0, & \text{其他} \end{cases}$$

(3) F 分布的图形

F 分布的图形如图 7.3.5 所示.

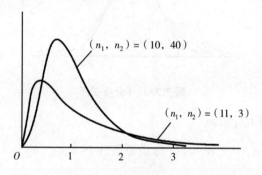

图 7.3.5　F 分布图形

(4) F 分布的性质

若 $F \sim F(n_1,\ n_2)$，则 $\dfrac{1}{F} \sim F(n_2,\ n_1)$.

(5) F 分布的上分位点

对于给定的 α，$0<\alpha<1$ 称满足条件 $P\{F > F_\alpha(n_1,\ n_2)\} = \displaystyle\int_{F_\alpha(n_1,\ n_2)}^{+\infty} \psi(y)\mathrm{d}y = \alpha$ 的点 $F_\alpha(n_1,\ n_2)$ 为 $F(n_1,\ n_2)$ 分布的上 α 分位点，如图 7.3.6 所示.

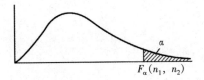

图 7.3.6 F 分布的上分位点

F 分布的上 α 分位点有一个重要的性质 $F_{1-\alpha}(n_1, n_2) = \dfrac{1}{F_\alpha(n_2, n_1)}$.

例

$$F_{0.025}(15, 8) = 4.10$$

$$F_{0.95}(12, 9) = \frac{1}{F_{0.05}(9, 12)}$$

$$= \frac{1}{2.80} = 0.357$$

$$F_{0.99}(5, 10) = \frac{1}{F_{0.01}(10, 5)} = \frac{1}{10.1} = 0.0990$$

(二) SPOC 自主测试习题

1. 若 $X \sim \chi^2(n_1)$，$Y \sim \chi^2(n_2)$，且 X 与 Y 相互独立，则

$$\frac{X}{n_1} \Big/ \frac{Y}{n_2} \sim \underline{F\ (n_1,\ n_2)}$$

2. 若 $X \sim N(0, 1)$ 而 $Y \sim \chi^2(n)$，且 X 与 Y 相互独立. 则 $X \Big/ \sqrt{\dfrac{Y}{n}} \sim \underline{t(n)}$.

3. 设 X_1，X_2，$\cdots$，X_n 是取自总体 $N(\mu, \sigma^2)$ 的样本，则统计量 $\dfrac{1}{\sigma^2} \sum\limits_{i=1}^{n}$
$(X_i - \mu)^2$ 服从的分布是 $\underline{\chi^2(n)}$.

4. 查表求上 α 分位点：$t_{0.05}(16) = \underline{\ \ 1.7459\ \ }$，$t_{0.05}(56) = \underline{\ \ 1.645\ \ }$，
$\chi^2_{0.025}(16) = \underline{\ \ 28.845\ \ }$，$\chi^2_{0.005}(61) = \underline{\ \ 92.1403\ \ }$，$F_{0.005}(10, 6) = \underline{\ \ 10.3\ \ }$，
$F_{0.99}(12, 15) = \underline{\ \ 0.2494\ \ }$.

二、课堂探究

（一）教师精讲

1. 正态总体的抽样分布

定理 7.3.1 设 X_1，X_2，$\cdots$，X_n 是来自正态总体 $N(\mu, \sigma^2)$ 的样本，$\overline{X}$ 是样本均值，则有

$$\overline{X} \sim N\left(\mu, \frac{\sigma^2}{n}\right) \left[\text{或者} \frac{\overline{X}-\mu}{\sigma/\sqrt{n}} \sim N(0, 1)\right]$$

证明： 由题意可知，随机变量 X_1，X_2，$\cdots$，X_n 相互独立，且

$$X_i \sim N(\mu, \sigma^2)，i = 1, 2, \cdots, n$$

因为 $\overline{X} = \dfrac{1}{n} \sum\limits_{i=1}^{n} X_i$ ，且

$$E(\overline{X}) = E\left(\frac{1}{n}\sum_{i=1}^{n}X_i\right) = \frac{1}{n}\sum_{i=1}^{n}E(X_i) = \frac{1}{n}\sum_{i=1}^{n}\mu = \mu$$

$$D(\overline{X}) = D\left(\frac{1}{n}\sum_{i=1}^{n}X_i\right) = \frac{1}{n^2}\sum_{i=1}^{n}D(X_i) = \frac{1}{n^2}\sum_{i=1}^{n}\sigma^2 = \frac{\sigma^2}{n}$$

故 $\overline{X} \sim N\left(\mu, \dfrac{\sigma^2}{n}\right)$ ，进而 $\dfrac{\overline{X}-\mu}{\sigma/\sqrt{n}} \sim N(0, 1)$.

定理 7.3.2 设 X_1，$\cdots$，X_n 是总体 $N(\mu, \sigma^2)$ 的样本，$\overline{X}$，S^2 分别是样本均值与样本方差，则有

① $\dfrac{(n-1)S^2}{\sigma^2} \sim \chi^2(n-1)$ ；

② $\overline{X}$ 与 S^2 相互独立.

定理 7.3.3 设 X_1，$\cdots$，X_n 是总体 $N(\mu, \sigma^2)$ 的样本，$\overline{X}$，S^2 分别是样本均值与样本方差，则有 $\dfrac{\overline{X}-\mu}{S/\sqrt{n}} \sim t(n-1)$.

证明： 由题意 $\overline{X}$ 与 S^2 独立，且

$$\frac{\overline{X}-\mu}{\sigma/\sqrt{n}} \sim N(0, 1)，\frac{(n-1)S^2}{\sigma^2} \sim \chi^2(n-1)；$$

故由 t 分布的定义，有 $\dfrac{\overline{X} - \mu}{\sigma / \sqrt{n}} \Big/ \sqrt{\dfrac{(n-1)S^2}{\sigma^2(n-1)}} \sim \chi^2(n-1)$.

即 $\dfrac{\overline{X} - \mu}{S / \sqrt{n}} \sim t(n-1)$.

定理 7.3.4 设 X_1，X_2，$\cdots X_{n_1}$ 与 Y_1，Y_2，$\cdots Y_{n_2}$ 分别是来自具有相同方差的两个正态总体 $N(\mu_1, \sigma^2)$，$N(\mu_2, \sigma^2)$ 的样本，且它们相互独立．设

$$\overline{X} = \frac{1}{n_1} \sum_{i=1}^{n_1} X_i, \quad \overline{Y} = \frac{1}{n_2} \sum_{i=1}^{n_2} Y_i$$ 分别是两个样本的均值；

$$S_1^2 = \frac{1}{n_1 - 1} \sum_{i=1}^{n_1} (X_i - \overline{X})^2, \quad S_2^2 = \frac{1}{n_2 - 1} \sum_{j=1}^{n_2} (Y_i - \overline{Y})^2$$

分别是两个样本的方差；则有

① 当 $\sigma_1^2 = \sigma_2^2 = \sigma^2$ 时，$\dfrac{(\overline{X} - \overline{Y}) - (\mu_1 - \mu_2)}{S_w \sqrt{\dfrac{1}{n_1} + \dfrac{1}{n_2}}} \sim t(n_1 + n_2 - 2)$，

其中 $S_w^2 = \dfrac{(n_1 - 1)S_1^2 + (n_2 - 1)S_2^2}{n_1 + n_2 - 2}$，$S_w = \sqrt{S_w^2}$.

② $\dfrac{S_1^2 / S_1^2}{S_2^2 / S_2^2} \sim F(n_1 - 1, n_2 - 1)$.

证明： ① 因为 $\overline{X} - \overline{Y} \sim N\left(\mu_1 - \mu_2, \dfrac{\sigma^2}{n_1} + \dfrac{\sigma^2}{n_2}\right)$，所以

$$\frac{(\overline{X} - \overline{Y}) - (\mu_1 - \mu_2)}{\sigma \sqrt{1/n_1 + 1/n_2}} \sim N(0, 1)$$

又 $\dfrac{(n_1 - 1)S_1^2}{\sigma^2} \sim \chi^2(n_1 - 1)$，$\dfrac{(n_2 - 1)S_2^2}{\sigma^2} \sim \chi^2(n_2 - 1)$，且它们相互独立．

所以 $\dfrac{(n_1 - 1)S_1^2}{\sigma^2} + \dfrac{(n_2 - 1)S_2^2}{\sigma^2} \sim \chi^2(n_1 + n_2 - 2)$.

由 t 分布的定义可知

$$\frac{(\overline{X} - \overline{Y}) - (\mu_1 - \mu_2)}{\sigma \sqrt{1/n_1 + 1/n_2}} \Big/ \sqrt{\frac{(n_1 - 1)S_1^2}{\sigma^2} + \frac{(n_2 - 1)S_2^2}{\sigma^2}} \Big/ (n_1 + n_2 - 2) \sim t(n_1 + n_2 - 2)$$

即

$$\frac{(\overline{X} - \overline{Y}) - (\mu_1 - \mu_2)}{\sqrt{\dfrac{(n_1 - 1)S_1^2 + (n_2 - 1)S_2^2}{n_1 + n_2 - 2}}\sqrt{\dfrac{1}{n_1} + \dfrac{1}{n_2}}} = \frac{(\overline{X} - \overline{Y}) - (\mu_1 - \mu_2)}{S_w\sqrt{\dfrac{1}{n_1} + \dfrac{1}{n_2}}} \sim t(n_1 + n_2 - 2)$$

② 因为 $\dfrac{(n_1 - 1)S_1^2}{\sigma_1^2} \sim \chi^2(n_1 - 1)$，$\dfrac{(n_2 - 1)S_2^2}{\sigma_2^2} \sim \chi^2(n_2 - 1)$，且它们相互

独立. 由 F 分布的定义可知

$$\frac{(n_1 - 1)S_1^2}{\sigma_1^2(n_1 - 1)} \Big/ \frac{(n_2 - 1)S_2^2}{\sigma_2^2(n_2 - 1)} = \frac{S_1^2/S_2^2}{\sigma_1^2/\sigma_2^2} : F^2(n_1 - 1, n_2 - 1)$$

（二）学生内化

1. 设正态总体均值为 μ，方差为 σ^2，n 为样本容量，下式中错误的是 （D）.

A. $E(\overline{X} - \mu) = 0$ 　　　　　　　　B. $D(\overline{X} - \mu) = \dfrac{\sigma^2}{n}$

C. $E\left(\dfrac{S^2}{\sigma^2}\right) = 0$ 　　　　　　　　D. $\dfrac{\overline{X} - \mu}{\sigma/\sqrt{n}} \sim N(0, 1)$

2. 设 $X_1, X_2, \cdots, X_n$ 是来自正态总体 $N(0, 1)$ 的样本，$\overline{X}, S^2$ 分别为样本均值与样本方差，则 （C）.

A. $\overline{X} \sim N(0, 1)$ 　　　　　　　　B. $n\overline{X} \sim N(0, 1)$

C. $\displaystyle\sum_{i=1}^{n} X_i^2 \sim \chi^2(n)$ 　　　　　　　D. $\dfrac{\overline{X}}{S} \sim t(n - 1)$

三、课业延伸

1. 已知样本 $X_1, X_2, \cdots, X_{16}$ 取自正态分布总体 $N(2, 1)$，$\overline{X}$ 为样本均值，已知 $P\{\overline{X} \geq \lambda\} = 0.5$，则 $\lambda = \underline{\quad 2 \quad}$.

2. 设 $X_1, X_2, \cdots, X_n$ 为来自正态总体 $X \sim N(\mu, \sigma^2)$ 的一个简单随机样本，又若 a_i 为常数 $(a_i \neq 0, i = 1, 2, \cdots, n)$，则 $\displaystyle\sum_{i=1}^{n} a_i X_i$ 服从

$\underline{N\left(\mu\displaystyle\sum_{i=1}^{n} a_i, \sigma^2\displaystyle\sum_{i=1}^{n} a_i^2\right)}$.

3. 设总体 $X \sim N(12, \sigma^2)$，从中抽取容量为 25 的样本，分别就以下两种情况计算 $P\{\overline{X} > 12.5\}$．

(1) 已知 $\sigma = 2$；　　　(2) σ 未知，但已知 $s^2 = 5.57$．

解：由题意 $X \sim N(12, \sigma^2)$．

(1) 当 $\sigma = 2$ 时，统计量 $\overline{X} \sim N\left(12, \dfrac{4}{25}\right)$．

所以 $P\{\overline{X} > 12.5\} = P\left\{\dfrac{\overline{X} - 12}{2/5} > \dfrac{12.5 - 12}{2/5}\right\} = 1 - P\left\{\dfrac{\overline{X} - 12}{2/5} \leqslant 1.25\right\}$

$$= 1 - \Phi(1.25) = 1 - 0.8944 = 0.1056$$

(2) 当 σ 未知时，$\dfrac{\overline{X} - 12}{S/\sqrt{n}} \sim t(n - 1)$．

又已知 $S^2 = 5.57$，$n = 25$，故统计量 $\dfrac{\overline{X} - 12}{5.57/5} \sim t(24)$．所以

$$P\{\overline{X} > 12.5\} = P\left\{\dfrac{\overline{X} - 12}{\sqrt{5.57/25}} > \dfrac{12.5 - 12}{\sqrt{5.57/25}}\right\} \approx P\left\{\dfrac{\overline{X} - 12}{\sqrt{5.57/25}} > 1.059\right\}$$

查自由度为 24 的 t 分布表，得 $t_{0.15}(24) = 1.059$

所以 $P\left\{\dfrac{\overline{X} - 12}{\sqrt{5.57/25}} > 1.059\right\} = 0.15$

即当 $S^2 = 5.57$ 时，$P\{\overline{X} > 12.5\} = 0.15$

第八章　参数估计

第一节　点估计

 学习目标 ────────────────────────

1. 理解矩估计和最大似然估计的思想；

2. 会计算矩估计和最大似然估计.

一、前置研修

（一）MOOC 自主研学内容

当总体 X 的概率分布 $F(x;\theta)$ 的形式为已知，但它的一个或多个参数未知时，借助来自总体 X 的一个样本来估计总体中的未知参数的值，称为参数的点估计问题. 矩估计法和最大似然估计法是常用的点估计的方法.

1. 矩估计法

（1）矩估计的思想

设总体 X 的 k 阶原点矩 $E(X^k)=\mu_k$ 存在，设 X_1，X_2，$\cdots$，X_n 是来自总体 X 的一个样本，x_1，x_2，$\cdots$，x_n 是它的一个样本值，$A_k=\dfrac{1}{n}\sum\limits_{i=1}^{n}X_i^{\,k}$ 是 k 阶样本原点矩. 在第七章，我们曾经介绍过样本矩（的函数）依概率收敛于总体矩（的函数），即 $A\xrightarrow{P}\mu_k$，$g(A_k)\xrightarrow{P}g(\mu_k)$（$g$ 是连续函数）. 因而我们想到用样本矩替换总体矩，用样本矩的函数替换总体矩的函数. 这就是替换原理，矩估计的基本思想.

（2）矩估计的一般步骤

设总体 X 的分布中含有 m 个未知参数 θ_1，$\cdots$，θ_m，且总体的 m 阶矩都在

.

第一步：找关系，即根据未知参数的个数写出总体的各阶矩，建立未知参数与总体矩的函数关系：

$$\begin{cases} \mu_1 = E(x) = \mu_1(\theta_1, \ \theta_2, \ \cdots, \ \theta_m) \\ \mu_2 = E(x) = \mu_2(\theta_1, \ \theta_2, \ \cdots, \ \theta_m) \\ \qquad\qquad \cdots \\ \mu_m = E(x) = \mu_m(\theta_1, \ \theta_2, \ \cdots, \ \theta_m) \end{cases}$$

第二步：反解，即解方程或方程组，用总体矩表示未知参数：

$$\begin{cases} \theta_1 = \theta_1(\mu_1, \ \mu_2, \ \cdots, \ \mu_m) \\ \theta_2 = \theta_2(\mu_1, \ \mu_2, \ \cdots, \ \mu_m) \\ \qquad\qquad \cdots \\ \theta_m = \theta_m(\mu_1, \ \mu_2, \ \cdots, \ \mu_m) \end{cases}$$

第三步：替换，即用 A_i 代替上述方程组中的 μ_i，$i = 1, \ 2, \ \cdots, \ m$，得到

$$\hat{\theta}_i = \theta_i(A_1, \ A_2, \ \cdots, \ A_m), \ i = 1, \ 2, \ \cdots, \ m$$

作为 θ_i，$i = 1, \ 2, \ \cdots, \ m$ 的矩估计量．$\underset{\sim}{\theta}_i = \theta_i(a_1, \ a_2, \ \cdots, \ a_m)$，$i = 1, \ 2, \ \cdots, \ m$ 称为矩估计值．在不至于混淆的情况下统称为矩估计．

例 8.1.1 设总体 $X \sim U[a, b]$，a，b 未知，X_1，$\cdots$，X_n 是来自总体 X 的一个样本．试求：参数 a，b 的矩估计量．

解：建立未知参数与总体矩的函数关系

$$\begin{cases} \mu_1 = E(x) = \dfrac{a+b}{2} \\ \mu_2 = E(X^2) = D(x) + [E(x)]^2 = \dfrac{(b-a)^2}{12} + \dfrac{(a+b)^2}{4} \end{cases}$$

解方程组得

$$\begin{cases} a + b = 2\mu_1 \\ b - a = \sqrt{12(\mu_2 - \mu_1^2)} \end{cases}$$

从而

$$\begin{cases} a = \mu_1 - \sqrt{3(\mu_2 - \mu_1^2)} \\ b = \mu_1 + \sqrt{3(\mu_2 - \mu_1^2)} \end{cases}$$

用样本矩替换总体矩，得参数 a，b 的矩估计量为

$$\begin{cases} \hat{a} = A_1 - \sqrt{3(A_2 - A_1^2)} = A_1 - \sqrt{3B_2} = \overline{X} - \sqrt{\dfrac{3}{n}\sum_{i=1}^{n}(X_i - \overline{X})^2} \\ \hat{b} = A_1 + \sqrt{3(A_2 - A_1^2)} = A_1 + \sqrt{3B_2} = \overline{X} + \sqrt{\dfrac{3}{n}\sum_{i=1}^{n}(X_i - \overline{X})^2} \end{cases}$$

其中 $A_1 = \dfrac{1}{n}\sum_{i=1}^{n}X_i$，　$A_2 = \dfrac{1}{n}\sum_{i=1}^{n}X_i^2$，　$B_2 = \dfrac{1}{n}\sum_{i=1}^{n}(X_i - \overline{X})^2$

例 8.1.2　设总体 X 的均值 μ，方差 σ 都存在，且 $\sigma^2 = 0$，但 μ，σ^2 未知．又设 X_1，$\cdots$，X_n 是总体 X 的一个样本，试求：参数 μ，σ^2 的矩估计量．

解：建立未知参数和总体矩的函数关系

$$\begin{cases} \mu_1 = E(x) = \mu, \\ \mu_2 = E(X^2) = D(x) + [E(x)]^2 = \sigma^2 + \mu^2 \end{cases}$$

解方程组得

$$\begin{cases} \mu = \mu_1, \\ \sigma^2 = \mu_2 - \mu_1^2 \end{cases}$$

用样本矩替换总体矩，得到参数 μ，σ^2 的矩估计量为

$$\hat{\mu} = A_1 = \overline{X},$$

$$\hat{\sigma}^2 = A_2 - A_1^2 = B_2 = \frac{1}{n}\sum_{i=1}^{n}(X_i - \overline{X})^2$$

特别地，若 $X \sim N(\mu,\sigma^2)$，μ，σ^2 未知；则 $\hat{\mu} = \overline{X}$，$\hat{\sigma}^2 = B_2 = \dfrac{1}{n}\sum_{i=1}^{n}(X_i - \overline{X})^2$．

例 8.1.3　设某工厂一天中发生着火现象的次数 X 服从参数为 λ 的泊松分布，λ 未知且 $\lambda>0$，有以下样本值：

着火的次数 k	0	1	2	3	4	5	6	
发生 k 次着火的天数 n_k	75	90	54	22	6	2	1	$\sum = 250$

试求：参数 λ 的矩估计值.

解：建立未知参数和总体矩的函数关系

$$\mu_1 = E(x) = \lambda$$

解：方程得 $\lambda = \mu_1$

用样本矩替换总体矩，得到参数 λ 的矩估计量为 $\hat{\lambda} = \overline{X}$

计算得 $\overline{x} = \dfrac{1}{250}(0 \times 75 + 1 \times 90 + \cdots + 6 \times 1) = 1.22$

所以 λ 的矩估计值为 $\hat{\lambda} = 1.22$

（二）SPOC 自主测试习题

1. 设 X_1, X_2, $\cdots$, X_n 是总体 $X \sim N(\mu, \sigma^2)$ 的样本，则 σ^2 的矩估计量为（B）.

A. $\dfrac{1}{n}\sum\limits_{i=1}^{n} X_i^2$ B. $\dfrac{1}{n}\sum\limits_{i=1}^{n}(X_i - \overline{X})^2$

C. $\dfrac{1}{n-1}\sum\limits_{i=1}^{n}(X_i - \overline{X})^2$ D. $\dfrac{1}{n}\sum\limits_{i=1}^{n}(X_i - \mu)^2$

2. 若一个样本的观察值为 0，0，1，1，0，1，则总体均值、方差的矩估计值分别为（A）.

A. 0.5，0.25   B. 0.25，0.5   C. 0，1   D. 0.25，0.25

二、课堂探究

（一）教师精讲

1. 最大似然估计法

最大似然估计法首先是由德国数学家 Gauss 在 1821 年提出的．Fisher 在 1922 年重新发现了这一方法，并首先研究了这种方法的一些性质.

（1）最大似然估计的基本思想

在随机试验中，许多事件都有可能发生，概率大的事件发生的可能性也大．若在一次试验中，某事件发生了，则有理由认为此事件比其他事件发生的概率大，这就是所谓的**最大似然原理**．最大似然估计想法是在一次试验中，样本值 x_1，x_2，$\cdots$，x_n 出现，我们有理由认为在随机试验的所有结果中，x_1，x_2，$\cdots$，x_n 发生的概率最大．这就是说，此时的参数真值最有利于

x_1，x_2，$\cdots$，x_n 出现，所以这个概率的最大值点就可以被近似看成参数的真值.

（2）似然函数

若总体 X 属于离散型，其分布律 $P\{X = x\} = p(x; \theta)$，$\theta \in \Theta$ 的形式为已知，θ 为待估参数，Θ 是 θ 的可能取值范围. 设 X_1，$\cdots$，X_n 是来自 X 的样本；x_1，$\cdots$，x_n 是 X_1，$\cdots$，X_n 的一个样本值，则事件 $\{X_1 = x_1,\ \cdots,\ X_n = x_n\}$ 发生的概率为

$$L(\theta) = L(x_1,\ \cdots,\ x_n;\ \theta) = \prod_{i=1}^{n} p(x_i;\ \theta),\ \theta \in \Theta$$

称为**样本的似然函数**.

若总体 X 属于连续型，其概率密度 $f(x; \theta)$，$\theta \in \Theta$ 的形式已知，θ 为待估参数；Θ 是 θ 可能取值的范围. 设 X_1，$\cdots$，X_n 是来自 X 的样本；x_1，$\cdots$，x_n 是 X_1，$\cdots$，X_n 的一个样本值.

$$L(\theta) = L(x_1,\ \cdots,\ x_n;\ \theta) = \prod_{i=1}^{n} f(x_i;\ \theta)$$

称为**样本的似然函数**.

（3）最大似然估计

当固定样本值为 x_1，x_2，$\cdots$，x_n 时，设 $\hat{\ } = (x_1,\ \cdots,\ x_n)$，它是 Θ 内的一个数值. 若

$$L(x_1,\ L,\ x_n;\ \hat{\ }) = \max_{\theta \in \Theta} L(x_1,\ L,\ x_n;\ \theta)$$

则称 $\hat{\ }(x_1,\ \cdots,\ x_n)$ 为参数 θ 的最大似然估计值；$\hat{\ }(x_1,\ \cdots,\ x_n)$ 对应的统计量 $\hat{\ }(X_1,\ \cdots,\ X_n)$ 称为参数 θ 的最大似然估计量.

（4）对数似然函数

我们将　　　$l(\theta) = \ln L(\theta) = \ln L(x_1,\ \cdots,\ x_n;\ \theta)$

称为对数似然函数. 因为 $l(\theta)$ 与 $L(\theta)$ 在同一 θ 处取到极值，所以找 $L(\theta)$ 最大值点可以转化为找 $l(\theta)$ 的最大值点.

（5）似然方程

我们将　　　　　　　　$\dfrac{\partial}{\partial \theta} L(\theta) = 0$

称为似然方程.

(6) 对数似然方程

我们将
$$\frac{\partial}{\partial \theta}l(\theta) = \frac{\partial}{\partial \theta}L(\theta) = 0$$

称为对数似然方程.

此时, 总体的分布中包含 1 个参数 θ.

(7) 似然方程组和对数似然方程组

若总体的分布中包含 k 个未知参数 θ_1, θ_2, $\cdots$, θ_k, 则似然函数和对数似然函数就变成了这些参数的方程组, 称为**似然函数方程组**和**对数似然函数方程组**, 分别为:

$$\frac{\partial L}{\partial \theta_i} = 0, \ i = 1, \ 2, \ \cdots, \ k$$

和

$$\frac{\partial \ln L}{\partial \theta_i} = 0, \ i = 1, \ 2, \ \cdots, \ n$$

解这 k 个方程组, 即可求得 θ_1, θ_2, $\cdots$, θ_k 的极大似然估计值.

(8) 求最大似然估计的步骤

第一步, 由总体分布确定样本的似然函数;

第二步, 求似然函数的最大值点;

具体问题具体分析:

＊直接寻找似然函数的最大值点

＊从似然方程求解得到

＊从对数似然方程求解得到

第三步, 在最大值点的表达式中, 用样本值代入 λ 就得到参数的最大似然估计值.

例 8.1.4 设 $X \sim B(1, p)$; X_1, $\cdots$, X_n 是来自 X 的一个样本, 试求: 参数 p 的最大似然估计量.

解: 设 x_1, $\cdots$, x_n 是 X_1, $\cdots$, X_n 的一个样本值. 由题意可知, 总体 X 的分布律为

$$P\{X = x\} = p^x(1 - p)^{1-x}, \ x = 0, \ 1;$$

于是似然函数为

$$L(p) = \prod_{i=1}^{n} p^{x_i}(1-p)^{1-x_i} = p^{\sum\limits_{i=1}^{n} x_i}(1-p)^{n-\sum\limits_{i=1}^{n} x_i}$$

取对数，得对数似然函数为

$$\ln L(p) = \left(\sum_{i=1}^{n} x_i\right)\ln p + \left(n - \sum_{i=1}^{n} x_i\right)\ln(1-p)$$

求导，得对数似然方程为

$$\frac{\partial}{\partial p}\ln L(p) = \frac{\sum\limits_{i=1}^{n} x_i}{p} - \frac{n - \sum\limits_{i=1}^{n} x_i}{1-p} = 0$$

解得参数 p 的最大似然估计值为

$$\hat{p} = \frac{1}{n}\sum_{i=1}^{n} x_i = \bar{x}$$

所以参数 p 的最大似然估计量为

$$\hat{p} = \frac{1}{n}\sum_{i=1}^{n} X_i = \bar{X}$$

例 8.1.5 设总体 $X \sim N(\mu, \sigma^2)$，μ，σ^2 为未知参数，$x_1, \cdots, x_n$ 是来自 X 的一个样本值. 试求：参数 μ，σ^2 最大似然估计量.

解： 设 $X_1, \cdots, X_n$ 是来自总体 X 的一个样本. 由题意可知，总体 X 的概率密度为

$$f(x; \mu, \sigma^2) = \frac{1}{\sqrt{2\pi}\sigma}e^{-\frac{(x-\mu)^2}{2\sigma^2}}, \quad -\infty < x < +\infty$$

于是似然函数为

$$L(\mu, \sigma^2) = \prod_{i=1}^{n}\frac{1}{\sqrt{2\pi}\sigma}e^{-\frac{(x-\mu)^2}{2\sigma^2}} = (2\pi\sigma^2)^{-\frac{n}{2}}e^{-\frac{1}{2\sigma^2}\sum\limits_{i=1}^{n}(x_i-\mu)^2}$$

取对数，得到对数似然函数

$$\ln L = -\frac{n}{2}\ln(2\pi) - \frac{n}{2}\ln(\sigma^2) - \frac{1}{2\sigma^2}\sum_{i=1}^{n}(x_i - \mu)^2$$

求导，得到对数似然方程组

$$\begin{cases} \dfrac{\partial \ln L}{\partial \mu} = \dfrac{1}{\sigma^2}\left(\sum\limits_{i=1}^{n} x_i - n\mu\right) = 0 \\[3mm] \dfrac{\partial \ln L}{\partial \sigma^2} = -\dfrac{n}{2\sigma^2} + \dfrac{1}{(2\sigma^2)^2}\sum\limits_{i=1}^{n}(x_i - \mu)^2 = 0 \end{cases}$$

解得参数 μ，σ^2 的最大似然估计值

$$\begin{cases} \hat{\mu} = \dfrac{1}{n} \sum_{i=1}^{n} x_i = \bar{x} \\ \\ \hat{\sigma}^2 = \dfrac{1}{n} \sum_{i=1}^{n} (x_i - \bar{x})^2 \end{cases}$$

所以参数 μ，σ^2 的最大似然估计量为

$$\begin{cases} \hat{\mu} = \dfrac{1}{n} \sum_{i=1}^{n} X_i = \bar{X} \\ \\ \hat{\sigma}^2 = \dfrac{1}{n} \sum_{i=1}^{n} (X_i - \bar{X})^2 \end{cases}$$

例 8.1.6 设总体 $X \sim U(a, b)$，a，b 为未知参数，设 $X_1, \cdots, X_n$ 是来自总体 X 的一组样本；$x_1, \cdots, x_n$ 是 $X_1, \cdots, X_n$ 的一个样本值．试求：参数 a，b 最大似然估计量．

解： 由题意，总体 X 的概率密度为

$$f(x; a, b) = \begin{cases} \dfrac{1}{b-a}, & a \leqslant x \leqslant b \\ \\ 0, & 其他 \end{cases}$$

于是似然函数为

$$L(a, b) = \begin{cases} \dfrac{1}{(b-a)^n}, & a \leqslant x_1, \cdots, x_n \leqslant b \\ \\ 0, & 其他 \end{cases}$$

设 $x_{(1)} = \min(x_1, \cdots, x_n)$，$x_{(n)} = \max(x_1, \cdots, x_n)$．

从而 $a \leqslant x_1, \cdots, x_n \leqslant b$ 等价于 $a \leqslant x_{(1)}$，$x_{(n)} \leqslant b$．

故 对于满足 $a \leqslant x_{(1)}$，$x_{(n)} \leqslant b$ 的任意 a，b 有

$$L(a, b) = \frac{1}{(b-a)^n} \leqslant \frac{1}{[x_{(n)} - x_{(1)}]^n}$$

即 $L(a, b)$ 当 $a = x_{(1)}$，$b = x_{(n)}$ 时，取最大值 $[x_{(n)} - x_{(1)}]^n$

故参数 a，b 的极大似然估计值为

$$\hat{a} = x_{(1)}, \quad \hat{b} = x_{(n)}$$

所以参数 a，b 的极大似然估计量为

$$\hat{a} = X_{(1)} = \min(X_1, \cdots, X_n), \quad \hat{b} = X_{(n)} = \max(X_1, \cdots, X_n).$$

（9）最大似然估计的不变性

设 θ 的函数 $u = u(\theta)$，$\theta \in \Theta$ 具有单值反函数，$\hat{}$ 是 θ 的最大似然估计，则 $\hat{u} = u(\hat{\theta})$ 是 $u(\theta)$ 的最大似然估计．

例如，已知 $\hat{\sigma}^2 = \dfrac{1}{n} \sum_{i=1}^{n} (X_i - \overline{X})^2$ 是 σ^2 的极大似然估计量，因为

$$\sigma = u = u(\sigma^2) = \sqrt{\sigma^2}$$

有单值反函数 $\sigma^2 = u^2$，$(u \geqslant 0)$，故

$$\hat{\sigma} = \sqrt{\hat{\sigma}^2} = \sqrt{\dfrac{1}{n} \sum_{i=1}^{n} (X_i - \overline{X})^2}$$

是 σ 的极大似然估计量．

（二）学生内化

容量为 6 的样本：1.3，1.7，0.6，2.2，0.3，1.1 来自均匀分布总体 $U(a, b)$，则 a 和 b 的最大似然估计值为　　0.3　　，　　2.2　　．

三、课业延伸

1. 容量为 6 的样本：1.3，1.7，0.6，2.2，0.3，1.1 来自均匀分布总体 $U[0, \theta]$，则 θ 的矩估计值为　　2.4　　，最大似然估计值为　　2.2　　．

2. 设 X_1，X_2，$\cdots$，X_n 是来自总体 X 的一个样本，且 $X \sim \pi(\lambda)$，则 $P\{X = 0\}$ 的最大似然估计值为 $\hat{P}\{X = 0\} = e^{-\bar{x}}$．

3. 某车间生产的螺杆直径 $X \sim N(\mu, \sigma^2)$，从中抽取 5 支，测得其直径分别为：22.3，21.5，22.0，21.8，21.4（单位 mm），则 μ 和 σ^2 的矩估计值分别为　21.8　，　0.108　；μ 和 σ^2 的最大似然估计值为　21.8　，　0.108　．

4. 某种电子设备的使用寿命 X（单位：天，从开始使用到初次失效为止）服从参数为 λ 的指数分布，现从中抽取 18 台设备，测得其寿命数据为：16，29，50，68，100，130，140，270，280，340，410，450，520，620，190，210，800，1100．则 λ 的极大似然估计值为　0.0031　．

5. 设总体 X 具有分布律

X	1	2	3
p_k	θ^2	$2\theta(1-\theta)$	$(1-\theta)^2$

其中 $\theta(0 < \theta < 1)$ 为未知参数，已知取得了样本值 $x_1 = 1$，$x_2 = 2$，$x_3 = 1$，试求 θ 的矩估计值和最大似然估计值．

解：（1）求矩估计值

设 X_1，X_2，$\cdots$，X_n 为来自总体 X 的简单随机样本

因为 $E(X) = 1 \times \theta^2 + 2 \times 2\theta(1-\theta) + 3 \times (1-\theta)^2 = 3 - 2\theta$

反解得 $\theta = \dfrac{3 - E(X)}{2}$

替换，得 θ 的矩估计量为 $\hat{} = \dfrac{3 - \overline{X}}{2}$

计算得 $\overline{x} = \dfrac{1}{3}(1 + 2 + 1) = \dfrac{4}{3}$

所以 θ 的矩估计值为 $\hat{} = \dfrac{3 - \dfrac{4}{3}}{2} = \dfrac{5}{6}$

（2）求最大似然估计值

由题意可知，似然函数为

$$L(\theta) = \prod_{i=1}^{3} P\{X_i = x_i; \theta\} = P\{X_1 = 1\} P\{X_2 = 2\} P\{X_3 = 1\}$$
$$= \theta^2 \cdot 2\theta(1-\theta) \cdot \theta^2 = 2\theta^5(1-\theta)$$

取对数，得对数似然函数

$$l(\theta) = \ln L(\theta) = \ln 2 + 5\ln\theta + \ln(1-\theta)$$

求导，得对数似然方程

$$\frac{\partial l}{\partial \theta} = \frac{5}{\theta} - \frac{1}{1-\theta} = 0$$

解得 θ 的最大似然估计值为 $\hat{} = \dfrac{5}{6}$．

6. 设总体 X 的概率密度函数为

$$f(x) = \begin{cases} (\theta + 1)x^\theta, & 0 < x < 1 \\ 0, & 其他 \end{cases} \quad (参数 \theta > -1)．$$

设 X_1，X_2，$\cdots$，X_n 是来自总体 X 的样本，试求：θ 的矩估计量和最大似然估计量.

解：（1）求矩估计量

因为 $E(X) = \int_{-\infty}^{+\infty} xf(x)\,\mathrm{d}x = \int_0^1 x(\theta + 1)x^{\theta}\mathrm{d}x = \frac{\theta + 1}{\theta + 2}x^{\theta+2}\Big|_0^1 = \frac{\theta + 1}{\theta + 2}$

反解，得 $\theta = \dfrac{1 - 2E(X)}{E(X) - 1}$

替换得 θ 的矩估计量为 $\hat{} = \dfrac{1 - 2\overline{X}}{\overline{X} - 1}\left(\text{其中 } \overline{X} = \frac{1}{n}\sum_{i=1}^{n} X_i\right)$

（2）求最大似然估计量

设 x_1，x_2，$\cdots$，x_n 为样本 X_1，X_2，$\cdots$，X_n 对应的样本值来.

由题意可知，似然函数为

$L(\theta) = \prod_{i=1}^{n} f(x_{ij};\ \theta)$

$= \begin{cases} \prod_{i=1}^{n}(\theta + 1)x_i^{\theta} = (\theta + 1)^n \cdot (x_1 x_2 \cdots x_n)^{\theta}, & 0 < x_1,\ x_2,\ \cdots,\ x_n < 1 \\ 0, & \text{其他} \end{cases}$

取对数，得对数似然函数

$$l(\theta) = \ln L(\theta) = n\ln(\theta + 1) + \theta \sum_{i=1}^{n} \ln x_i$$

求导，得对数似然方程

$$\frac{\partial l}{\partial \theta} = \frac{n}{\theta + 1} + \sum_{i=1}^{n} \ln x_i = 0.$$

解得 θ 的极大似然估计值为 $= -\dfrac{n}{\sum\limits_{i=1}^{n} \ln x_i} - 1$

所以 θ 的极大似然估计量为 $= -\dfrac{n}{\sum\limits_{i=1}^{n} \ln X_i} - 1$

四、拓展升华

(一) 广度拓展习题

（美）Ronald E. Walpole 等著，周勇等译的《理工科概率统计》：第 221 页第例 9.21、例 9.22 题；第 222 页第 9.88 题.

(二) 深度拓展习题

1. ［2007 年数一（24）］设总体 X 的概率密度为

$$f(x, \theta) = \begin{cases} \dfrac{1}{2\theta}, & 0 < x < \theta \\ \dfrac{1}{2(1-\theta)}, & \theta \leq x < 1 \\ 0, & \text{其他} \end{cases}$$

其中参数 $\theta\,(0<\theta<1)$ 未知，X_1，X_2，$\cdots$，X_n 是来自总体 X 的简单随机样本，$\bar{X}$ 是样本均值. 求参数 θ 的矩估计量 $\hat{\theta}$.

答案：$\hat{\theta} = 2\bar{X} - \dfrac{1}{2}$

2. ［2015 年数一（23）］设总体 X 的概率密度为

$$f(x; \theta) = \begin{cases} \dfrac{1}{1-\theta} & \theta \leq x \leq 1 \\ 0 & \text{其他} \end{cases}$$

其中 θ 为未知参数，X_1，X_2，$\cdots$，X_n 为来自该总体的简单随机样本.

(1) 求 θ 的矩估计量；　　(2) 求 θ 的最大似然估计量.

答案：(1) $\hat{\theta} = 2\bar{X} - 1$；(2) $\hat{\theta} = \min\{X_1,\ X_2,\ \cdots,\ X_n\}$.

第二节　估计量的评选标准

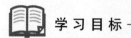 学习目标 ─────────────────

1. 会对点估计量进行无偏性和有效性评价；

2. 理解相合估计.

一、前置研修

(一) MOOC 自主研学内容

1. 无偏性

设 $\hat{} = \theta(X_1, X_2, \cdots, X_n)$ 为未知参数 θ 的估计量，若对任意 $\theta \in \Theta$ 有 $E(\hat{}) = \theta$、则称 $\hat{}(X_1, X_2, \cdots, X_n)$ 是 θ 的无偏估计量.

例 8.2.1 设 $X_1, X_2, \cdots, X_n$ 是来自总体 X 的样本，总体均值 $E(X)$ 的点估计量有

$$T_1 = \overline{X} = \frac{1}{n} \sum_{i=1}^{n} X_i, \ T_2 = X_1$$

试证：T_1，T_2 都是总体均值的无偏估计量.

证明： 由题意可知，$E(X_i) = E(X)$，$i = 1, 2, \cdots, n$，由数学期望的性质知

$$E(T_1) = \frac{1}{n} \sum_{i=1}^{n} E(X_i) = E(X)$$

$$E(T_2) = E(X_1) = E(X)$$

所以 T_1，T_2 都是总体均值的无偏估计量.

例 8.2.2 设总体 $X \sim N(\mu, \sigma^2)$，其中参数 μ，σ^2 未知，$X_1, X_2, \cdots, X_n$ 为来自总体的样本. 试问：

(1) μ，σ^2 的最大似然估计量是否为无偏估计量？

(2) 若不是，请把它修正成为无偏估计.

解： (1) 由上节课例题可知

μ 的最大似然估计量为 $\overline{X} = \frac{1}{n} \sum_{i=1}^{n} X_i$

σ^2 的最大似然估计量为 $B_2 = \frac{1}{n} \sum_{i=1}^{n} (X_i - \overline{X})^2$

因为 $E(\overline{X}) = E\left(\frac{1}{n} \sum_{i=1}^{n} X_i\right) = \frac{1}{n} \sum_{i=1}^{n} E(X_i) = \mu$

所以 $\overline{X}$ 是总体均值 μ 无偏估计量.

又因为

$$E(B_2) = E\left[\frac{1}{n}\sum_{i=1}^{n}(X_i - \overline{X})^2\right]$$

$$= \frac{1}{n}E\left(\sum_{i=1}^{n}X_i^2 - n\overline{X}^2\right)$$

$$= \frac{1}{n}\left(\sum_{i=1}^{n}E(X_i^2) - nE(\overline{X}^2)\right)$$

$$= \frac{1}{n}\left(\sum_{i=1}^{n}(\sigma^2 + \mu^2) - n\left(\frac{\sigma^2}{n} + \mu^2\right)\right) = \frac{n-1}{n}\sigma^2$$

所以 B_2 不是总体方差 σ^2 的无偏估计量.

(2) 已知样本方差 $S^2 = \dfrac{1}{n-1}\sum_{i=1}^{n}(X_i - \overline{X})^2$

于是 $S^2 = \dfrac{n}{n-1}B_2$

从而 $E(S^2) = E\left(\dfrac{n}{n-1}B_2\right) = \dfrac{n}{n-1}E(B_2) = \dfrac{n}{n-1}\cdot\dfrac{n-1}{n}\sigma^2 = \sigma^2$

故 S^2 是总体方差 σ^2 的无偏估计量.

所以总体方差 σ^2 的最大似然估计量 B_2 可以修正为 S^2.

注：$\lim\limits_{n\to\infty}E(B_2) = \lim\limits_{n\to\infty}\dfrac{n-1}{n}\sigma^2 = \sigma^2$

此时 B_2 称为总体方差 σ^2 的渐进无偏估计量.

(二) SPOC 自主测试习题

1. 若 X_1, X_2, $\cdots$, X_n 为总体 X 的样本, 且 $D(X) = \sigma^2$ 存在, 则 $B^2 = \dfrac{1}{n}\sum_{i=1}^{n}(X_i - \overline{X})^2$ 是 σ^2 的有偏估计. ($\sqrt{}$)

2. 若 X_1, X_2, $\cdots$, X_n 为总体 X 的样本, 且 $D(X) = \sigma^2$ 存在, 则 $S^2 = \dfrac{1}{n-1}\sum_{i=1}^{n}(X_i - \overline{X})^2$ 是 σ^2 的无偏估计. ($\sqrt{}$)

3. 对任何总体 X, 只要其均值 $E(X)$ 与方差 $D(X)$ 都存在, 那么, 其样本平均值 $\overline{X} = \dfrac{1}{n}\sum_{i=1}^{n}X_i$ 恒为总体均值 $E(X)$ 的无偏估计. ($\sqrt{}$)

二、课堂探究

(一) 教师精讲

1. 有效性

设 $\hat{\theta}_1$ 和 $\hat{\theta}_2$ 是参数 θ 的两个无偏估计量，若对于任意 $\theta \in \Theta$，有 $D(\hat{\theta}_1) \leqslant D(\hat{\theta}_2)$ 且至少对于某一个 $\theta \in \Theta$，上式中的不等式成立，则称 $\hat{\theta}_1$ 较 $\hat{\theta}_2$ 有效.

例 8.2.3 设 X_1，X_2，$\cdots$，X_n 是来自总体 X 的样本，总体均值 $E(X)$ 的点估计量有

$$T_1 = \bar{X} = \frac{1}{n} \sum_{i=1}^{n} X_i, \quad T_2 = X_1$$

设总体 X 的方差 $D(X)$ 存在，试问 T_1，T_2 哪个更有效？

解：由例 8.2.1 可知，T_1，T_2 都是总体均值的无偏估计量.

又

$$D(T_1) = D(\bar{X}) = D\left(\frac{1}{n} \sum_{i=1}^{n} X_i\right) = \left[\frac{1}{n} \sum_{i=1}^{n} D(X_i)\right] = \frac{1}{n} D(X)$$

$$D(T_2) = D(X_1) = D(X)$$

故当 $n > 1$ 时，$D(T_1) < D(T_2)$

所以 T_1 较 T_2 有效.

2. 相合性

设 $\hat{\theta}$ 是参数 θ 的一个估计量，若对任意 θ，当 $n \to \infty$ 时，$\hat{\theta}$ 依概率收敛于 θ，则 $\hat{\theta}$ 是 θ 的一致估计量. 即若对于任意 $\theta \in \Theta$ 都满足，对于任意 $\varepsilon > 0$，有 $\lim\limits_{n \to \infty} P(|\hat{\theta} - \theta| < \varepsilon) = 1$ 则称 $\hat{\theta}$ 是 θ 的相合估计量.

例如，$\bar{X} \xrightarrow{P} E(X)$，$A_k \xrightarrow{P} \mu_k$.

(二) 学生内化

设总体 X 服从参数为 λ 的泊松分布，X_1，X_2，$\cdots$，X_n 是总体 X 的简单随机样本，试证：$\frac{1}{2}(\bar{X} + S^2)$ 是 λ 的无偏估计.

证明：因为总体 $X: \pi(\lambda)$，故 $E(X) = D(X) = \lambda$

又 $E(\bar{X}) = E(X) = \lambda$，$E(S^2) = D(X) = \lambda$

所以 $E\left[\dfrac{1}{2}(\bar{X}+S^2)\right]=\dfrac{1}{2}[E(\bar{X})+E(S^2)]=\dfrac{1}{2}(\lambda+\lambda)=\lambda$

即 $\dfrac{1}{2}(\bar{X}+S^2)$ 是 λ 的无偏估计量.

三、课业延伸

设 X_1, X_2, X_3, X_4 是来自均值为 θ 的指数分布总体的样本，其中 θ 未知. 设估计量

$$T_1=\dfrac{1}{6}(X_1+X_2)+\dfrac{1}{3}(X_3+X_4)\,,\ T_2=\dfrac{1}{5}(X_1+2X_2+3X_3+4X_4)$$

$$T_3=\dfrac{1}{4}(X_1+X_2+X_3+X_4)\,,\ \text{试求：}$$

（1）T_1，T_2，T_3 中哪几个是 θ 的无偏估计量；

（2）在上述 θ 的无偏估计量中，哪一个较为有效.

解：已知总体 X 为均值为 θ 的指数分布，故 $E(x)=\theta$，$D(x)=\theta^2$

于是 $E(X_i)=\theta$，$D(X_i)=\theta^2$，$i=1,2,3,4$

（1）因为

$$E(T_1)=E\left[\dfrac{1}{6}(X_1+X_2)+\dfrac{1}{3}(X_3+X_4)\right]$$

$$=\dfrac{1}{6}E(X_1)+\dfrac{1}{6}E(X_2)+\dfrac{1}{3}E(X_3)+\dfrac{1}{3}E(X_4)=\theta$$

所以 T_1 为 θ 的无偏估计量

又 $E(T_2)=E\left[\dfrac{1}{5}(X_1+2X_2+3X_3+4X_4)\right]$

$$=\dfrac{1}{5}E(X_1)+\dfrac{2}{5}E(X_2)+\dfrac{3}{5}E(X_3)+\dfrac{4}{5}E(X_4)=2\theta$$

所以 T_2 不是 θ 的无偏估计量

同理

$$E(T_3)=E\left[\dfrac{1}{4}(X_1+X_2+X_3+X_4)\right]$$

$$=\dfrac{1}{4}E(X_1)+\dfrac{1}{4}E(X_2)+\dfrac{1}{4}E(X_3)+\dfrac{1}{4}E(X_4)=\theta$$

所以 T_3 是 θ 的无偏估计量.

（2）由（1）知 T_1，T_3 是 θ 的无偏估计量

而

$$D(T_1) = D\left[\frac{1}{6}(X_1 + X_2) + \frac{1}{3}(X_3 + X_4)\right] = \frac{1}{36}[D(X_1)$$

$$+ D(X_2)] + \frac{1}{9}[D(X_3) + D(X_4)] = \frac{5}{18}\theta^2$$

$$D(T_3) = D\left[\frac{1}{4}(X_1 + X_2 + X_3 + X_4)\right]$$

$$= \frac{1}{16}[D(X_1) + D(X_2) + D(X_3) + D(X_4)] = \frac{\theta^2}{4}$$

故 $D(T_3) < D(T_1)$，所以 T_3 较 T_1 有效．

四、拓展升华

1. ［2007 年数（24）］设总体 X 的概率密度为

$$f(x, \theta) = \begin{cases} \dfrac{1}{2\theta}, & 0 < x < \theta \\ \dfrac{1}{2(1 - \theta)}, & \theta \leq x < 1 \\ 0, & \text{其他} \end{cases}$$，其中参数 θ（$0 < \theta < 1$）未知，

X_1，X_2，$\cdots$，X_n 是来自总体 X 的简单随机样本，$\overline{X}$ 是样本均值．请判断：$4\overline{X}^2$ 是否为 θ^2 的无偏估计量，并说明理由．

答案：$4\overline{X}^2$ 不是 θ^2 的无偏估计量．

2. ［2016 年数一（23）］设总体的概率密度为

$$f(x, \theta) = \begin{cases} \dfrac{3x^2}{\theta^3}, & 0 < x < \theta \\ 0, & \text{其他} \end{cases}$$，其中 $\theta \in (0, +\infty)$ 为未知参数，X，

X_2，X_3 为来自总体 X 的简单随机样本，令 $T = \max(X_1, X_2, X_3)$

（1）求 T 的概率密度；（2）确定 a，使得 aT 为 θ 的无偏估计．

答案：（1）$f_T(x) = \begin{cases} \dfrac{9x^8}{\theta^9}, & 0 < x < \theta \\ 0, & \text{其他} \end{cases}$；（2）$a = \dfrac{10}{9}$

第三节　区间估计

 学习目标 ————————————————————

1. 理解区间估计的思想;

2. 能说出区间估计的步骤;

3. 会计算正态总体参数的区间估计.

一、课堂探究（一）

（一）区间估计的概念

1. 区间估计的定义

设总体 X 的分布中含有一个未知参数 $\theta \in \Theta$, $\underline{\theta}\,(X_1,\ X_2,\ \cdots,\ X_n)$ 和 $\overline{\theta}\,(X_1,\ X_2,\ \cdots,\ X_n)$ 是由样本 $X_1,\ X_2,\ \cdots,\ X_n$ 确定的两个统计量. 对于给定的 α $(0<\alpha<1)$, 如果对于任意 $\theta \in \Theta$, 都有

$$P\{\underline{\theta} < \theta < \overline{\theta}\} \geqslant 1 - \alpha,$$

则称随机区间 $(\underline{\theta},\ \overline{\theta})$ 为 θ 的置信水平为 $1 - \alpha$ 的置信区间, $\underline{\theta}, \overline{\theta}$ 分别称为 θ 的置信水平为 $1 - \alpha$ 的双侧置信区间的置信上限和置信下线, $1 - \alpha$ 称为置信水平.

2. 区间估计的频率解释

若反复多次抽样（每次抽样的样本容量相同）. 每个样本值确定一个区间 $(\underline{\theta},\ \overline{\theta})$, 每个这样的区间要么包含 θ 的真值, 要么不包含 θ 的真值. 在这么多区间中, 包含 θ 真值的约占 $100(1 - \alpha)\%$, 不包含 θ 真值的仅占 $100\alpha\%$. 例如, 若 $\alpha = 5\%$, 即置信水平为 $1 - \alpha = 0.95$. 这时重复抽样 100 次, 则在得到的 100 个区间中包含 θ 真值的有 95 个左右, 不包含 θ 真值的有 5 个左右.

3. 区间估计的思想

①信度高：置信水平 $1 - \alpha$ 越大越好;

②精度高：区间长度 $L = \overline{\theta}$ 越短越好;

③具体做法：固定置信水平 $1 - \alpha$，选择长度最短的区间.

例 8.3.1 设总体 $X \sim N(\mu, \sigma^2)$，σ^2 已知，μ 未知，X_1，X_2，…，X_n 是来自总体 X 的样本，求 μ 的置信水平为 0.95 的置信区间.

分析：μ 的置信水平为 $1 - \alpha$ 的置信区间 $(\underline{\mu}, \overline{\mu})$ 满足 $P\{\underline{\mu} < \mu < \overline{\mu}\} = 1 - \alpha$

由于 $\dfrac{\overline{X} - \mu}{\sigma \sqrt{n}} \sim N(0, 1)$，所以

$$P\{\underline{\mu} < \mu < \overline{\mu}\} = 1 - \alpha \Leftrightarrow P\left\{\frac{\overline{X} - \overline{\mu}}{\sigma \sqrt{n}} < \frac{\overline{X} - \mu}{\sigma \sqrt{n}} < \frac{\overline{X} - \underline{\mu}}{\sigma \sqrt{n}}\right\} = 1 - \alpha$$

令 $a = \dfrac{\overline{X} - \overline{\mu}}{\sigma \sqrt{n}}$，$b = \dfrac{\overline{X} - \underline{\mu}}{\sigma \sqrt{n}}$，则上式转化为 $P\left\{a < \dfrac{\overline{X} - \mu}{\sigma \sqrt{n}}\right\} = 1 - \alpha$

只要 a，b 确定，μ 的置信水平为 $1 - \alpha$ 的置信区间 $(\underline{\mu}, \overline{\mu})$ 就找到了，且

$$\underline{\mu} = \overline{X} - \frac{\sigma}{\sqrt{n}}b, \quad \overline{\mu} = \overline{X} - \frac{\sigma}{\sqrt{n}}a$$

从图上看，a，b 满足

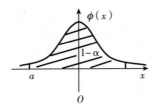

以 $1 - \sigma = 0.95$ 为例 $P\left\{a < \dfrac{\overline{X} - \mu}{\sigma \sqrt{n}} < b\right\} = 0.95$

当 $1 - \alpha = 0.95$ 时，$\alpha = 0.05$，取

$$a = Z_{0.975} = -Z_{0.025} = -1.96, \quad b = Z_{0.025} = 1.96$$

则

$$\underline{\mu} = \overline{X} - \frac{\sigma}{\sqrt{n}}1.96, \quad \overline{\mu} = \overline{X} + \frac{\sigma}{\sqrt{n}}1.96$$

此时区间长度

$$L_1 = \overline{\mu} - \underline{\mu} = 3.92\frac{\sigma}{\sqrt{n}}$$

再取 $a = Z_{0.96} = -Z_{0.04} = -1.755$，$b = Z_{0.01} = 2.325$

则 $\underline{\mu} = \bar{X} - \dfrac{\sigma}{\sqrt{n}} 2.325$，$\bar{\mu} = \bar{X} + \dfrac{\sigma}{\sqrt{n}} 1.755$，此时区间长度 $L_2 = \bar{\mu} - \underline{\mu} = 4.08 \dfrac{\sigma}{\sqrt{n}}$

显然，此时 $L_2 > L_1$

因此，最终确定 $a = -Z_{0.025} = -1.96$，$b = Z_{0.025} = 1.96$

所以，μ 的置信水平为 0.95 的置信区间为 $\left(\bar{X} - \dfrac{\sigma}{\sqrt{n}} 1.96, \ \bar{X} + \dfrac{\sigma}{\sqrt{n}} 1.96 \right)$

4. 区间估计的步骤

第一步，构造枢轴量 $W(X_1, X_2, \cdots, X_n, \theta)$.

$W(X_1, X_2, \cdots, X_n, \theta)$ 是样本 $X_1, X_2, \cdots, X_n$ 和 θ 的一个好的点估计的函数，并且不依赖于 θ 和其他未知参数.

第二步，对给定的置信水平 $1 - \alpha$，**选取两个常数** a **和** b，**使对一切** θ，**有**

$$P\{a < W(X_1, X_2, \cdots, X_n, \theta) < b\} = 1 - \alpha$$

第三步，$a < W(X_1, X_2, \cdots, X_n, \theta) < b$ **变形为**

$$\underline{\theta}(X_1, X_2, \cdots, X_n, \theta) < \theta < \bar{\theta}(X_1, X_2, \cdots, X_n, \theta)$$

$(\underline{\theta}, \bar{\theta})$ 即是 θ 的置信度为 $1 - \alpha$ 的置信区间.

二、前置研修

（一）MOOC 自主研学内容

1. 单个正态总体参数的区间估计

设总体 $X \sim N(\mu, \sigma^2)$，$X_1, X_2, \cdots, X_n$ 是来自 X 的样本. 我们关心的问题是：

- 均值 μ 的区间估计
- 均值 σ^2 的区间估计

（1）单个正态总体均值 μ 的区间估计

①当 σ^2 已知时，求 μ 的置信水平为 $1 - \alpha$ 的双侧置信区间

步骤如下：

第一步，构造枢轴量 $\dfrac{\bar{X} - \mu}{\sigma / n} \sim N(0, 1)$；

第二步，给定置信水平 $1 - \alpha$，则 $P\left\{\left|\dfrac{\overline{X} - \mu}{\sigma/n}\right| < Z_{\frac{\alpha}{2}}\right\} = 1 - \alpha$；

第三步，解得 μ 的置信水平为 $1 - \alpha$ 的双侧置信区间为

$$\left(\overline{X} - \frac{\sigma}{\sqrt{n}}Z_{\frac{\alpha}{2}}, \ \overline{X} + \frac{\sigma}{\sqrt{n}}Z_{\frac{\alpha}{2}}\right)$$

例 8.3.2　假设某地区放射性 γ 服从正态分布 $N(\mu, 7.3^2)$，现取一大小为 49 的样本，其样本均值 $\overline{x} = 28.8$，求 μ 的置信水平为 0.95 和 0.99 的双侧置信区间.

解：（1）由题意可知 $n = 49$，$\sigma = 7.3$，$1 - \alpha = 0.95$

查表得 $Z_{0.025} = 1.96$

计算得

$$\overline{x} - \frac{\sigma}{\sqrt{n}}Z_{\frac{\alpha}{2}} = 28.8 - \frac{7.3}{\sqrt{49}} \times 1.96 = 26.756$$

$$\overline{x} + \frac{\sigma}{\sqrt{n}}Z_{\frac{\alpha}{2}} = 28.8 + \frac{7.3}{\sqrt{49}} \times 1.96 = 30.844$$

所以 μ 的置信水平为 0.95 的双侧置信区间为（26.756，30.844）.

（2）由题意可知 $n = 49$，$\sigma = 7.3$，$1 - \alpha = 0.95$

查表得 $Z_{0.005} = 2.575$

计算得

$$\overline{x} - \frac{\sigma}{\sqrt{n}}Z_{\frac{\alpha}{2}} = 28.8 - \frac{7.3}{\sqrt{49}} \times 2.575 = 26.1146$$

$$\overline{x} + \frac{\sigma}{\sqrt{n}}Z_{\frac{\alpha}{2}} = 28.8 + \frac{7.3}{\sqrt{49}} \times 2.575 = 31.4854$$

所以 μ 的置信水平为 0.99 的双侧置信区间为（26.1146，31.4854）.

②当 σ^2 未知时，求 μ 的置信水平为 $1 - \alpha$ 的双侧置信区间为

第一步，构造枢轴量 $\dfrac{\overline{X} - \mu}{S/\sqrt{n}} \sim t(n - 1)$；

第二步，给定置信水平 $1 - \alpha$，则

$$P\left\{\left|\frac{\overline{X} - \mu}{S/\sqrt{n}}\right| < t_{\frac{\alpha}{2}}(n - 1)\right\} = 1 - \alpha$$

第三步，解得 μ 的置信水平为 $1-\alpha$ 的双侧置信区间为

$$\left[\overline{X}-\frac{S}{\sqrt{n}}t_{\frac{\alpha}{2}}(n-1),\ \overline{X}+\frac{S}{\sqrt{n}}t_{\frac{\alpha}{2}}(n-1)\right]$$

例 8.3.3 已知来自容量为 $n=25$ 的正态总体的一个样本，求得样本平均数为 $\overline{x}=38.5$，样本标准差为 $s=2.3$，试求总体的均值 μ 的置信水平为 0.95 的双侧置信区间.

解：由题意 $n=25$，σ 未知可得，$1-\alpha=0.99$，$\overline{x}=38.5$，$s=2.3$

查表得 $t_{\frac{\alpha}{2}}(n-1)=t_{0.025}(24)=2.0639$

计算得

$$\overline{x}-\frac{S}{\sqrt{n}}Z_{\frac{\alpha}{2}}=38.5-\frac{2.3}{\sqrt{25}}\times2.0639\approx37.5506$$

$$\overline{x}+\frac{S}{\sqrt{n}}Z_{\frac{\alpha}{2}}=38.5+\frac{2.3}{\sqrt{25}}\times2.0639\approx39.4494$$

所以 μ 的置信水平为 0.99 的双侧置信区间为 （37.5506，39.4494）.

（2）单个正态总体方差 σ^2 的区间估计

步骤如下：

第一步，构造枢轴量 $\dfrac{(n-1)S^2}{\sigma^2}\sim\chi^2(n-1)$.

第二步，给定置信水平 $1-\alpha$，则

$$P\left\{\chi^2_{1-\frac{\alpha}{2}}(n-1)<\frac{(n-1)S^2}{\sigma^2}<\chi^2_{\frac{\alpha}{2}}(n-1)\right\}=1-\alpha.$$

第三步，解得 σ^2 的置信水平为 $1-\alpha$ 的双侧置信区间为

$$\left[\frac{(n-1)S^2}{\chi^2_{\frac{\alpha}{2}}(n-1)},\ \frac{(n-1)S^2}{\chi^2_{1-\frac{\alpha}{2}}(n-1)}\right]$$

第四步，解得 σ 的置信水平为 $1-\alpha$ 的双侧置信区间为

$$\left[\sqrt{\frac{(n-1)S^2}{\chi^2_{\frac{\alpha}{2}}(n-1)}},\ \sqrt{\frac{(n-1)S^2}{\chi^2_{1-\frac{\alpha}{2}}(n-1)}}\right]$$

例 8.3.4 从某厂生产的滚珠中随机抽取 10 个，测得滚珠的直径（单位 mm）如下：14.6，15.0，14.7，15.1，14.9，14.8，15.0，15.1，15.2，14.8，若滚珠直径服从正态分布 $N(\mu,\ \sigma^2)$ 且 μ 未知，求滚球直径方差 σ^2 的

置信水平为 95% 的双侧置信区间.

解：由题意可知，$n = 10$，$1 - \alpha = 0.95$，

查表得 $\chi^2_{1-\frac{\alpha}{2}}(n-1) = \chi^2_{0.975}(9) = 2.700$，$\chi^2_{\frac{\alpha}{2}}(n-1) = \chi^2_{0.025}(9) = 19.022$

计算得 $s^2 = 0.0373$

$$\frac{(n-1)S^2}{\chi^2_{1-\frac{\alpha}{2}}(n-1)} = \frac{9 \times 0.0373}{19.022} = 0.0176$$

于是

$$\frac{(n-1)S^2}{\chi^2_{\frac{\alpha}{2}}(n-1)} = \frac{9 \times 0.0373}{2.700} = 0.1243$$

所以 σ^2 的置信水平为 0.95 的双侧置信区间为 （0.0176，0.1243）.

（二）SPOC 自主测试习题

1. 设总体 $X \sim N(\mu, \sigma^2)$，其中 σ^2 已知，则 μ 的置信区间长度 L 与置信水平 $1 - \alpha$ 的关系是（A）.

A. 当 $1 - \alpha$ 缩小时，L 缩短

B. 当 $1 - \alpha$ 缩小时，L 增大

C. 当 $1 - \alpha$ 缩小时，L 不变

D. 以上说法都不对

2. 已知一批零件的长度 $X \sim N(\mu, 1)$，从中随机地抽取 16 个零件，得到长度的平均值为 40（cm），则 μ 的置信度为 0.95 的置信区间是（39.51，40.49）.

3. 北国旅行社随机访问了 25 名外籍滑雪旅游者，得知平均消费额 $\bar{x} = 80$（美元），$S = 12$（美元），已知旅游者消费额服从正态分布，则旅游者平均消费额 μ 的置信水平为 0.95 置信区间为（75.0466，84.9534）.

4. 随机地取某种炮弹 9 发做试验，得炮口速度的样本标准差 $s = 11\text{m/s}$. 设炮口速度服从正态分布，则这种炮弹的炮口速度的方差 σ^2 的置信水平为 0.95 的置信区间为（55.2070，444.0367）；标准差 σ 的置信水平为 0.95 的置信区间为（7.4301，21.0721）.

三、课堂探究（二）

（一）教师精讲

1. 两个正态总体参数的区间估计

设总体 $X \sim N(\mu_1, \sigma_1^2)$，$X_1$，$X_2$，$\cdots$，$X_{n_1}$ 是来自 X 的样本；

设总体 $Y \sim N(\mu_2, \sigma_2{}^2)$，$Y_1$，$Y_2$，$\cdots$，$Y_{n_2}$ 是来自 Y 的样本.

我们关心的问题是：

- 两个正态总体均值差 $\mu_1 - \mu_2$ 的区间估计

- 两个正态总体方差比 $\sigma_1^2 / \sigma_2{}^2$ 的区间估计

（1）两个正态总体均值差 $\mu_1 - \mu_2$ 的区间估计

① 当 σ_1^2，$\sigma_2{}^2$ 均已知时，均值差 $\mu_1 - \mu_2$ 的置信水平为 $1 - \alpha$ 的双侧置信区间

步骤如下：

第一步，构造枢轴量 $\dfrac{(\overline{X} - \overline{Y}) - (\mu_1 - \mu_2)}{\sqrt{\dfrac{\sigma_1^2}{n_1} + \dfrac{\sigma_2{}^2}{n_2}}} \sim N(0, 1)$

第二步，给定置信水平 $1 - \alpha$，则

$$\overline{X} - \overline{Y} \sim N\left(\mu_1 - \mu_2, \frac{\sigma_1^2}{n_1} + \frac{\sigma_2{}^2}{n_2}\right)$$

$$P\left[\left|\frac{(\overline{X} - \overline{Y}) - (\mu_1 - \mu_2)}{\sqrt{\dfrac{\sigma_1^2}{n_1} + \dfrac{\sigma_2{}^2}{n_2}}}\right| < Z_{\frac{\alpha}{2}}\right] = 1 - \alpha;$$

第三步，解得 $\mu_1 - \mu_2$ 的置信水平为 $1 - \alpha$ 的双侧置信区间为

$$\left(\overline{X} - \overline{Y} - \sqrt{\frac{\sigma_1^2}{n_1} + \frac{\sigma_2{}^2}{n_2}}Z_{\frac{\alpha}{2}}, \ \overline{X} - \overline{Y} + \sqrt{\frac{\sigma_1^2}{n_1} + \frac{\sigma_2{}^2}{n_2}}Z_{\frac{\alpha}{2}}\right)$$

② 当 $\sigma_1^2 = \sigma_2{}^2 = \sigma^2$，且未知时，均值差 $\mu_1 - \mu_2$ 的置信水平为 $1 - \alpha$ 的双侧置信区间

步骤如下：

第一步，构造枢轴量 $\dfrac{(\overline{X} - \overline{Y}) - (\mu_1 - \mu_2)}{S_\omega \sqrt{\dfrac{1}{n_1} + \dfrac{1}{n_2}}} \sim t(n_1 + n_2 - 2)$

其中 $S_\omega^2 = \dfrac{(n_1 - 1)S_1^2 + (n_2 - 1)S_2^2}{n_1 + n_2 - 2}$

第二步，给定置信水平 $1 - \alpha$，则

$$P\left\{ \left| \dfrac{(\overline{X} - \overline{Y}) - (\mu_1 - \mu_2)}{S_\omega \sqrt{\dfrac{1}{n_1} + \dfrac{1}{n_2}}} \right| < t_{\frac{\alpha}{2}}(n_1 + n_2 - 2) \right\} = 1 - \alpha$$

第三步，解得 $\mu_1 - \mu_2$ 的置信水平为 $1 - \alpha$ 的双侧置信区间为

$$\left[\overline{X} - \overline{Y} - S_\omega \sqrt{\dfrac{1}{n_1} + \dfrac{1}{n_2}} t_{\frac{\alpha}{2}}(n_1 + n_2 - 2), \ \overline{X} - \overline{Y} + S_\omega \sqrt{\dfrac{1}{n_1} + \dfrac{1}{n_2}} t_{\frac{\alpha}{2}}(n_1 + n_2 - 2) \right]$$

例8.3.5 已知 X，Y 两种类型的材料，现对其强度做对比试验结果如下（单位：N/cm^2）：

X 型：138，123，134，125；Y 型：134，137，135，140，130，134. X 型和 Y 型材料的强度分别服从 $N(\mu_1, \sigma^2)$ 和 $N(\mu_2, \sigma^2)$，σ 是未知的，试求：$\mu_1 - \mu_2$ 的置信水平为 0.95 的双侧置信区间.

解： 由题意可知，$n_1 = 4$，$n_2 = 6$，$1 - \alpha = 0.95$

查表得 $t_{\frac{\alpha}{2}}(n_1 + n_2 - 2) = t_{0.025}(8) = 2.3060$

计算得 $\overline{x} = 130$，$\overline{y} = 135$，$s_1^2 = 51.3333$，$s_2^2 = 11.2$

$S_\omega^2 = \dfrac{(n_1 - 1)S_1^2 + (n_2 - 1)S_2^2}{n_1 + n_2 - 2} = \dfrac{3 \times 51.3333 + 5 \times 11.2}{4 + 6 - 2} = 26.2500 = 5.1235^2$

于是

$$\overline{X} - \overline{Y} - S_\omega \sqrt{\dfrac{1}{n_1} + \dfrac{1}{n_2}} t_{\frac{\alpha}{2}}(n_1 + n_2 - 2)$$

$$= 130 - 135 - 5.1235 \times \sqrt{\dfrac{1}{3} + \dfrac{1}{5}} \times 2.3060 = -13.6283$$

$$\overline{X} - \overline{Y} + S_\omega \sqrt{\dfrac{1}{n_1} + \dfrac{1}{n_2}} t_{\frac{\alpha}{2}}(n_1 + n_2 - 2)$$

$$= 130 - 135 + 5.1235 \times \sqrt{\dfrac{1}{3} + \dfrac{1}{5}} \times 2.3060 = 3.6283$$

所以 $\mu_1 - \mu_2$ 的置信水平为 0.95 的双侧置信区间为 $(-13.6283,\ 3.6283)$.

(2) 两个正态总体方差比 σ_1^2/σ_2^2 的区间估计

当总体均值 μ_1，μ_2 未知时，方差比 σ_1^2/σ_2^2 的置信水平为 $1 - \alpha$ 的双侧置信区间

步骤如下：

第一步，构造枢轴量 $\dfrac{S_1^2/S_2^2}{\sigma_1^2/\sigma_2^2} \sim F(n_1 - 1,\ n_2 - 1)$；

第二步，给定置信水平 $1 - \alpha$，则

$$P\left[F_{1-\frac{\alpha}{2}}(n_1 - 1,\ n_2 - 1) < \frac{S_1^2/S_2^2}{\sigma_1^2/\sigma_2^2} < F_{\frac{\alpha}{2}}(n_1 - 1,\ n_2 - 1) \right] = 1 - \alpha;$$

第三步，解得 σ_1^2/σ_2^2 的置信水平为 $1 - \alpha$ 的双侧置信区间为

$$\left[\frac{S_1^2}{S_2^2} \cdot \frac{1}{F_{\frac{\alpha}{2}}(n_1 - 1,\ n_2 - 1)},\ \frac{S_1^2}{S_2^2} \cdot \frac{1}{F_{1-\frac{\alpha}{2}}(n_1 - 1,\ n_2 - 1)} \right]$$

例 8.3.6 研究由机器 A 和机器 B 生产的钢管的内径（单位：mm），随机抽取机器 A 生产的管子 18 只，测得样本方差 $s_1^2 = 0.34$（mm^2）；抽取机器 B 生产的管子 13 只，测得样本方差 $s_2^2 = 0.29$（mm^2），设两样本相互独立，且设由机器 A，机器 B 生产的管子的内径分别服从正态分布 $N(\mu_1,\ \sigma_1^2)$，$N(\mu_2,\ \sigma_2^2)$，这里 μ_i，$\sigma_i^2(i = 1,\ 2)$ 均未知，试求：方差比 σ_1^2/σ_2^2 的置信水平为 0.90 的双侧置信区间.

解： 由题意可知，$n_1 = 18$，$n_2 = 13$，$s_1^2 = 0.34$，$s_2^2 = 0.29$，$1 - \alpha = 0.90$

查表得

$$F_{\frac{\alpha}{2}}(n_1 - 1,\ n_2 - 1) = F_{0.05}(17,\ 12) = 2.59$$

$$F_{1-\frac{\alpha}{2}}(n_1 - 1,\ n_2 - 1) = F_{0.95}(17,\ 12) = \frac{1}{F_{0.95}(12,\ 17)} = \frac{1}{2.38}$$

计算得

$$\frac{S_1^2}{S_2^2} \cdot \frac{1}{F_{\frac{\alpha}{2}}(n_1 - 1,\ n_2 - 1)} = \frac{0.34}{0.29} \times \frac{1}{2.59} = 0.4527$$

$$\frac{S_1^2}{S_2^2} \cdot \frac{1}{F_{1-\frac{\alpha}{2}}(n_1 - 1,\ n_2 - 1)} = \frac{0.34}{0.29} \times 2.38 = 2.7903$$

所以 σ_1^2/σ_2^2 的置信水平为 0.90 的双侧置信区间为 $(0.4527,\ 2.7903)$.

（二）学生内化

随机地从 A 批导线中抽 4 根，又从 B 批导线中抽 5 根，测得电阻（Ω）为

A 批导线：0.143 0.142 0.143 0.137

B 批导线：0.140 0.142 0.136 0.138 0.140

设测定数据分别来自分布 $N(\mu_1, \sigma^2)$，$N(\mu_2, \sigma^2)$，且两样本相互独立. 又 μ_1, μ_2, σ^2 均为未知. 则 $\mu_1 - \mu_2$ 的置信水平为 0.95 的置信区间为 $(-0.002, 0.006)$.

四、课业延伸

1. 设两位化验员 A，B 独立地对某种聚合物含氯量用相同的方法各做 10 次测定，其测定值的样本方差依次为 $s_A^2 = 0.5419$，$s_B^2 = 0.6065$. 设 σ_A^2，σ_B^2 分别为 A，B 测定的测定值总体的方差. 设总体均为正态的，且两样本独立. 则方差比 σ_A^2/σ_B^2 的置信水平为 0.95 的置信区间为 $(0.2217, 3.6008)$.

2. 设某种清漆的 9 个样品，其干燥时间（单位：h）分别为

6.0 5.7 5.8 6.5 7.0 6.3 5.6 6.1 5.0

设干燥时间总体服从正态分布 $N(\mu, \sigma^2)$. 试求：

（1）当 $\sigma = 0.6$h 时，μ 的置信水平为 0.95 的置信区间；

（2）当 σ 未知时，μ 的置信水平为 0.95 的置信区间.

解：（1）由题意可知，总体 $X \sim N(\mu, \sigma^2)$，μ 未知，σ^2 已知，$n=9$，$\sigma=0.6$，$1-\alpha=0.95$

故 $\alpha/2 = 0.025$，查表得 $z_{0.025} = 1.96$，计算得 $\bar{x} = 6$.

所以 μ 的一个置信水平为 $1-\alpha$ 的置信区间为

$$\left(\bar{X} - \frac{\sigma}{\sqrt{n}}z_{\alpha/2}, \ \bar{X} + \frac{\sigma}{\sqrt{n}}z_{\alpha/2}\right) = \left(6 \pm \frac{0.6}{3}z_{0.025}\right)$$

$$= (6 \pm 0.2 \times 1.96) = (5.608, 6.392)$$

（2）由题意可知，总体 $X \sim N(\mu, \sigma^2)$，μ 未知，σ^2 未知，$n=9$，$1-\alpha=0.95$，$\alpha/2=0.025$，查表得 $t_{0.025}(8) = 2.306$，计算得 $\bar{x}=6$，$s^2=0.33$

所以 μ 的一个置信水平为 $1-\alpha$ 的置信区间为

$$\left(\bar{X} - \frac{S}{\sqrt{n}}t_{\alpha/2}(n-1), \ \bar{X} + \frac{S}{\sqrt{n}}t_{\alpha/2}(n-1)\right) = \left(6 \pm \frac{\sqrt{0.33}}{3} \times 2.306\right) = (6 \pm$$

$0.442) = (5.558，6.442)$

五、拓展升华

（美）Ronald E. Walpole 等著，周勇等译的《理工科概率统计》：

单个正态总体参数的区间估计：第 200 页第 9.4—9.6，9.13—9.16 题；

两个正态总体参数的区间估计：第 200 页第 9.35—9.44 题.

第四节　单侧置信区间

 学习目标 ——————————————————————————

1. 理解单侧置信区间的概念；
2. 会计算正态总体参数的置信区间；

一、前置研修

（一）MOOC 自主研学内容

在上一节中，对于未知参数 θ，我们给出两个统计量 $\underline{\theta}$，$\bar{\theta}$ 得到 θ 的双侧

置信区间 $(\underline{\theta}，\bar{\theta})$. 但在某些实际问题中，例如，对于设备、元件的寿命来

说，平均寿命长是我们希望的，我们关心的是平均寿命 θ 的"下限"；与之

相反，在考虑化学药品中杂质含量的均值 μ 时，我们常关心参数 μ 的"上

限". 这就引出了单侧置信区间的概念.

对于给定值 $\alpha(0 < \alpha < 1)$，若由样本 $X_1，X_2，\cdots，X_n$，确定的统计量

$\underline{\theta}(X_1，X_2，\cdots，X_n)$，对于任意满足 $\theta \in \Theta$

$$P\{\theta > \bar{\theta}\} \geqslant 1 - \alpha$$

称随机区间 $(\underline{\theta}，\infty)$ 是 θ 的置信水平为 $1 - \alpha$ 的单侧置信区间，$\underline{\theta}$ 称为 θ 的

置信水平为 $1 - \alpha$ 的**单侧置信下限**.

又若统计量 $\bar{\theta}(X_1，X_2，\cdots，X_n)$，对于任意 $\theta \in \Theta$ 满足

$$P\{\theta < \bar{\theta}\} \geqslant 1 - \alpha$$

称随机区间 $(-\infty, \bar{\theta})$ 是 θ 的置信水平为 $1-\alpha$ 的单侧置信区间，$\bar{\theta}$ 称为 θ 的置信水平为 $1-\alpha$ 的**单侧置信上限**.

例如，对于正态总体 X，若均值 μ，方差 σ^2 均为未知，设 $X_1, X_2, \cdots, X_n$ 是一个样本. **求 μ 的置信水平为 $1-\alpha$ 的单侧置信区间，需**

第一步，构造枢轴量 $\dfrac{\bar{X}-\mu}{S/\sqrt{n}} \sim t(n-1)$；

第二步，给定置信水平 $1-\alpha$，则 $P\left\{\dfrac{\bar{X}-\mu}{S/\sqrt{n}} < t_{\frac{\alpha}{2}}(n-1)\right\} = 1-\alpha$，即

$$P\left\{\mu > \bar{X} - \dfrac{S}{\sqrt{n}}t_\alpha(n-1)\right\} = 1-\alpha$$

第三步，解得 μ 的置信水平为 $1-\alpha$ 的单侧置信区间为

$$\left[\bar{X} - \dfrac{S}{\sqrt{n}}t_{\frac{\alpha}{2}}(n-1), +\infty\right] \tag{8.4.1}$$

μ 的置信水平为 $1-\alpha$ 的单侧置信下限为

$$\underline{\mu} = \bar{X} - \dfrac{S}{\sqrt{n}}t_\alpha(n-1) \tag{8.4.2}$$

例 8.4.1 从一批灯泡中随机抽取 5 只做寿命试验，测得寿命（以 h 计）为

$$1050 \quad 1100 \quad 1120 \quad 1250 \quad 1280$$

设灯泡寿命服从正态分布. 求灯泡寿命平均值的置信水平为 0.95 的单侧置信下限.

解：$1-\alpha = 0.95$，$n = 5$，$t_\alpha(n-1) = t_{0.05}(4) = 2.1318$，$\bar{x} = 1160$，$s^2 = 9950$. 由式（8.4.2）得，所求单侧置信下限为

$$\underline{\mu} = \bar{x} - \dfrac{s}{\sqrt{n}}t_\alpha(n-1) = 1065$$

（二）SPOC 自主测试习题

设某种清漆的 9 个样品，其干燥时间（单位：h）分别为

6.0 5.7 5.8 6.5 7.0 6.3 5.6 6.1 5.0

设干燥时间总体服从正态分布 $N(\mu, \sigma^2)$. 则 μ 的置信水平为 0.95 的单

侧置信上限为 6.356.

二、课业延伸

1. 随机地从 A 批导线中抽 4 根，又从 B 批导线中抽 5 根，测得电阻（Ω）如下：

A 批导线：0.143 0.142 0.143 0.137

B 批导线：0.140 0.142 0.136 0.138 0.140

设测定数据分别来自分布 $N(\mu_1, \sigma^2)$，$N(\mu_2, \sigma^2)$，且两样本相互独立. 又 μ_1，μ_2，σ^2 均为未知. 则 $\mu_1 - \mu_2$ 的置信水平为 0.95 的单侧置信下限为 -0.0012.

2. 设两位化验员 A，B 独立地对某种聚合物含氯量用相同的方法各做 10 次测定，其测定值的样本方差依次为 $S_A^2 = 0.5419$，$S_B^2 = 0.6065$. 设 σ_A^2，σ_B^2 分别为 A，B 测定的测定值总体的方差. 设总体均为正态的，且两样本独立. 则方差比 σ_A^2 / σ_B^2 的置信水平为 0.95 的单侧置信上限为 2.84.

第九章　假设检验

第一节　假设检验

 学习目标 ―――――――――――――――――――――――

1. 能够针对实际问题提出统计假设；

2. 理解假设检验的思想；

3. 能说出两类错误；

4. 能说出假设检验的步骤．

一、课堂探究

（一）教师精讲

例 9.1.1　自 1965 年 1 月 1 日至 1971 年 2 月 9 日共 2231 天中，全世界共记录震级 4 级及以上的地震 162 次．你知道相继两次地震间隔的天数 X 服从什么分布吗？

例 9.1.2　某餐厅每天的营业额服从正态分布．

按照以往的老菜单营业，营业额的均值为 8000（单位：元），标准差为 640．该餐厅试用了一份新菜单，经过九天的运营，发现平均每天的营业额为 8300．请问：使用新菜单后营业额是否提高了？

例 9.1.3　某车间用一台包装机包装葡萄糖．袋装糖的净重是一个随机变量，它服从正态分布．当机器正常时，其均值为 0.5kg，标准差为 0.015kg．某日开工后为检验包装机是否正常，随机地抽取它包装的 9 袋糖，称得净重（单位：kg）为：

0.497　0.506　0.518　0.524　0.498　0.511　0.520　0.515　0.512

请问：机器是否正常？

假设检验的任务：由样本信息出发，对总体分布形式或分布中的参数进行推断，进而进行统计决策.

1. 统计假设

关于总体分布形式或分布中的未知参数的某个陈述或命题，称为**统计假设**，简称为**假设**.

在例 9.1.1 中我们关心的问题是："相继两次地震间隔的天数 X 是否服从指数分布"，假设为"相继两次地震间隔的天数 X 服从指数分布"或"相继两次地震间隔的天数 X 不服从指数分布"；在例 9.1.2 中我们关心的问题是："使用新菜单后营业额是否提高"，假设为"使用新菜单后营业额没有提高"或"使用新菜单后营业额提高了"；在例 9.1.3 中我们关心的问题是"包装机是否正常"．假设为"包装机正常"或"包装机不正常"．

①**原假设**把需要检验的假设称为原假设，记为 H_0.

②**备择假设**在拒绝原假设后，可供选择的一个命题．它可以是原假设对立面的全体，或其中的一部分，记为 H_1.

③**选取原假设的原则**是把要保护的、想要根据样本信息否定的命题作为原假设.

例如，在例 9.1.1 中，H_0："X 服从指数分布"，H_1："X 不服从指数分布"；在例 9.1.2 中，H_0："使用新菜单后营业额没有提高"，H_1："使用新菜单后营业额提高了"；题中已知总体 $X \sim N(\mu,\ 640^2)$，于是 $H_0: \mu = \mu_0 = 8000$，$H_1: \mu > \mu_0 = 8000$；在例 9.1.3 中 H_0："包装机正常"，H_1："包装机不正常"．题中已知总体 $X \sim N(\mu,\ 0.015^2)$，于是

$$H_0: \mu = \mu_0 = 0.5, \ H_1: \mu \neq \mu_0 = 0.5 \tag{9.1.1}$$

2. 检验

利用样本对假设的真假进行判断称为**检验**．即在给定备择假设 H_1 的前提下，对原假设 H_0 作出判断，要么接受 H_0，要么拒绝 H_0，接受 H_1.

例 9.1.3　$H_0: \mu = \mu_0 = 0.5, \ H_1: \mu \neq \mu_0 = 0.5, \ X \sim N(\mu,\ 0.015^2)$

直观想法是，当 $|\bar{x} - \mu_0|$ 很小时，不能拒绝 H_0；当 $|\bar{x} - \mu_0|$ 很大时，拒绝 H_0，接受 H_1.

3. 两类错误

根据一次抽样对假设作出判断，可能会犯两类错误，如表 9.1.1 所示：

表 9.1.1

	H_0 的真实情况	决策
第一类错误（弃真）	为真	拒绝 H_0
第二类错误（受伪）	不真	接受 H_0

在 9.1.3 中，$H_0: \mu = \mu_0 = 0.5$，$H_1: \mu \neq \mu_0 = 0.5$，当 H_0 为真时，$|\bar{x} - \mu_0|$ 很大，则犯了第一类错误. 当 H_0 为不真时，$|\bar{x} - \mu_0|$ 很小，则犯了第二类错误.

要想两类错误都小，只能增加样本容量.

4. 显著性检验

只控制犯第一类错误的概率，而不考虑犯第二类错误的检验.

5. 显著性水平

在进行假设检验时，给定的犯第一类错误的概率称为显著性水平，记为 $\alpha(0 < \alpha < 1)$. 常取 $\alpha = 0.05$，0.01，0.1.

犯第一类错误的概率要控制在这个范围内，即使得

$$P\{H_0 \text{ 为真拒绝 } H_0\} \leqslant \alpha$$

例如，在例 9.1.3 中犯第一类错误的概率可以表示为 $P_{H_0}\{|\bar{x}-\mu_0| \text{很大}\}$，于是有

$$P\{H_0 \text{ 为真拒绝 } H_0\} = P_{H_0}\{|\bar{x} - \mu_0| \text{很大}\} \leqslant \alpha.$$

6. 检验统计量

用于判断原假设成立与否的统计量称为检验统计量.

例如，在例 9.1.3 中，事件 $\{|\bar{x} - \mu_0| \text{很大}\}$ 和 $\left\{\left|\dfrac{\overline{X} - \mu_0}{\sigma/\sqrt{n}}\right| \text{很大}\right\}$ 是等价的. 因为，当 H_0 为真时，$\dfrac{\overline{X} - \mu_0}{\sigma/\sqrt{n}}: N(0, 1)$，故而很自然想到选取统计量为 $\dfrac{\overline{X} - \mu_0}{\sigma/\sqrt{n}}$，记为 Z，即 $Z = \dfrac{\overline{X} - \mu_0}{\sigma_0/\sqrt{n}}: N(0, 1)$. 由此可见，检验统计量的分布是已知分布.

7. 拒绝域

使原假设 H_0 被拒绝的统计量的值组成的区域称为拒绝域，记为 W；保留原假设 H_0 的统计量的值组成的区域称为接受域，记为 $\overline{W}$；拒绝域的边界值称为临界值.

在例9.1.3中，事件 $\left\{\left|\dfrac{\overline{X}-\mu_0}{\sigma/\sqrt{n}}\right|很大\right\}$ 可以数值化为 $\left\{\left|\dfrac{\overline{X}-\mu_0}{\sigma/\sqrt{n}}\right|>k\right\}$，$k$ 是一个实数. 于是

$$P_{H_0}\{|\overline{x}-\mu_0|很大\}=\alpha \Leftrightarrow P_{H_0}\left\{\left|\dfrac{\overline{X}-\mu_0}{\sigma/\sqrt{n}}\right|>k\right\}=\alpha$$

因为 $Z=\dfrac{\overline{X}-\mu_0}{\sigma_0/\sqrt{n}} \sim N(0,1)$. 由标准正态分布分位点定义可知

$$P_{H_0}\left\{\left|\dfrac{\overline{X}-\mu_0}{\sigma_0/\sqrt{n}}\right|>z_{\alpha/2}\right\}=\alpha$$

故而可以选取临界值 $k=z_{\alpha/2}$，于是拒绝域就为 $W=(-\infty,-z_{\alpha/2})\cup(z_{\alpha/2},+\infty)$. 若取 $\alpha=0.05$，查标准正态分布表可知 $z_{\alpha/2}=1.96$，所以拒绝域 $W=(-\infty,-1.96)\cup(1.96,+\infty)$. 计算可得检验统计量的值为 $Z=2.2\in W$，所以拒绝 H_0.

8. 假设检验的思想

综合上述分析，不难看出假设检验的思想，一是小概率事件原理，二是概率反证法.

（1）小概率原理

通常概率很小的事件在一次试验中是不会发生的. 如果小概率事件在一次试验中发生了，则实属反常，那么定有导致反常的特别原因，即有理由怀疑试验的原定条件不成立.

（2）概率反证法

欲判断假设 H_0 的真假，先假定 H_0 为真，在此前提下构造一个能说明问题的小概率事件 A. 试验取样，由样本信息确定 A 是否发生，若 A 发生，这与小概率原理相违背，说明试验的前提条件 H_0 不成立，因此拒绝 H_0，接受 H_1；若小概率事件 A 没有发生，则没有理由拒绝 H_0，只好接受 H_0.

9. 假设检验的步骤

第一步，提出假设. 即提出原假设 H_0 和备择假设 H_1;

第二步，构造检验统计量. 即假设 H_0 为真，构造检验统计量，确定其抽样分布，并计算其值;

第三步，确定拒绝域. 即选取显著性水平 α，由小概率事件 $P\{H_0$ 为真拒绝 $H_0\} \leqslant \alpha$ 确定拒绝域;

第四步，下结论. 若检验统计量的值落入拒绝域，则拒绝 H_0 而被迫接受 H_1; 若检验统计量的值没有落入拒绝域，则不能拒绝 H_0.

10. 假设检验的分类

在例 9.1.3 中，我们关心的问题是"机器是否正常"，因而提出的假设是式（9.1.1）的形式.

如果我们关心的问题是"包装机包装葡萄糖的重量是否增多"，则假设就应为

$$H_0: \mu \leqslant \mu_0 = 0.5, \ H_1: \mu > \mu_0 = 0.5 \tag{9.1.2}$$

如果我们关心的问题是"包装机包装葡萄糖的重量是否减少"，则假设就应为

$$H_0: \mu \geqslant \mu_0 = 0.5, \ H_1: \mu < \mu_0 = 0.5 \tag{9.1.3}$$

形如式（9.1.1）的假设检验称为双边假设检验，形如式（9.1.2）的假设检验称为右边假设检验，形如式（9.1.3）的假设检验称为左边假设检验，右边假设检验和左边假设检验统称为单边假设检验.

（二）学生内化

1. 在假设检验中，记 H_0 为原假设，则第一类错误是（C）.

A. H_0 为真，接受 H_0　　　　　B. H_0 不真，拒绝 H_0

C. H_0 为真，拒绝 H_0　　　　　D. H_0 不真，接受 H_0

2. 对显著水平 α，犯第一类错误的概率（A）.

A. 小于或等于 α　　　　　B. $1-\alpha$

C. 大于 α　　　　　D. 不等于 α

二、课业延伸

1. 在假设检验中，记 H_0 为原假设，则第二类错误是（D）.

A. H_0 为真，接受 H_0

B. H_0 不真，拒绝 H_0

C. H_0 为真，拒绝 H_0

D. H_0 不真，接受 H_0

2. 设 α，β 分别为假设检验中犯第一、二类错误的概率，那么增大样本容量 n 可以（ C ）．

A. 减小 α，但 β 增大

B. 减小 β，但 α 增大

C. 同时减小 α 和 β

D. 同时使 α、β 增大

第二节　单个正态总体参数的假设检验

 学习目标 ——————————————————————————

1. 当正态总体方差已知时，会用 Z 检验法对总体均值进行假设检验；

2. 当正态总体方差未知时，会用 t 检验法对总体均值进行假设检验；

3. 会用 χ^2 检验法对正态总体方差进行假设检验．

一、前置研修

（一）MOOC 自主研学内容

设总体 $X \sim N(\mu, \sigma^2)$，X_1，X_2，$\cdots$，X_n 为来自总体 X 的样本．我们关心的问题是：总体均值 μ 的假设检验．当总体方差 σ^2 已知时，采用 Z 检验法；当总体方差 σ^2 未知时，采用 t 检验法．

1. 单个正态总体均值的双边检验

（1）Z 检验法

设总体 $X \sim N(\mu, \sigma^2)$，且 $\sigma^2 = \sigma_0^2$ 已知．X_1，X_2，$\cdots$，X_n 为来自总体 X 的样本．假设检验步骤如下：

第一步，提出假设．$H_0: \mu = \mu_0$，$H_1: \mu \neq \mu_0$

第二步，构造检验统计量．假设 H_0 为真，构造检验统计量 $Z = \dfrac{\overline{X} - \mu_0}{\sigma_0 / \sqrt{n}} :$

$N(0, 1)$，根据样本信息计算 Z 的值．

第三步，确定拒绝域．选取显著性水平 α，当 H_0 为真时，小概率事件

$$P\{H_0 \text{ 为真拒绝 } H_0\} = P\{|Z| > z_{\alpha/2}\} = P\left\{\left|\frac{\overline{X} - \mu_0}{\sigma_0 / \sqrt{n}}\right| > z_{\alpha/2}\right\} \leq \alpha$$

查标准正态分布表得临界值 $z_{\alpha/2}$，故拒绝域

$$W = (-\infty, -z_{\alpha/2}) \cup (z_{\alpha/2}, +\infty).$$

第四步，下结论．若 $Z \in W$，则拒绝 H_0；若 $Z \notin W$，则接受 H_0.

例 9.2.1（例 9.1.3 续）　某车间用一台包装机包装葡萄糖．袋装糖的净重是一个随机变量，它服从正态分布．当机器正常时，其均值为 0.5kg，标准差为 0.015kg．某日开工后为检验包装机是否正常，随机地抽取它所包装的糖 9 袋称得净重（kg）为：

0.497　0.506　0.518　0.524　0.498　0.511　0.520　0.515　0.512

请问：机器是否正常？

解：由题意 $X \sim N(\mu, 0.015^2)$，$n = 9$.

第一步，提出假设．$H_0: \mu = \mu_0 = 0.5$，$H_1: \mu \neq \mu_0 = 0.5$

第二步，构造检验统计量．假设 H_0 为真，构造检验统计量

$$Z = \frac{\overline{X} - \mu_0}{\sigma_0 / \sqrt{n}}: N(0, 1)$$

计算得

$$\overline{x} = 0.511,$$

$$Z = \frac{\overline{x} - 0.5}{0.015 / \sqrt{9}} = \frac{0.511 - 0.5}{0.015 / \sqrt{9}} = 2.2$$

第三步，确定拒绝域．选取 $\alpha = 0.05$，查标准正态分布表得临界值 $z_{\alpha/2} = 1.96$，故拒绝域 $W == [-\infty, -1.96] \cup [1.96, +\infty]$.

第四步，下结论．因为 $Z = 2.2 \in W$，所以拒绝 H_0，即这天包装机工作不正常．

（2）t 检验法

设总体 $X \sim N(\mu, \sigma^2)$，且 σ^2 未知，$X_1, X_2, \cdots, X_n$ 为取自总体 X 的样本．假设检验步骤如下：

第一步，提出假设．$H_0: \mu = \mu_0$，$H_1: \mu \neq \mu_0$.

第二步，构造检验统计量．假设 H_0 为真，构造检验统计量

$$t = \frac{\overline{X} - \mu_0}{S/\sqrt{n}} : t(n-1)$$，根据样本信息计算 t 的值.

第三步，确定拒绝域. 选取显著性水平 α，当 H_0 为真时，小概率事件

$$P\{H_0 \text{ 为真拒绝 } H_0\} = P\{|t| > t_{\alpha/2}(n-1)\} = P\left\{\left|\frac{\overline{X} - \mu_0}{S/\sqrt{n}}\right| > t_{\alpha/2}(n-1)\right\} \leq \alpha$$

查 t 分布表得临界值 $t_{\alpha/2}(n-1)$，故拒绝域 $W = (-\infty, -t_{\alpha/2}(n-1)) \cup (t_{\alpha/2}(n-1), +\infty)$.

第四步，下结论. 若 $t \in W$，则拒绝 H_0；若 $t \notin W$，则接受 H_0.

例 9.2.2 某工厂生产的一种螺钉，标准要求长度是 32.5mm. 实际生产的产品，其长度 X 假定服从 $X \sim N(\mu, \sigma^2)$，σ^2 未知. 现从该厂生产的一批产品中抽取 6 件，得尺寸数据如下：

32.56　29.66　31.64　30.00　31.87　31.03

请问：这批产品是否合格？（显著性水平 $\alpha = 0.01$）

解：由题意可知，总体 $X \sim N(\mu, \sigma^2)$，σ^2 未知.

第一步，提出假设：$H_0 . \mu = \mu_0 = 32.5$，$H_1 : \mu \neq \mu_0 = 32.5$

第二步，构造检验统计量. 假设 H_0 为真，构造检验统计量

$$t = \frac{\overline{X} - \mu_0}{S/\sqrt{n}} : t(n-1)$$

计算得 $\overline{x} = 31.1267$，$s = 1.1214$，$t = \dfrac{\overline{x} - \mu_0}{s/\sqrt{n}} = \dfrac{31.1267}{1.1214/\sqrt{6}} = -2.9978$

第三步，确定拒绝域. 当 $\alpha = 0.01$ 时，查 t 分布表，得临界值
$t_{\frac{\alpha}{2}}(n-1) = t_{0.005}(5) = 4.0322$，故拒绝域

$$W = (-\infty, -4.0322) \cup (4.0322, +\infty)$$

第四步，下结论. 因为 $t = -2.9978 \notin W$，所以不能拒绝 H_0，即可以认为这批产品是合格的.

（二）SPOC 自主测试习题

根据长期的观察和资料分析，某砖场生产的砖的"抗断强度" X 服从正态分布，方差 $\sigma_0^2 = 1.21$，现从该场生产的一批砖中，随机抽取 6 块，测得抗断强度为（单位：kg/s^2）：

31.64　　29.26　　32.56　　30.00　　31.03　　31.87

请问：当显著性水平 $\alpha = 0.05$ 时，能否认为这批砖的抗断强度是 32.50.

解：由题意，$\sigma_0^2 = 1.21$ 已知，提出假设 H_0：$\mu = \mu_0 = 32.50$　　vs　　H_1：$\mu \neq \mu_0 = 32.50$

检验统计量 $Z = \dfrac{\overline{X} - \mu_0}{\sigma_0 / \sqrt{n}} \sim N(0,\ 1)$

计算得 $\overline{x} = 31.06$，于是 $Z = \dfrac{\overline{x} - \mu_0}{\sigma_0 / \sqrt{n}} = \dfrac{31.06 - 32.50}{1.1 / \sqrt{6}} \approx -3.21$

当 $\alpha = 0.05$ 时，临界值 $Z_{0.025} = 1.96$，

则拒绝域 $W = (-\infty,\ -1.96) \cup (1.96,\ +\infty)$

又因为 $Z = -3.21 \in W$，所以拒绝 H_0，接受 H_1.

即不能认为这批砖的平均抗断强度是 32.50（kg/s²）.

二、课堂探究

(一) 教师精讲

1. 单个正态总体均值的单边检验

(1) Z 检验法

设总体 $X \sim N(\mu,\ \sigma^2)$，且 $\sigma^2 = \sigma_0^2$ 已知．X_1，X_2，$\cdots$，X_n 为来自总体 X 的样本．假设检验步骤如下：

第一步，提出假设．H_0：$\mu \leqslant \mu_0$，H_1：$\mu > \mu_0$（或 H_0：$\mu \geqslant \mu_0$，H_1：$\mu < \mu_0$）.

第二步，构造检验统计量．假设 H_0 为真，构造检验统计量

$$Z = \frac{\overline{X} - \mu_0}{\sigma_0 / \sqrt{n}} : N(0,\ 1)$$

根据样本信息计算 Z 的值．

第三步，确定拒绝域．选取显著性水平 α，当 H_0 为真时，小概率事件

$$P\{H_0 \text{ 为真拒绝 } H_0\} = P\{Z > z_\alpha\} = P\left\{\frac{\overline{X} - \mu_0}{\sigma_0 / \sqrt{n}} > z_\alpha\right\} \leqslant \alpha$$

$$\left[\text{或} P\{H_0 \text{为真拒绝} H_0\} = P\{Z < -z_\alpha\} = P\left\{\frac{\overline{X} - \mu_0}{\sigma_0 / \sqrt{n}} < -z_\alpha\right\} \leq \alpha \right]$$

查标准正态分布表得临界值 $z_{\alpha/2}$（或 $-z_{\alpha/2}$），故拒绝域 $W = (z_\alpha, +\infty)$ $\left[\text{或} W = (-\infty, -z_\alpha)\right]$.

第四步，下结论. 若 $Z \in W$，则拒绝 H_0；若 $Z \notin W$，则接受 H_0.

例 9.2.3 某种元件的寿命 X（单位：h）服从正态分布 $N(\mu, \sigma^2)$，μ，σ^2 均未知. 现测得 16 只元件的寿命如下：

159　280　101　212　224　379　179　264

222　362　168　250　149　260　485　170

请问：是否有理由认为元件的平均寿命大于 225h？

解：由题意可知，总体 $X \sim N(\mu, \sigma^2)$，σ^2 未知.

第一步，提出假设. $H_0: \mu \leq \mu_0 = 225$，$H_1: \mu > 225$.

第二步，构造检验统计量. 假设 H_0 为真，构造检验统计量

$$t = \frac{\overline{X} - \mu_0}{S / \sqrt{n}} : t(n-1),$$

计算得 $\overline{x} = 241.5$，$s = 98.7295$，$t = \frac{\overline{x} - \mu_0}{s / \sqrt{n}} = 0.6685$.

第三步，确定拒绝域. 当 $\alpha = 0.05$ 时，查 t 分布表，得临界值

$t_\alpha(n-1) = t_{0.05}(15) = 1.7531$，

故拒绝域 $W = (1.7531, +\infty)$.

第四步，下结论. 因为 $t = 0.6685 \notin W$，所以不能拒绝 H_0，即认为元件的平均寿命不大于 $225h$.

2. 单个正态总体方差的双边检验

设总体 $X \sim N(\mu, \sigma^2)$，μ，σ^2 均未知，X_1，X_2，$\cdots$，X_n 为来自总体 X 的一个样本. 我们关心的问题是总体方差 σ^2 的假设检验. 用 χ^2 **检验法**，先来阐述假设检验的步骤如下：

第一步，提出假设. $H_0: \sigma^2 = \sigma_0^2$，$H_1: \sigma^2 \neq \sigma_0^2$

第二步，构造检验统计量. 假设 H_0 为真，构造检验统计量

$$\chi^2 = \frac{(n-1)S^2}{\sigma_0^2} \sim \chi^2(n-1)$$

根据样本信息计算 χ^2 的值.

第三步,确定拒绝域.选取显著性水平 α,当 H_0 为真时,小概率事件

$$P\{H_0\ 为真拒绝\ H_0\} = P(\{\chi^2 < \chi^2_{1-\alpha/2}(n-1)\} \cup \{\chi^2 > \chi^2_{\alpha/2}(n-1)\})$$

$$= P\left(\left\{\frac{(n-1)S^2}{\sigma^2} < \chi^2_{1-\alpha/2}(n-1)\right\} \cup \left\{\frac{(n-1)S^2}{\sigma^2} > \chi^2_{\alpha/2}(n-1)\right\}\right) \leqslant \alpha$$

查 χ^2 分布表得临界值 $\chi^2_{1-\alpha/2}(n-1)$ 和 $\chi^2_{\alpha/2}(n-1)$,故拒绝域

$$W = (-\infty,\ \chi^2_{1-\alpha/2}(n-1)) \cup (\chi^2_{\alpha/2}(n-1),\ +\infty)$$

第四步,下结论.若 $\chi^2 \in W$,则拒绝 H_0;若 $\chi^2 \notin W$,则接受 H_0.

例 9.2.4 某厂生产的某种型号的电池,其寿命(单位:h)长期以来服从方差 5000 的正态分布.现有一批这种电池,从它的生产情况来看,寿命的波动性有所改变.现随机取 26 只电池,测出其寿命的样本方差 $s^2 = 9200$.请问:根据这批数据能否推断这批电池的寿命的波动性较以往的有显著的变化(取 $\alpha = 0.02$)?

解:由题意可知,总体 $X \sim N(\mu,\ \sigma^2)$,μ 未知,$n = 26$,$s^2 = 9200$

第一步,提出假设.$H_0: \sigma^2 = \sigma_0^2 = 5000$,$H_1: \sigma^2 \neq \sigma_0^2 = 5000$

第二步,构造检验统计量.假设 H_0 为真,构造检验统计量

$$\chi^2 = \frac{(n-1)S^2}{\sigma_0^2} \sim \chi^2(n-1)$$

计算得 $\chi^2 = \dfrac{(n-1)S^2}{\sigma_0^2} = \dfrac{25 \times 9200}{5000} = 46$

第三步,确定拒绝域.当 $\alpha = 0.02$ 时,查 χ^2 分布表得临界值

$\chi^2_{1-\frac{\alpha}{2}}(n-1) = \chi^2_{0.99}(25) = 11.524$,$\chi^2_{\frac{\alpha}{2}}(n-1) = \chi^2_{0.01}(25) = 44.314$

故拒绝域 $W = (-\infty,\ 11.524) \cup (44.314,\ +\infty)$.

第四步,下结论.因为 $\chi^2 = 46 \in W$,所以拒绝 H_0.即这批电池的寿命的波动性较以往的有显著的变化.

3. 单个正态总体方差的单边检验

设总体 $X \sim N(\mu,\ \sigma^2)$,μ,σ^2 均未知,X_1,X_2,$\cdots$,X_n 为来自总体 X 的一个样本.我们关心的问题是总体方差 σ^2 的假设检验.用 χ^2 **检验法**,假设检验步骤如下:

第一步,提出假设.$H_0: \sigma^2 \leqslant \sigma_0^2$,$H_1: \sigma^2 > \sigma_0^2$(或 $H_0: \sigma^2 \geqslant \sigma_0^2$,

$H_1: \sigma^2 < \sigma_0^2$).

第二步，构造检验统计量. 假设 H_0 为真，构造检验统计量

$$\chi^2 = \frac{(n-1)S^2}{\sigma_0^2} \sim \chi^2(n-1)$$

根据样本信息计算 χ^2 的值.

第三步，确定拒绝域. 选取显著性水平 α，当 H_0 为真时，小概率事件

$$P\{H_0 \text{ 为真拒绝 } H_0\} = P\{\chi^2 > \chi_\alpha^2(n-1)\}$$

$$= P\left\{\frac{(n-1)S^2}{\sigma_0^2} > \chi_\alpha^2(n-1)\right\} \leqslant \alpha$$

（或 $P\{H_0 \text{ 为真拒绝 } H_0\} = P\{\chi^2 < \chi_\alpha^2(n-1)\}$

$$= P\left\{\frac{(n-1)S^2}{\sigma_0^2} < \chi_\alpha^2(n-1)\right\} \leqslant \alpha$$）

查 χ^2 分布表得临界值 $\chi_\alpha^2(n-1)$（或 $\chi_{1-\alpha}^2(n-1)$），故拒绝域

$W = (\chi_\alpha^2(n-1), +\infty)$（或 $W = (-\infty, \chi_{1-\alpha}^2(n-1))$）.

第四步，下结论. 若 $\chi^2 \in W$，则拒绝 H_0；若 $\chi^2 \notin W$，则接受 H_0.

例 9.2.5 某种导线，要求其电阻的标准差不得超过 0.005Ω，今在生产的一批导线中取样品 9 根，测得 $s = 0.007\Omega$，设总体为正态分布，参数均未知，请问：在显著性水平 $a = 0.05$ 下能否认为这批导线的标准差显著地偏大？

解：由题意可知，设总体 $X \sim N(\mu, \sigma^2)$，μ 未知.

第一步，提出假设. $H_0: \sigma \leqslant \sigma_0 = 0.005$，$H_1: \sigma > \sigma_0 = 0.005$

第二步，构造检验统计量. 假设 H_0 为真，构造检验统计量

$\chi^2 = \frac{(n-1)S^2}{\sigma_0^2} \sim \chi^2(n-1)$，计算得 $\chi^2 = \frac{(n-1)S^2}{\sigma_0^2} = \frac{8 \times 0.007^2}{0.005^2} = 15.68$

第三步，确定拒绝域. 当 $\alpha = 0.05$ 时，查 χ^2 分布表得临界值

$\chi_\alpha^2(n-1) = \chi_{0.05}^2(8) = 15.507$

故拒绝域 $W = (15.507, +\infty)$

第四步，下结论. 因为 $\chi^2 = 15.68 \in W$，所以拒绝 H_0. 即认为这批导线的标准差显著偏大.

（二）学生内化

1. 某批矿砂的 5 个样品中的镍含量，经测定为（%）：

3.25 3.27 3.24 3.26 3.24

设测定值总体服从正态分布 $N(\mu, \sigma^2)$，μ，σ^2 未知.

请问：当显著性水平 $\alpha = 0.01$ 时，能否认为这批矿砂中的镍含量的均值是 3.25.

解： 由题意可得，σ^2 未知，提出假设 $H_0: \mu = \mu_0 = 3.25$ vs $H_1: \mu \neq \mu_0 = 3.25$.

检验统计量 $t = \dfrac{\overline{X} - \mu_0}{S/\sqrt{n-1}}: t(n-1)$

计算得 $\overline{x} = 3.252$，$s = 0.013$，于是 $t = \dfrac{\overline{x} - \mu_0}{s/\sqrt{n}} = \dfrac{3.252 - 3.25}{0.013/\sqrt{5}} = 0.344$

当 $\alpha = 0.01$ 时，临界值 $t_{\frac{\alpha}{2}}(n-1) = t_{0.005}(4) = 4.6041$，

拒绝域 $W = (-\infty, -4.6041) \cup (4.6041, +\infty)$

又因为 $t = 0.344 \notin W$，所以不能拒绝 H_0.

即可以认为这批矿砂中的镍含量的均值是 3.25（%）.

2. 某汽车电池制造厂声称生产的电池的寿命是近似标准差为 0.9 年的正态分布. 若选取的 10 个随机样本的标准差为 1.2. 请问：当显著性水平 $\alpha = 0.05$ 时，能否认为 $\sigma > 0.9$.

解： 由题意可得，提出假设 $H_0: \sigma^2 = \sigma_0^2 = 0.81$ vs $H_1: \sigma^2 > \sigma_0^2 = 0.81$

检验统计量 $\chi^2 = \dfrac{(n-1)S^2}{\sigma_0^2}: \chi^2(n-1)$

计算得 $s^2 = 1.44$，又 $n = 10$，于是 $\chi^2 = \dfrac{(n-1)S^2}{\sigma_0^2} = \dfrac{(10-1) \times 1.44}{0.81} = 16$

当 $\alpha = 0.05$ 时，临界值 $\chi_\alpha^2(n-1) = \chi_{0.05}^2(9) = 16.919$，拒绝域 $W = (16.919, +\infty)$.

又因为 $\chi^2 = 16 \notin W$，所以不能拒绝 H_0.

即可以认为 $\sigma > 0.9$.

三、课业延伸

1. 要求一种元件的平均使用寿命不得低于 1000h，生产者在这一批该种元件中随机抽 25 件，测得其寿命的平均值为 950h. 已知该种软件寿命服从标

准差为 $\sigma = 100h$ 的正态分布，试在显著性水平 $\alpha = 0.05$ 下判断这批元件是否合格？答案提示：设总体均值为 μ，μ 未知. 即需检验假设

$$H_0: \mu \geqslant 1000, \quad H_1: \mu < 1000.$$

2. 下面列出某工厂随机选取的 20 只部件的装配时间（min）：

9.8 10.4 10.6 9.6 9.7 9.9 10.9 11.1 9.6 10.2

10.3 9.6 9.9 11.2 10.6 9.8 10.5 10.1 10.5 9.7

设装配时间的总体服从正态分布 $N(\mu, \sigma^2)$，μ，σ^2 均为未知. 请问：是否可以认为装配时间的均值显著大于 10（取 $\alpha = 0.05$）？

答案：略.

3. 一种混杂的小麦品种的株高的标准差为 $\sigma_0 = 14$（单位：cm），经提纯后随机抽取 10 株，它们的株高（以 cm 计）为

90 105 101 95 100 100 101 105 93 97

考察提纯后的群体是否比原群体整齐？取显著性水平 $a = 0.01$，并设小麦株高服从 $N(\mu, \sigma^2)$.

答案：略.

第三节　两个正态总体参数的假设检验

 学习目标

1. 当两正态总体方差已知时，会用 Z 检验法对两总体的均值进行假设检验；

2. 当两正态总体方差未知且相等时，会用 t 检验法对两总体的均值进行假设检验；

3. 会用 F 检验法对两正态总体方差进行假设检验.

一、前置研修

（一）MOOC 自主研学内容

1. 两个正态总体均值的假设检验

设总体 $X \sim N(\mu_1, \sigma_1^2)$，$Y \sim N(\mu_2, \sigma_2^2)$，且 X 与 Y 相互独立，

X_1，X_2，$\cdots$，X_{n_1} 为来自总体 X 的样本，Y_1，Y_2，$\cdots$，Y_{n_2} 为来自总体 Y 的样本. 我们关心的问题是：如何对两总体均值的差异进行假设检验. 当 σ_1^2，σ_2^2 已知时，采用 Z 检验法；当 $\sigma_1^2 = \sigma_2^2 = \sigma^2$，且未知时，采用 t 检验法.

(1) Z 检验法

当 σ_1^2，σ_2^2 已知时，两个正态总体均值的双边假设检验步骤如下：

第一步，提出假设. $H_0: \mu_1 = \mu_2$，$H_1: \mu_1 \neq \mu_2$

第二步，构造检验统计量. 假设 H_0 为真，构造检验统计量

$$Z = \frac{\overline{X} - \overline{Y}}{\sqrt{\dfrac{\sigma_1^2}{n_1} + \dfrac{\sigma_2^2}{n_2}}} \sim N(0,\ 1)$$

根据样本信息计算 Z 的值.

第三步，确定拒绝域. 选取显著性水平 α，当 H_0 为真时，小概率事件

$$P\{H_0\ 为真拒绝\ H_0\} = P\{|Z| > z_{\alpha/2}\} = P\left\{ \left| \frac{\overline{X} - \overline{Y}}{\sqrt{\dfrac{\sigma_1^2}{n_1} + \dfrac{\sigma_2^2}{n_2}}} \right| > z_{\alpha/2} \right\} \leqslant \alpha$$

查标准正态分布表得临界值 $z_{\alpha/2}$，故拒绝域 $W = (-\infty,\ -z_{\alpha/2}) \cup (z_{\alpha/2},\ +\infty)$.

第四步，下结论. 若 $Z \in W$，则拒绝 H_0；若 $Z \notin W$，则接受 H_0.

当 σ_1^2，σ_2^2 已知时，两个正态总体均值的单边检验步骤与上述步骤类似，可直接给出假设和拒绝域. 若假设为 $H_0: \mu_1 \leqslant \mu_2$，$H_1: \mu_1 > \mu_2$，则拒绝域为 $W = (z_\alpha,\ +\infty)$；若假设为 $H_0: \mu_1 \geqslant \mu_2$，$H_1: \mu_1 < \mu_2$，则拒绝域为 $W = (-\infty,\ z_\alpha)$.

(2) t 检验法

当 $\sigma_1^2 = \sigma_2^2 = \sigma^2$ 未知时，两个正态总体均值的双边假设检验步骤如下：

第一步，提出假设. $H_0: \mu_1 = \mu_2$，$H_1: \mu_1 \neq \mu_2$

第二步，构造检验统计量. 假设 H_0 为真，构造检验统计量

$$t = \frac{\overline{X} - \overline{Y}}{S_\omega \sqrt{\dfrac{1}{n_1} + \dfrac{1}{n_2}}} \sim t(n_1 + n_2 - 2) \left[其中 S_\omega^2 = \frac{(n_1 - 1)S_1^2 + (n_2 - 1)S_2^2}{n_1 + n_2 - 2} \right],$$

根据样本信息计算其值.

第三步，确定拒绝域. 选取显著性水平 α，当 H_0 为真时，小概率事件

$$P\{H_0 \text{ 为真拒绝 } H_0\} = P\{|t| > t_{\alpha/2}(n-1)\}$$

$$= P\left\{\left|\frac{\overline{X} - \overline{Y}}{S_\omega \sqrt{\dfrac{1}{n_1} + \dfrac{1}{n_2}}}\right| > t_{\alpha/2}(n-1)\right\} \leq \alpha$$

查 t 分布表得临界值 $t_{\alpha/2}(n-1)$，故拒绝域

$$W = (-\infty, -t_{\alpha/2}(n-1)) \cup (t_{\alpha/2}(n-1), +\infty).$$

第四步，下结论. 若 $t \in W$，则拒绝 H_0；若 $t \notin W$，则接受 H_0.

当 $\sigma_1^2 = \sigma_2^2 = \sigma^2$ 未知时，两个正态总体均值的单边检验步骤与上述步骤类似，可直接给出假设和拒绝域. 若假设为 $H_0: \mu_1 \leq \mu_2$，$H_1: \mu_1 > \mu_2$，则拒绝域为 $W = (z_\alpha, +\infty)$；若假设为 $H_0: \mu_1 \geq \mu_2$，$H_1: \mu_1 < \mu_2$，则拒绝域为 $W = (-\infty, z_\alpha)$.

例 9.3.1 对用两种不同热处理方法加工的金属材料做抗拉强度试验. 得到的试验数据如下：

方法 I：31，34，29，26，32，35，38，34，30，29，32，31；

方法 II：26，24，28，29，30，29，32，26，31，29，32，28.

设两种热处理加工的金属材料的抗拉强度都服从正态分布，且方差相等. 请比较：两种方法所得金属材料的平均抗拉强度有无显著差异. （显著性水平 $\alpha = 0.05$）

解： 由题意可知，两种热处理加工的金属材料的抗拉强度都服从正态分布，$X \sim N(\mu_1, \sigma_1^2)$，$Y \sim N(\mu_2, \sigma_2^2)$. 则 $\sigma_1^2 = \sigma_2^2 = \sigma^2$ 未知，$n_1 = n_2 = 12$.

第一步，提出假设. $H_0: \mu_1 = \mu_2$，$H_1: \mu_1 \neq \mu_2$

第二步，构造检验统计量. 假设 H_0 为真，构造检验统计量

$$t = \frac{\overline{X} - \overline{Y}}{S_\omega \sqrt{\dfrac{1}{n_1} + \dfrac{1}{n_2}}} \sim t(n_1 + n_2 - 2) \left[\text{其中 } S_\omega^2 = \frac{(n_1 - 1)S_1^2 + (n_2 - 1)S_2^2}{n_1 + n_2 - 2}\right]$$

计算得

$\overline{x} = 31.75$，$\overline{y} = 28.67$，$(n_1 - 1)S_1^2 = 112.25$，$(n_2 - 1)S_2^2 = 66.64$，$S_\omega = 2.85$

于是

$$t = \frac{\overline{x} - \overline{y}}{S_\omega \sqrt{\dfrac{1}{n_1} + \dfrac{1}{n_2}}} = \frac{31.75 - 28.67}{2.85\sqrt{\dfrac{1}{6}}} = 2.647$$

第三步，确定拒绝域. 当 $\alpha = 0.05$ 时，查标准 t 分布表得临界值

$$t_{\frac{\alpha}{2}}(n_1 + n_2 - 2) = t_{0.025}(22) = 2.0739$$

故拒绝域

$$W = (-\infty, -2.0739) \cup (2.0739, +\infty)$$

第四步，下结论. 因为 $t = 2.647 \in W$，所以拒绝 H_0. 即认为两种热处理方法加工的金属材料的平均抗拉强度有显著差异.

例 9.3.2 用两种方法（A 和 B）测定冰自 $-0.72℃$ 转变为 $0℃$ 时的融化热（以 cal/g 计）. 测得以下的数据：

方法 A：79.98　80.04　80.02　80.04　80.03　80.03　80.04　79.97

　　　　80.05　80.03　80.02　80.00　80.02

方法 B：80.02　79.94　79.98　79.97　79.97　80.03　79.95　78.97

设这两个样本相互独立，且分别来自正态总体 $N(\mu_1, \sigma^2)$ 和 $N(\mu_2, \sigma^2)$，μ_1，μ_2，σ^2 均未知. 试检验假设 $H_0: \mu_1 - \mu_2 \le 0$，$H_1: \mu_1 - \mu_2 > 0$（取显著性水平 $\alpha = 0.05$）.

解： 由题意可知，设随机变量 X 和 Y 分别表示方法 A 和方法 B 测定冰自 $-0.72℃$ 转变为 $0℃$ 时的融化热，则 $X \sim N(\mu_1, \sigma^2)$，$Y \sim N(\mu_2, \sigma^2)$，$n_1 = 13$，$n_2 = 8$.

第一步，提出假设. $H_0: \mu_1 \le \mu_2$，$H_1: \mu_1 > \mu_2$

第二步，构造检验统计量. 假设 H_0 为真，构造检验统计量

$$t = \frac{\overline{X} - \overline{Y}}{S_\omega \sqrt{\dfrac{1}{n_1} + \dfrac{1}{n_2}}} \sim t(n_1 + n_2 - 2) \left[其中 S_\omega^2 = \frac{(n_1 - 1)S_1^2 + (n_2 - 1)S_2^2}{n_1 + n_2 - 2} \right]$$

计算得 $\overline{x} = 80.2$，$\overline{y} = 79.98$

$$(n_1 - 1)S_1^2 = 12 \times 0.024^2 = 0.006912$$

$$(n_2 - 1)S_2^2 = 7 \times 0.031^2 = 0.006727, \quad S_\omega = 0.0268$$

于是

$$t = \frac{\overline{x} - \overline{y}}{S_\omega \sqrt{\dfrac{1}{n_1} + \dfrac{1}{n_2}}} = \frac{80.2 - 79.98}{0.0268 \times \sqrt{\dfrac{1}{13} + \dfrac{1}{8}}} = 3.323$$

第三步，确定拒绝域. 当 $\alpha = 0.05$ 时，查标准 t 分布表得临界值

$$t_\alpha(n_1 + n_2 - 2) = t_{0.005}(19) = 1.7291$$

故拒绝域 $W = (1.7291, +\infty)$

第四步，下结论. 因为 $t = 3.323 \in W$，所以拒绝 H_0. 即认为方法 A 比方法 B 测得的融化热要大.

(二) SPOC 自主测试习题

略。

二、课堂探究

(一) 教师精讲

1. 两个正态总体方差的假设检验

设总体 $X \sim N(\mu_1, \sigma_1^2)$，$Y \sim N(\mu_2, \sigma_2^2)$，且 X 与 Y 相互独立，$X_1, X_2, \cdots, X_n$ 为来自总体 X 的一个样本，$Y_1, Y_2, \cdots, Y_n$ 为来自总体 Y 的一个样本. 我们关心的问题是：如何对两总体方差的差异进行假设检验. 用 F 检验法，**双边假设的检验步骤**如下：

第一步，提出假设. $H_0: \sigma_1^2 = \sigma_2^2$，$H_1: \sigma_1^2 \neq \sigma_2^2$

第二步，构造检验统计. $F = \dfrac{S_1^2}{S_2^2} \sim F(n_1 - 1, n_2 - 1)$，根据样本信息计算其值.

第三步，确定拒绝域. 选取显著性水平 α，当 H_0 为真时，小概率事件

$$P\{H_0 \text{ 为真拒绝 } H_0\} = P\{|F| > F_{\alpha/2}(n_1 - 1, n_2 - 1)\}$$

$$= P\left\{\left|\frac{S_1^2}{S_2^2}\right| > F_{\alpha/2}(n_1 - 1, n_2 - 1)\right\} \leqslant \alpha$$

查 F 分布表得临界值 $F_{1-\frac{\alpha}{2}}(n_1 - 1, n_2 - 1)$ 和 $F_{\frac{\alpha}{2}}(n_1 - 1, n_2 - 1)$.

故拒绝域

$$W = [-\infty, F_{1-\frac{\alpha}{2}}(n_1 - 1, n_2 - 1)] \cup (F_{\frac{\alpha}{2}}[n_1 - 1, n_2 - 1), +\infty]$$

第四步，下结论：若 $F \in W$，则拒绝 H_0；若 $F \notin W$，则接受 H_0.

例 9.3.3 为比较两台自动车床的精度，分别取容量为 10 和 8 的两个样本. 测量某个指标的尺寸（假定服从正态分布），得到下列结果：

车床甲：1.08　1.10　1.12　1.14　1.15　1.25　1.36

1.38   1.40   1.42

车床乙：1.11   1.12   1.18   1.22   1.33   1.35   1.36   1.38

请问：在 $\alpha = 0.1$ 时，这两台机床是否有同样的精度？

解：由题意可知，甲、乙两台车床某个指标的尺寸都服从正态分布，分别记为 $X \sim N(\mu_1, \sigma_1^2)$，$Y \sim N(\mu_2, \sigma_2^2)$. 且 $\mu_1, \sigma_1^2, \mu_2, \sigma_2^2$ 均未知，$n_1 = 10$，$n_2 = 8$.

第一步，提出假设. $H_0 : \sigma_1^2 = \sigma_2^2$，$H_1 : \sigma_1^2 \neq \sigma_2^2$

第二步，构造检验统计. $F = \dfrac{S_1^2}{S_2^2} \sim F(n_1 - 1, n_2 - 1)$，计算得 $F = 1.51$.

第三步，确定拒绝域. 当 $\alpha = 0.1$ 时，查 F 分布表得临界值

$$F_{\frac{\alpha}{2}}(n_1 - 1, n_2 - 1) = F_{0.05}(9, 7) = 3.68$$

$$F_{1 - \frac{\alpha}{2}}(n_1 - 1, n_2 - 1) = F_{0.95}(9, 7) = \frac{1}{F_{0.05}(7, 9)} = \frac{1}{3.29} = 0.304$$

故拒绝域 $W = (-\infty, 0.304) \cup (3.68, +\infty)$.

第四步，下结论. 因为 $F = 1.51 \notin W$，所以不能拒绝 H_0. 即可以认为这两台机床有同样的精度.

(二) 学生内化

两种小麦品种从播种到抽穗所需的天数如表 9.3.1 所示：

表 9.3.1

x	101	100	99	99	98	100	98	99	99	99
y	100	98	100	99	98	99	98	98	99	100

设两样本依次来自正态总体 $N(\mu_1, \sigma_1^2)$，$N(\mu_2, \sigma_2^2)$，$\mu, \sigma_i (i = 1, 2)$ 均未知，两样本相互独立.

(1) 试检验假设 $H_0 : \sigma_1^2 = \sigma_2^2$，$H_1 : \sigma_1^2 \neq \sigma_2^2$（取 $\alpha = 0.05$）.

(2) 若能接受 H_0，接受检验假设 $H_0' : \mu_1 = \mu_2$，$H_1' : \mu_1 \neq \mu_2$（取 $\alpha = 0.05$）.

解：由题意可知，两种小麦品种从播种到抽穗所需的天数都服从正态分布，分别记为 $X \sim N(\mu_1, \sigma_1^2)$，$Y \sim N(\mu_2, \sigma_2^2)$. 且 $\mu_1, \sigma_1^2, \mu_2, \sigma_2^2$ 均未知，$n_1 = n_2 = 10$.

先解第 (1) 问：

第一步，提出假设. $H_0: \sigma_1^2 = \sigma_2^2$, $H_1: \sigma_1^2 \neq \sigma_2^2$

第二步，构造检验统计. $F = \dfrac{S_1^2}{S_2^2}: F(n_1 - 1, n_2 - 1)$，计算得

$$s_1^2 = 0.84, \ s_2^2 = 0.77, \ F = 1.09$$

第三步，确定拒绝域. 当 $\alpha = 0.1$ 时，查 F 分布表得临界值

$$F_{\frac{\alpha}{2}}(n_1 - 1, n_2 - 1) = F_{0.25}(9, 9) = 4.03$$

$$F_{1-\frac{\alpha}{2}}(n_1 - 1, n_2 - 1) = F_{0.975}(9, 9) = \frac{1}{F_{0.025}(9, 9)} = \frac{1}{4.03} = 0.2481$$

故拒绝域 $W = (-\infty, 0.2481) \cup (4.03, +\infty)$

第四步，下结论. 因为 $F = 1.09 \notin W$，所以不能拒绝 H_0. 即可以两总体方差相等.

再解第（2）问：

第一步，提出假设. $H'_0: \mu_1 = \mu_2$，$H'_1: \mu_1 \neq \mu_2$.

第二步，构造检验统计量. 假设 H_0 为真，构造检验统计量

$$t = \frac{\overline{X} - \overline{Y}}{S_\omega \sqrt{\dfrac{1}{n_1} + \dfrac{1}{n_2}}} \sim t(n_1 + n_2 - 2) \left[\text{其中} \ S_\omega^2 = \frac{(n_1 - 1)S_1^2 + (n_2 - 1)S_2^2}{n_1 + n_2 - 2} \right]$$

计算得

$$\overline{x} = 99.2, \ \overline{y} = 98.9, \ S_\omega^2 = 0.805$$

于是

$$t = \frac{\overline{x} - \overline{y}}{S_\omega \sqrt{\dfrac{1}{n_1} + \dfrac{1}{n_2}}} = \frac{99.2 - 98.9}{\sqrt{0.805} \times \sqrt{\dfrac{1}{5}}} = 0.748$$

第三步，确定拒绝域. 当 $\alpha = 0.05$ 时，查标准 t 分布表得临界值

$$t_{\frac{\alpha}{2}}(n_1 + n_2 - 2) = t_{0.025}(18) = 2.1009$$

故拒绝域

$$W = (-\infty, -2.1009) \cup (2.1009, +\infty).$$

第四步，下结论. 因为 $t = 0.748 \notin W$，所以不能拒绝 H_0. 即认为两种小麦品种从播种到抽穗所需的天数没有显著差异.

三、课业延伸

1. 用一种叫"混乱指标"的尺度去衡量工程师的英语文章的可理解性，对混乱指标的打分越低表示可理解性越高，分别随机选取 13 篇刊载在工程杂志上的论文，以及 10 篇未出版的学术报告，对它们的打分列于表 9.3.2 中．

表 9.3.2

工程杂志上的论文（数据Ⅰ）	未出版的学术报告（数据Ⅱ）
1.79　1.75　1.67　1.65	2.39　2.51　2.86
1.87　1.74　1.94	2.56　2.29　2.49
1.62　2.06　1.33	2.36　2.58
1.96　1.69　1.70	2.62　2.41

设数据Ⅰ，Ⅱ分别来自正态总体 $N(\mu_1, \sigma_1^2)$，$N(\mu_2, \sigma_2^2)$，μ_1，μ_2，σ_1^2，σ_2^2；均未知，两样本独立．

（1）试检验假设 $H_0: \sigma_1^2 = \sigma_2^2$，$H_1: \sigma_1^2 \neq \sigma_2^2$（取 $\alpha = 0.1$）.

（2）若能接受 H_0，接受检验假设 $H'_0: \mu_1 = \mu_2$，$H'_1: \mu_1 \neq \mu_2$（取 $\alpha = 0.1$）.

答案：（1）不能拒绝 H_0；（2）拒绝 H'_0.

2. 有两台机器生产金属部件，分别在两台机器生产的部件中各取一容量 $n_1 = 60$，$n_2 = 40$ 的样本，测得部件重量（单位：kg）的样本方差分别为 $s_1^2 = 15.46$，$s_2^2 = 9.66$. 设两样本相互独立．两总体分别服从 $N(\mu_1, \sigma_1^2)$，$N(\mu_2, \sigma_2^2)$ 分布，μ_i，$\sigma_i^2(i = 1, 2)$ 均未知. 试在显著性水平 $\alpha = 0.05$ 下检验假设

$$H_0: \sigma_1^2 \leqslant \sigma_2^2, H_1: \sigma_1^2 > \sigma_2^2$$

答案：不能拒绝 H_0.

参考文献

[1] 盛骤，谢式千，潘承毅．概率论与数理统计 [M]．4 版．北京：高等教育出版社，2008.

[2] 王勇．概率论与数理统计 [M]．2 版．北京：高等教育出版社，2014.

[3] 沃波尔．理工科概率统计 [M]．周勇，译．北京：机械工业出版社，2009.

[4] 吴传生．经济数学——概率论与数理统计 [M]．2 版．北京：高等教育出版社，2009.

[5] 徐晓玲．概率论与数理统计 [M]．北京：人民邮电出版社，2014.

[6] 程慧燕．概率论与数理统计 [M]．北京：北京理工大学出版社，2018.

[7] 同济大学数学系．工程数学——概率统计简明教程 [M]．2 版．北京：高等教育出版社，2012.

[8] 潘显冰，等．概率论与数理统计 [M]．北京：北京理工大学出版社，2017.

[9] 盛骤，谢式千，潘承毅．概率论与数理统计——习题全解指南 [M]．北京：高等教育出版社，2008.

[10] 同济大学数学系．概率统计简明教程附册——学习辅导与习题全解 [M]．2 版．北京：高等教育出版社，2012.

[11] 吴传生．经济数学——概率论与数理统计学习辅导与习题选解 [M]．2 版．北京：高等教育出版社，2009.

[12] 李东风．统计软件教程 SAS 系统与 S 语言 [M]．北京：人民邮电出版社，2006.

［13］战德臣，王立松，王杨，等．MOOC+SPOC+翻转课堂——大学教育教学改革新模式［M］.北京：高等教育出版社，2018.

［14］张学新．对分课堂：中国教育的新智慧［M］.北京：科学出版社，2017.